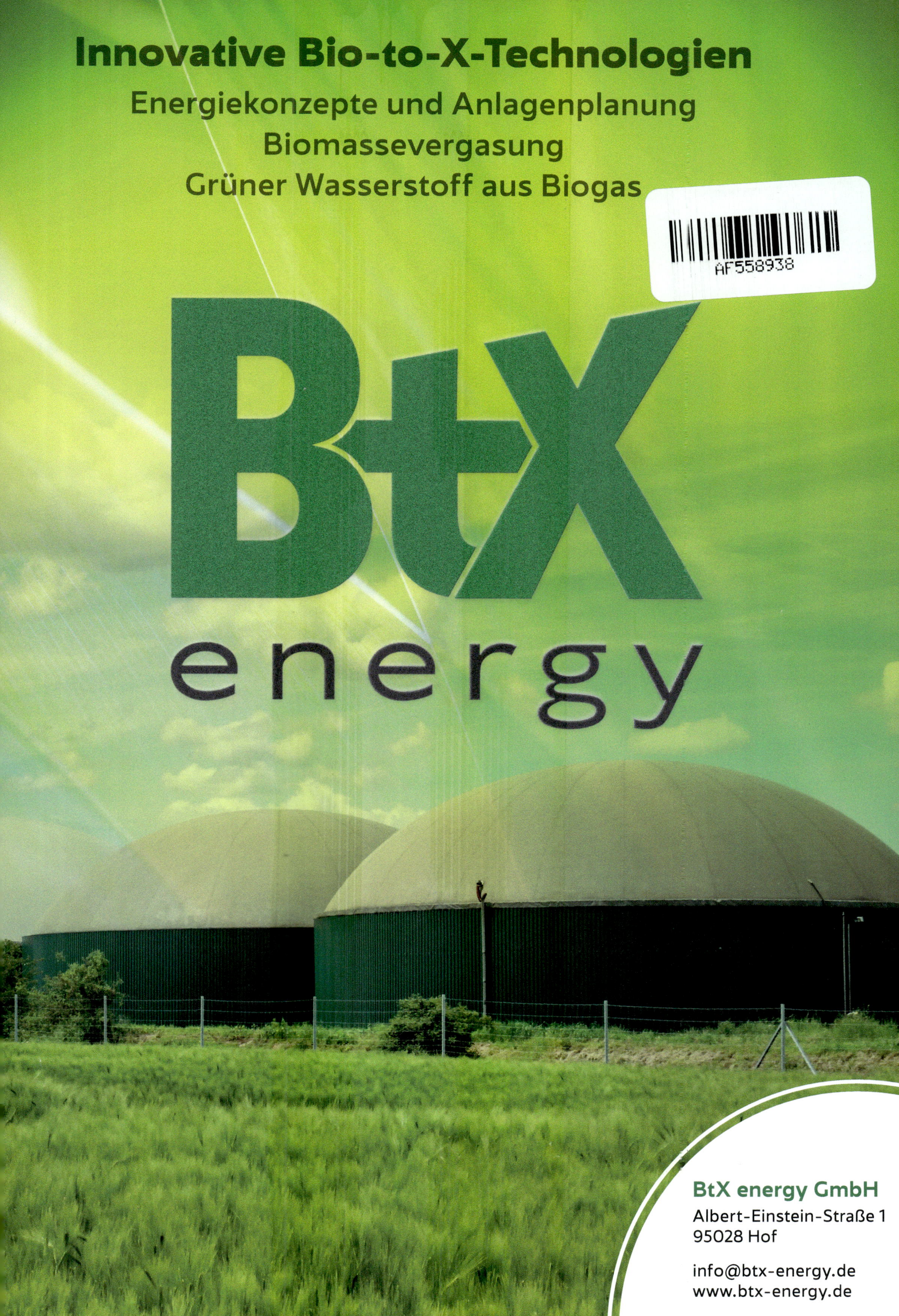

Innovative Bio-to-X-Technologien
Energiekonzepte und Anlagenplanung
Biomassevergasung
Grüner Wasserstoff aus Biogas
BtX
energy
BtX energy GmbH
Albert-Einstein-Straße 1
95028 Hof
info@btx-energy.de
www.btx-energy.de

Wasserstoff in der Praxis

Band 1: Infrastruktur

Harald Petermann, Thomas Schneidewind

Wasserstoff in der Praxis

Band 1: Infrastruktur

Vulkan Verlag

Bibliografische Information der Deutschen Nationalbibliothek
Die Deutsche Nationalbibliothek verzeichnet diese Publikation in der Deutschen Nationalbibliografie; detaillierte bibliografische Daten sind im Internet über www.dnb.de abrufbar.

Wasserstoff in der Praxis
Band 1: Infrastruktur
Harald Petermann, Thomas Schneidewind
1. Ausgabe 2022

ISBN: 978-3-8356-7459-2 (Print)
ISBN: 978-3-8356-7460-8 (eBook)

Friedrich-Ebert-Straße 55, 45127 Essen, Deutschland
Telefon: +49 201 820 02-0, Internet: www.vulkan-verlag.de

Projektmanagement: Marie-Therese Hanschmann, Vulkan-Verlag GmbH, Essen
Lektorat: Marie-Therese Hanschmann, Vulkan-Verlag GmbH, Essen
Herstellung: Nilofar Mokhtarzada, Vulkan-Verlag GmbH, Essen
Umschlaggestaltung: Veronika Koppers, Vulkan-Verlag GmbH, Essen
Titelbild: © Vulkan-Verlag GmbH, Essen
Satz: Brigitte Schmidt, Schmidt Media Design, München
Druckerei: mediaprint solutions GmbH, Paderborn

Inhalt

Vorwort

Harald Petermann
Geschäftsführer Fachbereich Gas
Bundesvereinigung der Firmen im Gas- und Wasserfach e.V.
Köln

Die vollumfängliche Umsetzung der Pariser Klimaziele und das kürzlich gefällte und viel beachtete Urteil des Bundesgerichtshofs zur Klimapolitik gehören zu den größten Chancen und Herausforderungen für die gesamte Wirtschaft.

Die ehrgeizigen Ziele des Klimaschutzgesetzes, d. h. 65 % CO_2 Einsparung bis 2030, 88 % bis 2045 und Klimaneutralität ab 2045, erfordern umgehendes Handeln und optimale Nutzung heute verfügbarer Technik.

Die daraus resultierende notwendige Transformation der Energielandschaft in Deutschland und Europa wirtschafts- und sozialverträglich, mit der erforderlichen Versorgungssicherheit und vor allem der gebotenen Schnelligkeit in allen Sektoren (Industrie, Energiewirtschaft, Verkehr, Gebäude und Land- sowie Abfallwirtschaft) zu gestalten, kann nur auf Basis eines 2-Energieträger-Modells gelingen. In diesem 2-Energieträger-Modell stammen „Elektronen", d. h. Strom, aus erneuerbaren Quellen. „Moleküle" sind biogene bzw. klimaneutrale gasförmige, flüssige und feste Brennstoffe, die im Wesentlichen aus CO_2-armen und CO_2-neutralen Quellen stammen.

Der Wasserstofftechnologie fällt hierbei eine entscheidende Rolle als Schlüsseltechnologie zu. Entlang der Wertschöpfungskette Wasserstoff wollen wir in diesem Buch wichtige und herausragende Elemente beispielhaft beschreiben, die durch ihren Bezug zur praktischen Umsetzung den aktuellen Stand der Technik darstellen.

Die Nutzung der vorhanden Gasinfrastruktur ist hierbei ein sehr wichtiger Baustein, da die Fernleitungs-, Speicher- und Verteilstrukturen des Gasnetzes ohne Unterbrechung weiter genutzt werden können. Ebenso bietet dies die Möglichkeit, dezentrale Strukturen zu errichten. Lokale Netze nutzen in Quartieren und Industrieregionen vor Ort produzierten Wasserstoff für Wärme in Gebäuden, Produktion und Mobilität.

Der europäische Wasserstoff-Backbone wird sich in den nächsten Jahren von Nord nach Süd in Deutschland entwickeln und Erzeuger und Verbraucher innerhalb Europas verbinden. Importe aus Übersee werden die heimische Wasserstoffproduktion unterstützen. Die Infrastrukturen werden sich komplementär entwickeln und weiterhin eine sichere Versorgung der Sektoren ermöglichen.

Bei aller Begeisterung für die neuen technischen Möglichkeiten müssen der regulatorische Rahmen und ein angepasstes Regel- und Normenwerk zur Verfügung gestellt werden. Sie sind Grundlage des freien Warenverkehrs der Produkte im europäischen Markt, Voraussetzung für eine konforme Metrologie und Basis erfolgreicher Geschäftsmodelle in der Zukunft.

Nur die Nutzung aller Potenziale klimaneutraler Energie – und dazu zählt die Anerkennung der Nutzung klimaneutraler Gase bei der Transformation der Energielandschaft in allen Sektoren – ist die einzige Chance, die formulierten Klimaschutzziele in der angestrebten Zeit zu erreichen.

Sie bietet besonders für Deutschland, aber auch für ganz Europa die große Chance, neue Geschäftsmodelle und Märkte zu entwickeln und sie als global handelbare Energieträger der Energiewende zu einer europäischen und internationalen Erfolgsgeschichte werden zu lassen.

Daran zu arbeiten und den Umbau der Gasversorgung entlang der gesamten Wertschöpfungskette auf 100 % klimaneutrale Gase konstruktiv voranzutreiben, ist unser Ziel.

Ich wünsche Ihnen bei der Lektüre viel Vergnügen und vielleicht ergibt sich daraus der eine oder andere Gedanke für ein erfolgreiches, klimaneutrales Geschäftsmodel.

Vorwort

Wasserstoff ist ein Teil der industriepolitischen Antwort auf das Pariser Klimaschutzabkommen. Wasserstoff ist der Treibstoff, damit Deutschland gleichzeitig Klimavorreiter werden und eine führende Industrienation bleiben kann.

Der Nationale Wasserstoffrat (NWR) hat dies in seinem Aktionsplan dargelegt – und damit der neuen Bundesregierung den energiepolitischen Rahmen für die kommende Legislaturperiode in Sachen Wasserstoff vorgezeichnet. Die regulatorische Ausgestaltung muss nun schnell erfolgen, damit Unternehmen investieren und planen können.

Der Aufbau der Wasserstoffinfrastruktur ist die Basis für die Versorgung mit dem neuen Energieträger. Und diese Infrastruktur sollte besser heute als morgen einsatzbereit sein. Ob Gasregelstrecken, Industriearmaturen, Brenner oder Rohrleitungen – viele Produkte sind bereits tauglich für den Einsatz von Wasserstoff, also H_2-ready. Die Industrie ist in diesem Punkt deutlich schneller als die Politik. In einer Vielzahl von Gesprächen mit Vertretern aus Industrie und Verbänden habe ich folgende Aussage immer wieder gehört: „Wir sind einsatzbereit, uns fehlen nur der Wasserstoff und die gesetzlichen Rahmenbedingungen". Keiner wagt deshalb einen großen Schritt nach vorne. Aber es gibt viele Ausnahmen und Pilotprojekte: Einige findige Unternehmer gehen technologisch eigene Wege und wollen neue Märkte erschließen. Zudem gibt es eine Vielzahl an Pilotprojekten in allen Branchen. Ein anderes Beispiel: Einige Konzerne haben nicht auf Vorgaben gewartet, sondern die Versorgung mit Wasserstoff in Eigenregie vorangetrieben.

Vor diesem Hintergrund hat der Vulkan Verlag im November 2020 gemeinsam mit der figawa e.V. ein neues Format geschaffen. Im Mittelpunkt steht die Frage, wie wir gemeinsam eine fundierte Orientierung zum Thema Wasserstoff anbieten können. Die Vermittlung von technischem Wissen und ein Blick auf konkrete Projekte standen im Zentrum der Überlegungen. Aus diesen Gesprächen ist das Online-Forum „Wasserstoff in der Praxis" entstanden. Mitten in Zeiten der Corona-Pandemie und der energiepolitischen Transformation konnten wir im Laufe dieses Jahres viele Teilnehmer gewinnen, die auf der Suche nach spezifischen Informationen dieses Angebot gerne angenommen haben.

In diesem Buch finden Sie Fachbeiträge der Referenten des Online-Forums „Wasserstoff in der Praxis". Denn wir wollen die Inhalte der virtuellen Veranstaltungen in Form einer Buchreihe vertiefen und Ihnen auf diese Weise wichtige Themen zum Nachlesen anbieten. Angereichert ist das Buch mit ausgewählten Beiträgen der Fachmedien 3R und der gwf Gas.

In diesem ersten Teil der Buchreihe beschäftigen wir uns mit der Infrastruktur. Sie finden eine Vielzahl von Projekten, Fakten und auch Meinungen, die sich speziell mit dem Thema Wasserstoffinfrastruktur beschäftigen. Dies ist eine zentrale Voraussetzung, um den Hochlauf der Wasserstoffwirtschaft überhaupt zu ermöglichen.

Wir dürfen nicht warten – wir müssen handeln.

Thomas Schneidewind
Chefredakteur PROZESSWÄRME
Vulkan-Verlag GmbH
Essen

„Wir müssen das Spektrum der Wasserstofffarben öffnen."

Im Interview mit gwf Gas + Energie spricht sich „Zukunft Gas"-Vorstand Dr. Timm Kehler für deutlich mehr Technologie-Offenheit beim Wasserstoffhochlauf aus und plädiert dafür, hierbei nicht nur auf grünen Wasserstoff zu setzen, sondern auch stärker Erdgas als Basis für die Wasserstoffproduktion heranzuziehen.

gwf: Aktuelle Studien wie etwa die "Hydrogen4EU"-Studie kommen zu der Erkenntnis, dass unser wachsender Wasserstoff-Hunger nur gedeckt werden kann, wenn er künftig zunehmend auch aus Erdgas gewonnen wird. Klares Fazit ist außerdem, dass Wasserstoff für die Stahl- und Chemieindustrie sowie den Schwerlastverkehr unverzichtbar ist, und dass hierbei ein Mix aus erneuerbarem und klimaneutralem Wasserstoff notwendig ist, um das Netto-Null-Ziel des Klimagesetzes zu erreichen. Wird Gas damit jetzt zum Game Changer der Energiewende?

Kehler: Sagen wir es mal so: Problem erkannt, ist noch lange nicht Problem gebannt. Die Hydrogen4EU-Studie zeigt zunächst einmal nur sehr klar und deutlich, dass wir, wenn wir die Dekarbonisierung substanziell und zügig voranbringen wollen, für alle Technologien offen sein müssen und die Vollelektrifizierung nicht der Königsweg der Dekarbonisierung ist. Dabei ist die Herstellung von Wasserstoff durch Erdgas nichts Neues. Heute werden bereits große Mengen Wasserstoff in der Industrie benötigt – und diese werden fast ausschließlich aus Erdgas gewonnen.

gwf: Was heißt in diesem Zusammenhang Technologie-Offenheit?

Kehler: Das heißt zum Beispiel, dass wir mit der Beschränkung auf wenige Verfahren nicht die Energiewende stemmen können. Wir benötigen die geballte Kraft aller Technologien. Für die Nutzung von Erdgas bedeutet dies, dass sich der Energieträger in den kommenden Jahrzehnten weiterentwickeln wird. Während Erdgas heute primär den Wärmemarkt und die Industrie bedient, wird es künftig zudem für die Wasserstoff- und Stromerzeugung verwendet werden.

gwf: Im Kern heißt das, via CCS-Carbon Capture Storage-Verfahren soll künftig aus Erdgas verstärkt klimaneutraler Wasserstoff hergestellt werden.

Kehler: Das ist richtig. Wenn wir aus Erdgas Wasserstoff herstellen, entsteht auch CO_2. Wird dieses jedoch nicht freigesetzt, sondern mit CCS eingelagert, ist das Verfahren klimaneutral. Wichtig ist aber in diesem Zusammenhang zu betonen, dass das nicht eine fixe Idee der Gaslobby ist. Auch Mitglieder des Wasserstoffrats machen sich inzwischen für CCS stark. Bei dem Thema ist in den letzten zwei, drei Jahren sehr viel Bewegung reingekommen, weil immer mehr Experten klar wird, welch großen Beitrag CCS für die Erreichung der Klimaziele leisten kann.

gwf: Wie groß könnte der Beitrag sein?

Kehler: Wir haben zweieinhalb tausend TWh in Deutschland an Energieverbrauch. Ein Fünftel davon ist Strom. Von diesem Fünftel sind gerade mal 30 Prozent aus Wind und Sonne, also erneuerbarer Energie. Im Vergleich zum zurückgelegten Weg haben wir also noch den deutlich größeren Teil der Wegstrecke vor uns, um Deutschland zu dekarbonisieren. Effizienz wird neben erneuerbarem Strom eine große Rolle spielen müssen. Aber wir müssen uns auch und vor allem über klimaneutrale Moleküle unterhalten, um die vielen Sektoren, die wir haben, umfassend und nachhaltig zu dekarbonisieren.

gwf: Fangen wir mit einem der größten an. Wie sieht es mit dem Wärmemarkt aus?

Kehler: Wir haben uns mit dem Wärmemarkt sehr intensiv befasst. In der Studie

Fotos: © Zukunft GAS e.V.

„Klimaneutral Wohnen 2050" haben wir uns ganz Deutschland einmal angeschaut und die Gebäude differenziert betrachtet. Denn die Häuser und Wohnungen sind nun mal unterschiedlich im Alter, in der Dämmung, im Zustand. Daraus sind 1.760 Sanierungsfahrpläne entstanden, die diese unterschiedlichen Wohn- und Gebäudestrukturen in Richtung Klimaneutralität bringen. Wenn man diese Zahl der simulierten Sanierungsfahrpläne auswertet und zu einem Gesamtbild zusammenzieht, wird klar, dass wir ohne Gas nicht auskommen werden. Wer es trotzdem behauptet, der verkennt die Realität.

gwf: Wieso ist dem so?

Kehler: Wir werden nicht so viel modernisieren können, wie einige es sich vorstellen. Es gibt Studien, die von Sanierungsraten von jährlich 2,5-3 Prozent ausgehen. Momentan liegen wir bei unter einem Prozent. Viele Faktoren sind dafür entscheidend: Finanzen, Gebäudestruktur, aber auch Handwerker und Fachkräfte. Ohne eine steigende Zahl an qualifizierten Handwerkern gibt es bislang keinerlei Rezepte, die darauf hindeuten, dass sich die Sanierungsrate in irgendeiner Form vergrößern oder gar verdreifachen lässt. Dann müssen wir damit leben, dass wir auch 2050 noch die Häuser haben, die wir jetzt haben. Dabei haben wir immer noch fünfeinhalb Millionen Ölheizungen vor der Brust, die abgelöst werden wollen.

gwf: Der alte Häuserkampf geht also weiter.

Kehler: Ja, aber nachdem es nun mit der Einführung der CO_2-Steuer ein klares ordnungsrechtliches Signal gibt, entwickeln die Kunden natürlich auch ein Gespür dafür und wollen da jetzt raus. Es ist demzufolge keine offene Frage mehr. Die Ausrichtung ist erfolgt und jetzt geht es ums Abarbeiten. Wir glauben, dass die CO_2-Einsparungen, die jetzt im Rahmen des neuen Klimaschutzgesetzes als Ziel gesteckt wurden, sich auch durch konventionelle, das heißt, bereits existierende Lösungen erreichen lassen. Lösungen, wie beispielsweise Öl ablösen, Solarthermie einführen, Wärmepumpen einsetzen, und dort wo es sinnvoll und richtig ist, auch viel zu dämmen, all das unterstützt die 2030er Ziele. Und klar, wir müssen bei alledem immer im Blick behalten, dass wir in Richtung grünes Gas gehen. Viele Heizungshersteller haben schon heute Geräte im Sortiment, die mit 100 Prozent Wasserstoff betrieben werden können, oder bringen diese in den nächsten Monaten auf den Markt. Dennoch brauchen wir ab Mitte des Jahrzehnts die klare Botschaft von Seiten der Heizungsindustrie: „Wir sind alle hydrogen ready. Wir können dem Kunden ein Angebot machen, dass er mit 100 Prozent Wasserstoffthermen arbeiten kann."

gwf: In welchen Schritten stellen Sie sich die Ablösung vor?

Kehler: Wir haben in Deutschland ein erhebliches Mengenpotenzial an Biogas, wie der DVGW kürzlich mit dem Biogasverband herausgearbeitet hat. Wir reden hier über 300 TWh, die im Raum stehen. Davon werden derzeit 100 TWh nur dezentral genutzt. Wir müssen es schaffen, diese großen Potenziale wirkungsvoller einzusetzen. Wenn wir sie in die Gasnetze einbringen, haben wir einen Großteil der Wegstrecke Richtung grünes Gas hinter uns. Zudem brauchen wir momentan nicht nur Elektrolyse-Wasserstoff, sondern noch blauen und türkisen Wasserstoff. Wasserstoff aus Erdgas mit CCS ist da, wie bereits gesagt, erstmal das naheliegendste Verfahren, da es technologisch das reifste und in jedem Fall auch das günstigste ist.

gwf: Wird das reichen?

Kehler: Wir erwarten, dass auch das Thema Methanpyrolyse in 15 Jahren die entsprechende Skalierung erreicht haben wird. Und bei den Skalierungen der Elektrolyse erwarten wir einen echten Kostenvorteil, je weiter wir Richtung 100 MW-Maßstab kommen. Unterm Strich gehen wir davon aus, dass wir einen Wasserstoffpreis für die Verbraucher von um die zehn Cent pro Kilowattstunde realisieren können. Damit liegen wir noch über dem heutigen Gaspreis. Es geht aber um die Botschaft, die wir hier platzieren müssen. Die lautet: Klimaschutz gibt es nicht umsonst. Wir sind damit aber immer noch deutlich günstiger als Strom, der derzeit bei 30 Cent liegt und damit den höchsten Wert weltweit hat. Wir dürfen nicht vergessen: Wir müssen bei alledem immer auch die Frage der Sozialverträglichkeit und internationalen industriellen Wettbewerbsfähigkeit stellen.

gwf: Die Frage muss in diesem Zusammenhang erlaubt sein: Wie wirtschaftlich sinnvoll ist es, dass wir hierzulande weiter 90 Prozent des Biogases verstromen?

Kehler: Diese ordnungspolitisch hochbrisante Frage muss sich Berlin in der Tat gefallen lassen. Grundsätzlich ist das eine gute Idee, Biogas für die Verstromung zu nutzen. Nur aktuell sind wir dabei nicht effizient. Wir reden hier nämlich über einen wirklich bescheidenen elektrischen Wirkungsgrad bei den meisten Anlagen, der deutlich unter dem von Großkraftwerken liegt. Wenn andernorts immer behauptet wird, dass Wasserstoff der Champagner der Energiewende ist, dann muss man an der Stelle fragen: Wie lange wollen wir noch die Perlen vor die Säue werfen?

gwf: Sie starten nicht zuletzt deshalb gerade auch eine Aufklärungskampagne mit dem Titel „mit Gas geht's". Was steckt dahinter?

Kehler: Der Name ist Programm. Unser Ziel ist es, zu zeigen, dass nur mit Gas die Energiewende sicher und bezahlbar gelingt. Das sagt auch schon sehr viel über die Ausrichtung aus. Anhand der Themen Wasserstoff, Infrastruktur und grüne Gase wollen wir zeigen, dass sich die Klimaneutralität ebenso erreichen lässt wie mit erneuerbarem Strom Wir wollen hier nicht in einen Beautycontest einsteigen, sondern wollen die Stärken, die wir zusätzlich noch in das Energiesystem einbringen können, aufzeigen. Und diese Stärken sind Sicherheit und Bezahlbarkeit. Wir werden zeigen, dass wir hier einen günstigen Energieträger für Millionen haben, der bei jedem zweiten Deutschen im Haus ist. Wir wollen zudem zeigen, dass wir in der Lage sind, die konstruktiven Fragen der Energiewende anzugehen: Wie kann ich Energie speichern? Wie

kann ich sie nutzbar machen? Diese Fragen wollen wir nicht als reine Expertendiskussion angehen, sondern sie in die öffentliche Diskussion bringen.

gwf: Die Hydrogen4EU-Studie stellt außerdem fest, dass wir viel mehr Wasserstoff brauchen werden, als wir bislang dachten. Was heißt das für die Ertüchtigung unserer Netze?

Kehler: So wie wir von der Heizungsindustrie fordern, dass sie hydrogen-ready wird, müssen wir uns auch selbst fordern und sicherstellen, dass unsere Netze hydrogen-ready sind. In vielen Fällen sind wir das auch schon. Es gibt wenig Zweifel, dass die großen Transportleitungen 100 Prozent Wasserstoff transportieren können. Überall dort, wo Polyethylen liegt, und das ist bei mehr als 90 Prozent in Deutschland der Fall, haben wir keine grundsätzlichen Probleme mit dem Wasserstofftransport im Verteilnetz. Sicherlich gibt es eine Vielzahl von technischen Herausforderungen, die es zu meistern gilt, sei es Sensorik, Kompressorstationen oder alte Netzsegmente, die noch nicht auf der Höhe der Zeit sind und modernisiert werden müssen. Ich habe aber in der Branche noch keinen einzigen Ingenieur getroffen, der gesagt hätte, die Herausforderung sei zu groß. Im Gegenteil, es gibt mutige und interessierte Ingenieure in der Branche, die das Thema anpacken möchten.

gwf: Worin sehen Sie die größte Herausforderung um H_2-ready zu werden?

Kehler: Es ist letztlich eine Frage einer smarten Organisation. Auf Knopfdruck werden wir nicht komplett H_2-ready. Wir müssen einen Prozess in Gang setzen, der sicherlich nochmal komplexer ist als der Prozess der Marktraumumstellung, den wir momentan vollziehen. Hier gibt es beispielsweise das sehr richtungsweisende Projekt ‚H_2 vor Ort', das durch den DVGW entwickelt wurde. Je nach Netztopologien und Gegebenheiten werden unterschiedliche Routen Richtung Klimaneutralität nötig sein. Das eine Netz wird mit 100 Prozent grünem Methan belegt sein, andere Netze mit Mischungen, andere wiederum mit 100 Prozent Wasserstoff. Es kommt auf die Netzausstattung und die Kundenbedarfe an. Alle Faktoren müssen ermittelt und untersucht werden, was viel Organisation erfordert und somit eine der größten Herausforderungen ist. Die technologische Herausforderung ist ebenfalls hoch, aber gestaltbar.

gwf: Was sagen Sie Richtung Industrie? Thyssen Krupp will seine eigene Leitung haben. Salzgitter baut seinen eigenen Elektrolyseur direkt am Standort.

Kehler: Für die ganz großen Verbraucher sind solche Ansätze sicherlich richtig. Dem gegenübergestellt muss man sich vergegenwärtigen, dass wir im Gasnetz 1,6 Millionen Industrie- und Gewerbebetriebe haben, den deutschen Mittelstand. Dieser kann keine eigene Leitung reservieren, weil er nun mal nicht so große Gasbedarfe hat. Für den industriellen Mittelstand müssen wir Lösungen finden, die allgemein funktionieren, und zwar nicht nur in Schaufenstern von Reallaboren, sondern in der breiten Masse für die deutsche Industrie. Hier sehe ich die Gefahr, dass sich die Politik zu sehr auf einzelne, sehr plakative Industrieanwendungen konzentriert...

gwf: Und wieder nur exemplarisch Problemlösungen aufzeigt. Scheitern wir nicht derzeit auch und vor allem daran, dass wir uns bei Genehmigungsverfahren und Infrastrukturprojekten verzetteln und nicht in der Lage sind, das Gaspedal mal richtig durchzutreten?

Kehler: Bei allen Infrastrukturprojekten zeigt sich, dass Deutschland leider extrem langsam ist. Projekte brauchen immer erheblich länger als geplant, ich will jetzt hier gar nicht unseren Berliner Flughafen zitieren. Das deutsche Planungsrecht bietet sehr viele Einflussmöglichkeiten und legt eine sehr hohe Komplexität an den Tag. Hier muss jetzt endlich die Handbremse gelöst werden. Ich hoffe darauf, dass zum Beispiel die Tesla-Fabrik, wo ja auch der Staat mitwirkt und er sich anstrengt, das Ganze schnell auf die Beine zu stellen, auf Projekte abstrahlt, die für die Energiewende realisiert werden müssen. Hier zeigt sich, welche Kraft wirtschaftliches Handeln von privaten Unternehmen entfalten kann. Der Staat, wenn er als Bauherr auftritt, ist immer gehemmt und eingegrenzt durch viele, im Sinne der Steuerzahler sicherlich richtige Regeln. Deswegen sollte auch gelten: Wir brauchen jetzt so viel Markt wie möglich, um die Ziele des Klimaschutzes bestmöglich zu erreichen.

gwf: Dennoch: eine neue innovative Infrastruktur kostet Geld. Schießen bei den

von Ihnen skizzierten H_2-ready-Umbaumaßnahmen dann nicht wieder erneut die Kosten ins Kraut?

Kehler: Die Bundesnetzagentur hat einen klaren Auftrag: Kosten möglichst niedrig zu halten. Seit zehn Jahren haben die Kunden konstante Gaspreise, was stark auf die Arbeit der Bundesnetzagentur zurückzuführen ist. Sie macht also einen guten Job. Sie ist aber eben nicht die Bundesnetz-Innovationsagentur. Hier ist sie möglicherweise auch nicht der richtige Ansprechpartner. Wir müssen es schaffen, in die Regulatorik eine Innovationskomponente einzubinden. Netzbetreiber brauchen die Freiheit, Netzinnovationen entwickeln zu dürfen und zu können. Im Ausland ist dies durchaus denk- und machbar. Dies ist aber auf politischer Ebene zu diskutieren und nicht mit der Agentur in Bonn.

gwf: Warum wird keine Steuer auf eFuels eingeführt? Wenn eFuels begünstigt würden, würde ein gezielter Anreiz geschaffen. Das Ganze könnte möglicherweise einen erheblichen Nachfragschub auslösen und die Energiewende beschleunigen.

Kehler: Dem kann ich nur zustimmen. Wir brauchen eine deutlich stringentere Ausrichtung an CO_2-Einsparungen. Leider laden wir die Diskussion viel mit anderen Facetten auf, wie geopolitische Zusammenarbeit, industrielle Forderungen, Nachhaltigkeit, Entwicklungshilfe etc. In Großbritannien wird das Thema Klimaschutz viel pragmatischer behandelt. Dort zählt am Ende schlichtweg, wie viel Tonnen CO_2 in einem Jahr eingespart werden. Es gibt keine langen und umfangreichen Diskussionen über den Kohleausstieg, dort wird alles über den CO_2-Preis geregelt. Dies führt auch dazu, dass der Klimaschutz zu sehr überschaubaren Kosten realisiert wird. Strom kostet für Privatverbraucher wesentlich weniger als in Deutschland und hat die Hälfte des CO_2-Fußabdrucks. Das ist beispielsweise auch ein Effekt: Großbritannien leistet sich nicht 34 Milliarden Euro pro Jahr an EEG-Umlage. Diesen Pragmatismus haben wir in Deutschland auch im Gebäudesektor verloren. Wir sind sehr auf Technologie fokussiert. Wenn wir dem Nutzer alle Möglichkeiten bieten, um die Gebäude CO_2-arm zu gestalten, dann wird der Markt sich seinen Weg suchen. Die Lösung wird sich durchsetzen, die jeweils die geringsten CO_2-Vermeidungskosten hat. Im Bestand, da bin ich mir sehr sicher, wird das dann oftmals eine nicht-elektrische Lösung sein.

gwf: Wie sollte der Wandel angegangen werden?

Kehler: Der erste Faktor ist die Stärkung der europäischen Perspektive. Nur im europäischen Kontext können wir erfolgreich sein. Mit dem ETS, dem EU-Emissionshandel, haben wir gute Mechanismen eingeführt, sind aber diesen Weg nicht konsequent zu Ende gegangen. Die Potenziale innerhalb Europas müssen weiterentwickelt werden, vielleicht mit einer europäischen Wasserstoff-Union, sodass der Handel von grüner Energie über das Thema Wasserstoff in den Fokus genommen wird. Ich erinnere hier sehr gerne an die Ursprünge der Europäischen Union. Sie ist als Montanunion gestartet. Warum sollte Wasserstoff nicht der nächste große Impuls für ein zusammenwachsendes Europa sein?

gwf: Und der zweite Faktor?

Kehler: Zum Zweiten sollten wir uns in jedem Fall sehr konsequent an der CO_2-Einsparung ausrichten. Dazu zählt auch, dass wir entsprechend offen Technologien einführen müssen. Das ist Grundvoraussetzung in allen Sektoren. Ich gewinne keinen Schönheitspreis, wenn ich im Gebäude eine Tonne CO_2 einspare, die ich woanders deutlich günstiger einsparen kann. Das führt mich zum dritten Punkt: Wir sollten sicherstellen, dass der CO_2-Preis-Mechanismus funktioniert. Der CO_2-Preis ist das wirksamste Werkzeug, die beste Lösung, um Klimaschutz kostengünstig umzusetzen. In der aktuellen Diskussion gibt es dagegen noch einige Widerstände, aber wir müssen durchhalten, gegenhalten und durchsetzen. Genauso lief es auch beim ETS. Die erste Phase war voller intensiver Diskussionen, darüber dass es nicht gehen würde und man ein anderes System schaffen müsse.

Aber nun haben wir einen sehr wirksamen CO_2-Preis, der europaweit funktioniert.

gwf: Ein zu hoher CO_2-Preis könnte aber auch zu einer De-Industrialisierung führen, sprich, dass die Industrie Deutschland den Rücken kehrt.

Kehler: Die oberste Maxime muss sein: Wir müssen Lösungen finden, die die Industrie in Deutschland hält. Sprich, dass die steigenden CO_2-Kosten, die steigenden Aufwendungen für den Klimaschutz nicht unsere Wirtschaft und unsere globale Position belasten. Es braucht wirksame marktorientierte Förderungsmechanismen. Carbon Contracts for Difference halte ich für eine sehr kluge Lösung. Das Abwandern von Industrien ins Ausland muss unbedingt verhindert werden. Unternehmen in Grenznähe, die viel Gas verbrauchen, sollen sich nicht etwa in Tschechien oder Polen nach neuen Standorten umsehen, weil es dort keinen CO_2-Preis gibt. Das gilt auch für die gesamte Union. Von daher sind solche Mechanismen, wie der europaweite Carbon Border Adjustment Mechanism (CBAM), außerordentlich zu begrüßen, weil sie nachhaltig die Standorttreue fördern und die Industrie in Europa und in Deutschland halten.

Anzeige

Zertifiziert nach
G 493-1 Gruppe 3

Projekthaus GmbH
Gegründet 1997 war die Projekthaus GmbH eines der ersten Ingenieur- und Sachverständigenbüros im Gasfach mit einer Zertfizierung nach G 493-1.

PROJEKT**HAUS**

Tiefer 4
28195 Bremen
Deutschland

Telefon: 0421 330278-0
mail@projekthaus.com
www.projekthaus.com

Lösungen für die Wasserstoffbranche!

Seit der Gründung zählen Stadtwerke, Energieversorger und Industrieunternehmen aus ganz Deutschland zu unseren Kunden. Mit Flexibilität, Zuverlässigkeit und Innovation steht Projekthaus den Anlagen- und Netzbetreibern jederzeit zur Seite.

So konnte sich Projekthaus schon 2007 an den ersten Planungen von Wasserstoff-Anlagen beteiligen. HPEM2GAS und GET H2-Nukleus sind nur ein Teil der Wasserstoff-Referenzliste in deren Projekte die erlangte Expertise und Erfahrung eingebracht werden konnte.

Von der Planung einer neuen Gasstation, über die Ausschreibungserstellung und Vergabe, bis hin zur Ausführungsbegleitung können alle Phasen eines Projekts betreut werden. Die Anlagen-Prüfung durch DVGW-Sachverständige und befähigte Personen, die Dokumentationserstellung und die Schulung der Mitarbeiter zu Sachkundigen und befähigten Personen sind nur ein Teil unseres umfassenden Leistungsspektrums. Dieses gesamte Portfolio ist unabhängig von der eingesetzten Gasfamilie, ob Erdgas, Biogas, Flüssiggas oder Wasserstoff.

Seit 01.12.2020 ist Projekthaus ein Teil der MHC Firmengruppe. Gemeinsam mit den anderen Gruppenmitgliedern können selbst komplexe Wasserstoff-Projekte und Anwendungen vollumfänglich, von der Planung über die Fertigung, Errichtung, Prüfung, Instandhaltung und Schulung als Rundum-Paket angeboten werden.

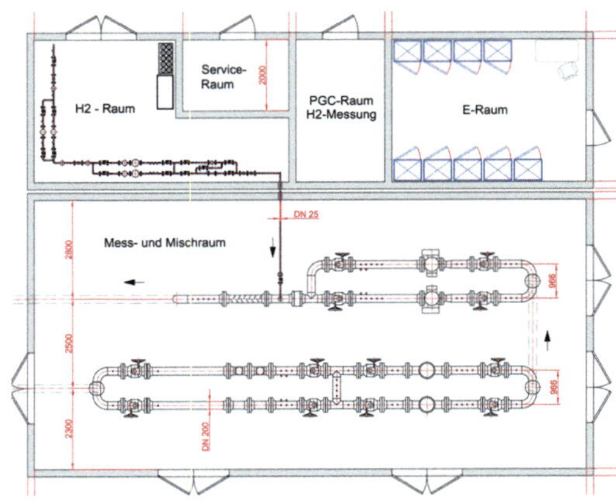

Nachfolgend eine Auswahl unserer Leistungen:

- Planung von Erdgas- u. Wasserstoffmischanlagen
- Wasserstoff-Einspeiseanlagen (G 265-3
- Wasserstoff-GDRM-Anlagen (G 491, G 221)
- Abnahme gem. G 491
- Umrüstung von Erdgas auf Wasserstoff
- Prüfung vor Inbetriebnahme sowie wiederkehrend gem. BetrSichV Anhang 2
- und vieles mehr...

Projekthaus ist H_2 ready!

1. Wasserstofferzeugung

Grüner Wasserstoff aus Biogas

Joachim G. Wünning

Wasserstoff, Biogas, Dampfreformierung, Mobilität

Grüner Wasserstoff aus Biogas kann durch Elektrolyse von Biogas-Strom oder durch die Dampfreformierung von Biogas erzeugt werden. Der Wasserstoffertrag bei der stofflichen Nutzung durch die Dampfreformierung von Biogas oder Biomethan ist dabei etwa doppelt so hoch wie beim Umweg über die Verstromung mit anschließender Elektrolyse.
Bei der Nutzung von Biogas-Wasserstoff für die Mobilität kann man sich die flächendeckende Verteilung von existierenden Biogasanlagen zunutze machen, um den bei Lieferwasserstoff anfallenden Straßentransport von Wasserstoff zu vermeiden.

Renewable hydrogen from biogas

Green hydrogen from biogas can be produced by electrolysis of biogas electricity or by steam reforming of biogas. The hydrogen yield for material use by steam reforming of biogas or biomethane is about twice as high as for the detour via electricity generation with subsequent electrolysis.
The use of biogas hydrogen for mobility can take advantage of the widespread distribution of existing biogas plants in order to avoid the road transport of hydrogen that occurs with delivery hydrogen.

1. Biogas in Deutschland

In Deutschland werden derzeit rund 5 % des erzeugten Stroms durch die Verstromung von Biogas in BHKWs erzeugt. Das entspricht etwa 10 % des regenerativ erzeugten Stroms. Das Biogas wird durch die Fermentation von biogenen Reststoffen und Energiepflanzen in über 9.000 Biogasanlagen erzeugt, die über die gesamte Fläche der Bundesrepublik verteilt sind. Einige, vor allem größere Biogasanlagen, sind mit einer Gasaufbereitungsanlage ausgestattet und speisen Biomethan in das Erdgasnetz ein. Dieses Biomethan kann dann ebenfalls in BHKW verstromt oder anderweitig genutzt werden. Aktuelle Daten finden sich z. B. auf den Internetseiten des Fachverbandes Nachwachsende Rohstoffe [1] oder dem Internetauftritt des Bundesministeriums für Wirtschaft und Energie [2]. Die Technik der Biogaserzeugung und Biogasaufbereitung wird in [3] ausführlich beschrieben.

In Diskussionen wird Bioenergie immer wieder mit Abholzung von Regenwäldern in Zusammenhang gebracht. Dieses trifft nicht auf Biogasanlagen zu, die mit lokal gewonnenen Substraten wie Energiepflanzen, Gülle, Mist und biogenen Reststoffen beschickt werden. Eine sachliche Diskussion über eine nachhaltige landwirtschaftliche Flächennutzung ist notwendig. Die Beurteilung von Fruchtfolgen, Nährstoffkreisläufen, Intensität der Bewirtschaftung, Folgen für die Artenvielfalt, Tierschutz und anderen Aspekten ist für den Laien aber schwierig und die Diskussionen werden oft sehr emotional geführt. Notwendig ist eine nachhaltige Land- und Forstwirtschaft sowohl für die Erzeugung von Nahrungsmittel als auch zur Erzeugung nachwachsender Rohstoffe, die stofflich oder energetisch verwendet werden können. Es gibt hinsichtlich der Nachhaltigkeit noch Verbesserungsbedarf und die Politik sollte die Spielregeln so gestalten, dass sich nachhaltige Bewirtschaftung auch finanziell lohnt.

Die große Anzahl an Biogasanlagen in Deutschland stellt einen erheblichen Wert da. Von noch größerer Bedeutung ist das Wissen, das sich die Betreiber angeeignet haben, um diese Anlagen bedienen zu können. Auch wenn in den kommenden Jahren die EEG-Förderung vieler Anlagen ausläuft, sollten diese sowie auch der große Erfahrungsschatz nicht aufgegeben, sondern sinnvoll und nachhaltig für die Energiewende genutzt werden.

2. Dampfreformierung von Kohlenwasserstoffen

Die Dampfreformierung von Kohlenwasserstoffen ist ein seit langer Zeit etabliertes Verfahren zur Erzeugung von Synthesegas, das dann zu Wasserstoff aufgereinigt werden kann. Zumeist wird Erdgas als Ausgangsstoff eingesetzt. Anlagen mit Erzeugungskapazitäten von 1 m^3 H_2/h bis hin zu mehreren 100.000 m^3 H_2/h sind in Betrieb. Der Ausgangsstoff, Erdgas (CH4) oder Biogas (CH4 und CO_2) sowie Wasserdampf werden durch mit Katalysatoren gefüllt Rohre geleitet, die für den endothermen Reformingprozess beheizt werden. Anschließend wird das im Synthesegas enthaltene CO in einer Wassergas-Shift mit Wasser zu Kohlendioxid umgewandelt. In einer nachgeschalteten Gasreinigung können durch Druckwechseladsorption (englisch: PSA – pressure swing adsorption) Reinheitsgrade von 99,999 % Wasserstoff erreicht werden. Die Spülgase aus der Gasreinigung können mit entsprechenden Brennern zu Beheizung der Dampfreformer genutzt werden.

Bild 1 zeigt eine sich derzeit in Bau befindliche Anlage zur Erzeugung von 100 kg Wasserstoff aus Biogas pro Tag. Die Gasreinigung ist so ausgelegt, dass die Anlage durch drei zusätzliche Dampfreformer-Module auf eine Tagesleistung von 400 kg Wasserstoff erweitert werden kann. Die Inbetriebnahme soll im Jahr 2021 erfolgen.

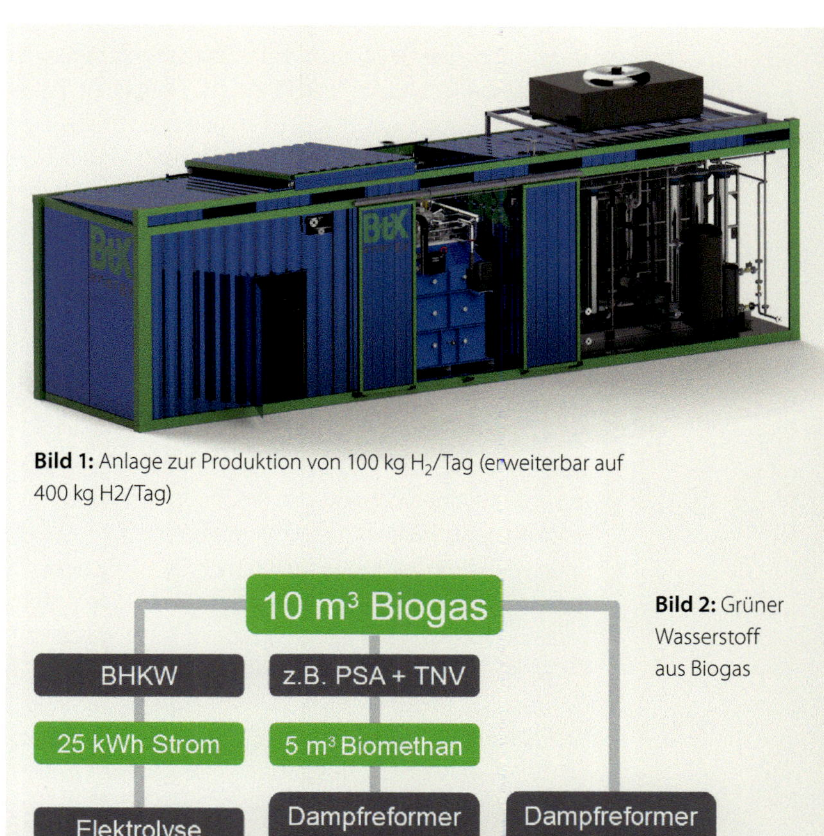

Bild 1: Anlage zur Produktion von 100 kg H_2/Tag (erweiterbar auf 400 kg H2/Tag)

Bild 2: Grüner Wasserstoff aus Biogas

3. Grüner Wasserstoff aus Biogas

Basierend auf Biogas gibt es derzeit drei Wege zum grünen Wasserstoff mithilfe erprobter Technik sowie einige weitere Verfahren, die sich noch in der Entwicklung befinden.

Viele werden bei grünem Wasserstoff aus Biogas an Elektrolyse-Wasserstoff denken, der mit Biogas-Strom erzeugt wurde. Dieser Weg ist möglich und wird über eine bilanzielle Zuordnung von dem an der Biogasanlage erzeugten Strom und dem am Elektrolyseur genutzten Strom erreicht. Theoretisch wäre es auch möglich, den Elektrolyseur direkt an einer Biogasanlage im Inselbetrieb zu betreiben.

Eine weitere Möglichkeit, die im Prinzip rein durch bilanzielle Zuordnung ohne notwendigen Neubau von Anlagen erreicht werden kann, ist die Verwendung von Biomethan aus dem Erdgasnetz in konventionellen Dampfreformern mit anschließender Gasaufbereitung.

Ein dritter Weg ist die Dampfreformierung von vorgereinigtem Biogas mit anschließender Aufreinigung zu hochreinem Wasserstoff direkt an der Anlage. Dieser dritte Weg ist aufgrund der Verteilung der vorhandenen Biogasanlagen für den Aufbau einer flächendeckenden Wasserstoffversorgung im Bereich der Mobilität interessant.

Bild 2 zeigt die verschiedenen Pfade auf. Der größte Unterschied zwischen der direkten stofflichen Umwandlung durch Dampfreformierung und der Verstromung von Biogas mit anschließender Elektrolyse besteht in der Wasserstoffausbeute. Aus 10 m^3 Rohbiogas können etwa 25 kWh Strom gewonnen werden, mit denen sich etwa 0,5 kg Wasserstoff herstellen lassen. Bei der Nutzung von Biogas oder Biomethan mittels einer Dampfreformierung lassen sich aus 10 m^3 Rohbiogas etwa 1 kg Wasserstoff gewinnen. Die geringsten Wasserstoffkosten sollten bei der direkten Dampfreformierung von Rohbiogas und der lokalen Nutzung oder Betankung des Wasserstoffes erzielt werden, da hier die Kosten für die Biomethanaufbereitung, die Netzentgelte für das Biomethan sowie der Straßentransport für den Wasserstoff entfallen.

4. Wasserstoff für die Mobilität

Derzeit sind in Deutschland 90 öffentliche Wasserstofftankstellen in Betrieb. Auf der Internetseite des Betreibers kann der Status der Tankstelle sowie Informationen über die letzte Betankung eingesehen werden [4]. Wenn an einer Wasserstofftankstelle nur geringe Mengen unregelmäßig abgenommen werden, ist die Versorgung mit Lieferwasserstoff die wirtschaftlichste Lösung. Zu beachten ist dabei, dass ein 40-t-LKW nur etwa 1t Druckwasserstoff transportieren kann. Bei der gleichförmigen Abnahme von größeren Mengen Wasserstoff, beispielsweise für die

Versorgung von Busflotten oder Wasserstoffzügen, ist eine Vor-Ort Erzeugung attraktiv, da der Wasserstoff-Straßentransport und mehrfaches Umfüllen des Wasserstoffes vermieden wird. Wenn in ferner Zukunft ein flächendeckendes Wasserstoff-Ferngas- und -Verteilnetz zur Verfügung steht, muss eine neue Betrachtung erfolgen.

5. Wasserstoff für industrielle Anwendungen

Industrieanlagen befinden sich nur selten in unmittelbarer Nähe zu einer Biogasanlage.

Geringe Mengen Wasserstoff können per LKW angeliefert werden. Der Transport von größeren Mengen an grünem Wasserstoff über größere Distanzen auf der Straße ist unter mehreren Aspekten sehr kritisch zu betrachten. Bis ein zukünftiger Pipeline-Transport zur Verfügung steht, bietet sich die Vor-Ort Produktion von grünem Wasserstoff an. Diese Produktion kann durch Elektrolyse erfolgen, mit der oben genannten Notwendigkeit des damit verbundenen Zubaus einer regenerativen Stromerzeugungskapazität. Eine auch wirtschaftlich attraktive Möglichkeit besteht in der Produktion von grünem Wasserstoff durch die Vor-Ort Dampfreformierung von Biomethan, das aus dem Erdgasnetz entnommen werden kann.

6. Wasserstoff als Energieträger

Der Gedanke Wasserstoff als Energieträger zu nutzen, ist nicht neu. Schon in den 1980er Jahren wurde diese Option ausführlich untersucht [5]. Neben dem Klimaschutz waren die vermeintliche Endlichkeit der fossilen Brennstoffe sowie die Abhängigkeit von den Ölförderländern damals die Gründe für die Überlegungen eines resilienten Energiekonzeptes. Die Untersuchungen bezogen sich dabei nicht nur auf die Erzeugung von Wasserstoff, sondern auch auf die Nutzung [6].

Mittlerweile steht der Klimaschutz im Vordergrund und die Weltgemeinschaft hat sich durch das Pariser Klimaabkommen dazu verpflichtet, den CO_2 Ausstoß deutlich zu verringern. Die bisherigen Maßnahmen scheinen noch nicht ausreichend zu sein und vor allem die jüngeren Generationen fordern mit Recht verstärkte und zeitnahe Maßnahmen ein.

Ein ambitionierter Zubau von regenerativer Stromerzeugung ist dringend notwendig, denn es konkurrieren viele Bereiche um diesen grünen Strom:

- Kompensation für abgeschaltete Kernkraftwerke
- Kompensation für abgeschaltete Kohlekraftwerke
- Zunahme der Elektrifizierung des PKW-Verkehrs
- Zunahme der Elektrifizierung der Gebäudeheizungen durch Wärmepumpen
- Zunahme der Elektrifizierung von Industrieprozessen
- Kompensation für unrentabel gewordene Biogasanlagen nach Ablauf der EEG-Vergütung
- Erzeugung von Elektrolyse-Wasserstoff

Häufig wird vorgeschlagen, grünen Wasserstoff aus „Überschussstrom" zu erzeugen. Einen Elektrolyseur nur wenige Stunden im Jahr zu betreiben, erscheint weder ökologisch noch ökonomisch nachhaltig. Der Aufbau von Elektrolysekapazitäten ohne zusätzliche regenerative Stromerzeugung führt zu einer zusätzlichen Auslastung fossiler Kraftwerke und damit zu einem deutlich erhöhten CO_2-Ausstoß.

Dieser erneuerbare Strom soll überwiegend durch Solar- und Windenergie gewonnen werden. Der Import von Wasserstoff wird derzeit kontrovers diskutiert, wird aber notwendig sein, wenn große Mengen an Wasserstoff benötigt werden. Dabei ist auch noch offen, in welcher Form der Wasserstoff transportiert wird: über Pipelinetransport, als Flüssigwasserstoff und Druckgas oder chemisch gebunden etwa als Methanol oder Ammoniak.

7. Optionen für ein fiktives Wasserstoffprojekt

Eine Gemeinde in der Oberpfalz will in den nächsten Jahren 16 Brennstoffzellenbusse anschaffen und benötigt für die Betankung dieser Busse etwa 400 kg Wasserstoff am Tag.

Die Busse werden staatlich bezuschusst, so dass die Investitionen mit denen von Dieselbussen vergleichbar sind. Wegen der großen Entfernungen, die die Busse zurücklegen und auch im Hinblick auf kalte Winter hat man sich für Brennstoffzellenbusse und gegen Elektrobusse entschieden. Nun soll geprüft werden, wie sich die Betriebskosten, vor allem die Kraftstoffkosten entwickeln werden.

Man ist sich einig, dass es noch viele Jahre dauern wird, bis eine Wasserstoffpipeline ihren Weg bis in die abgelegene Gemeinde findet und sucht deshalb nach geeigneten Lösungen.

Option 1: Elektrolyseur + Zubau regenerativen Stromerzeugung

Der Elektrolyseur benötigt eine mittlere elektrische Leistung von 800 kW um die 400 kg Wasserstoff pro Tag zu erzeugen. Es muss nun entschieden werden, um welchen Faktor dieser Elektrolyseur überdimensioniert werden muss, um auf Schwankungen im Angebot von erneuerbarem Strom reagieren zu können. Die zu planenden Speichergrößen bestimmen die Zeitspannen, über die diese Flexibilität möglich ist. Da die Gegend nicht sehr windreich ist, wird ein Zubau von 8 MWp Solaranlagen geplant, wohl wissend, dass man den Strombedarf für den Elektrolyseur nur bilanziell damit bedienen kann.

Man hofft auf hohe Subventionen, damit man die Preise für die Bustickets stabil halten kann.

Option 2: Biogasanlage + Dampfreformer mit Gasreinigung + Zubau regenerative Stromerzeugungskapazität

Eine 450-kW_{el}-Biogasanlage, die 2004 errichtet wurde, liegt an einer Verbindungsstraße zwischen zwei Teilorten. Die Stadtwerke, die auch den ÖPNV betreiben, einigen sich mit dem Landwirt auf die Abnahme von 4.000 m^3 vorgereinigtem Rohbiogas pro Tag und eine Pacht für die Fläche der Wasserstoffanlage sowie einer Fläche zur Betankung der Busse. Im Hof-Cafe wird ein Pausenraum für die Busfahrer eingerichtet. Da die Busse über einen Zeitraum von einigen Jahren beschafft werden, wird eine modulare Wasserstoffanlage gebaut, die schrittweise erweitert wird. Über die vorhandenen BHKWs kann weiterhin Strom zu Zeiten attraktiver Preise eingespeist werden. Man will Erfahrung sammeln, um festzulegen, ob diese flexible Stromeinspeisung durch größere Wasserstofftanks optimiert werden kann. Um den Wegfall des 400-kW_{el}-Biogasstroms zu kompensieren, werden im Ort zusätzlich 4-MW_p-Solaranlagen geplant. In Zukunft soll geprüft werden, ob sich das anfallende CO_2 im Abgasstrom des Reformers wirtschaftlich verwerten lässt. Dies wäre technisch möglich, wenn das Spülgas aus der PSA im Dampfreformer mit reinem Sauerstoff anstatt mit Luft verbrannt wird. Der Sauerstoff könnte von einem kleinen Elektrolyseur geliefert werden, der zusätzlichen Wasserstoff in Zeiten geringer Strompreise erzeugt.

Die mit dem Landwirt verhandelten Preise für das Rohbiogas richten sich auch nach den vorhandenen Einsatzstoffen. Beim vermehrten Einsatz von Gülle oder nachhaltigen Energiepflanzen werden höhere Preise gezahlt. Viele Landwirte werden ihre Anlagen erweitern, die ursprünglich für energiereiche Substrate ausgelegt waren, um zukünftig auch vermehrt Gülle, nachhaltige Energiepflanzen und biogene Reststoffe einsetzen zu können.

Die Gemeinde erreicht das Ziel von regionaler Wertschöpfung und transparenten Kosten. Anfangs liegen die Kraftstoffkosten im ähnlichen Bereich, mit steigenden Dieselpreisen ist man aber mit den Wasserstoffbussen trotz nachhaltigem Substrateinsatz deutlich im Vorteil.

Option 3: Dampfreformer mit Gasreinigung

Bislang läuft die Betankung der Busse auf dem Betriebshof der Stadtwerke. Damit sich die Busfahrer-/innen nicht umgewöhnen müssen, wird die Möglichkeit der Erzeugung von grünem Wasserstoff auf dem Betriebshof geprüft. Dies ist durch eine Vor-Ort Dampfreformierung möglich, wenn Biomethan eingesetzt wird. Die lokalen Investitionen sind vergleichbar mit denen aus Option 2. Die Kosten für das Biomethan sind allerdings deutlich höher als die für Rohbiogas, weil die Gasaufbereitung und Netzentgelte zu entrichten sind. Wie sich die Kosten für die Beschaffung von Biomethan entwickeln werden, hängt auch weitgehend von politischen Entscheidungen ab. Der lokale Landwirt kann nicht auf Biomethanproduktion umstellen, da seine Anlage zu klein ist, um wirtschaftlich zu sein und auch weil keine Ferngasleitung zur Einspeisung in der Nähe verfügbar ist.

Option 4: Lieferwasserstoff aus etwa 250 km Entfernung

Alle zwei Tage wird Wasserstoff mit einem 40-t-LKW angeliefert. Der Landwirt legt seine Biogasanlage nach Ablauf der EEG-Förderung still und wird LKW-Fahrer. Er verbringt viele Wochenenden auf überfüllten Autobahn-Parkplätzen. Die Klimaneutralität erreicht man durch die Zahlung eines geringen Kompensations-Beitrages. Die Busse der Gemeinde fahren lokal emissionsfrei und alles funktioniert reibungslos.

8. Zusammenfassung

Die Umnutzung vorhandener Biogasanlagen für die dezentrale Erzeugung von grünem Wasserstoff durch Dampfreformierung kann einen wichtigen Baustein für die Energiewende liefern. Insbesondere für Partnerschaften von Kommunen als Flottenbetreiber und lokalen Betreibern von Biogasanlagen können bei geeigneten Rahmenbedienungen, in ökologischer, ökonomischer und sozialer Hinsicht, sehr attraktive Projekte mit hoher lokaler Wertschöpfung entstehen, die auch den Rückhalt in der Bevölkerung finden.

Literatur

[1] Fachverband nachwachsende Rohstoffe, https://mediathek.fnr.de

[2] Bundesministerium für Wirtschaft und Energie, https://www.bmwi.de

[3] *Graf, F.* und *Bajohr, S.*: Biogas – Erzeugung, Aufbereitung, Einspeisung, Oldenbourg Industrieverlag, 2011

[4] Tankstellenbetreiber H_2 Mobility, https://h2.live

[5] *Winter, C.-J.* und *Nitsch, J.*: Wasserstoff als Energieträger, Springer Verlag, Berlin, 1989

[6] *Wünning, J. G.*: Wasserstoff für die Prozesswärmeerzeugung, Studienarbeit, RWTH Aachen, 1989

Autor

Dr. **Joachim G. Wünning**
WS GmbH |
Renningen |
Tel.: +49 7159 1632 0 |
j.g.wuenning@flox.com

Dezentraler Wasserstoff aus Biomasse

Bernd Stoppacher, Robert Zacharias, Michael Lammer, Sebastian Bock, Karin Malli und Viktor Hacker

Wasserstoff, Biogas, RESC-Prozess, Chemical Looping

Der Reformer Steam Iron Cycle (RESC), eine Weiterentwicklung des Eisen-Dampf-Prozesses, bietet eine effiziente und kostengünstige Möglichkeit der dezentralen Wasserstoffherstellung. Das auf Reduktions- und Oxidationsreaktionen basierende Chemical Looping System ist in der Lage, hochreinen Wasserstoff aus Biogas, vergaster Biomasse und gasförmigen Kohlenwasserstoffen zu erzeugen. Da eine Reinheit von > 99.999 % bereits im RESC Prozess erreicht wird, sind im Gegensatz zu konventionellen Verfahren, wie Dampfreformierung oder autotherme Reformierung, keine weiteren Reinigungsschritte im System notwendig. Zudem kann das System, durch Abscheidung von hochreinem Stickstoff und Kohlenstoffdioxid, wertvolle Nebenprodukte erzeugen und als Negativemissionstechnologie betrieben werden.

Decentralized hydrogen from biomass

The Reformer Steam Iron Cycle (RESC), a further development of the iron-steam process, offers an efficient and cost-effective option for decentralized hydrogen production. The chemical looping system based on reduction and oxidation reactions is capable of producing high-purity hydrogen from biogas, gasified biomass and gaseous hydrocarbons. Since a purity of > 99.999 % is already achieved in the RESC process, no further purification steps are necessary in the system, in contrast to conventional processes such as steam or autothermal reforming. In addition, the system can generate valuable by-products by separating high purity nitrogen and carbon dioxide and can be operated as a negative emission technology.

1. Einleitung

Ein wesentlicher Faktor für den erfolgreichen Einsatz von Wasserstoff als Energieträger ist dessen flächendeckende regionale Verfügbarkeit. Die Versorgung mit Wasserstoff aus dezentraler Produktion ist dabei von besonderer Bedeutung, da lange Wegstrecken und aufwändige Transportsysteme vermieden werden. Neben elektrischem Strom aus Photovoltaik und Windenergie steht besonders die Verwertung von Biomasse im Fokus. Dieser Ansatz berücksichtigt die Thematik der Gasspeicherung und des Transports und ermöglicht eine kontinuierliche Steigerung der Produktionskapazität, die direkt mit der wachsenden Nachfrage verbunden ist. Österreich strebt bis 2040 den Aufbau einer Wasserstoffwirtschaft an, die von der Erzeugung des Gases bis zur Nutzung alle Bereiche abdecken soll [1]. Auf europäischer Ebene haben, im Rahmen des Pariser Klimaschutzabkommens von 2015, 28 Mitgliedstaaten der Europäischen Union bekräftigt, den globalen mittleren Temperaturanstieg auf unter 2 °C zu begrenzen. Ein Weg zur notwendigen Dekarbonisierung der Energiegewinnung, -verteilung, -speicherung und -nutzung im Rahmen dieser Energiewende bietet der Einsatz von Wasserstoff in unterschiedlichen Sektoren mit einem geschätzten Umfang von 2.250 TWh Wasserstoff (2050), dies entspricht etwa einem Viertel des Gesamtenergiebedarfs der Europäischen Union [2].

Für die Nutzung von Wasserstoff stehen eine Reihe von Anwendungen zur Verfügung. Indem Wasserstoff ins existierende (Erd-) Gasnetz eingebracht wird, können fossile Gase substituiert und eine Dekarbonisierung des Netzes erreicht werden. Alternativ kann Methan, der Hauptbestandteil von Erdgas, auch aus Wasserstoff und CO_2 synthetisiert werden [3]. Auf diese Weise können Verbraucher konventionelle Technologien trotz fortschreitender Dekarbonisierung weiterhin verwenden. In der Stahlproduktion erlaubt der Einsatz von erneuerbar erzeugtem Wasserstoff den Verzicht auf Reduktionsmittel wie Kohlenmonoxid aus fossilen Quellen [4]. Einen Schwerpunkt zukünftiger Anwendungen repräsentiert die Nutzung von Wasserstoff als Energieträger bzw. Kraftstoff im Mobilitätssektor. Fortschrittliche Brennstoffzellensysteme verstromen das Gas mit hohem Wirkungsgrad und tragen so zu einer klima- und umweltschonenden Elektromobilität bei.

Aktuell erfolgt die Wasserstoffproduktion vorwiegend zentral durch Dampfreformierung, Trockenreformierung oder katalytisch-partielle Oxidation aus fossilen Rohstoffen. Hierbei ist eine anschließende Druckwechseladsorption für die Aufreinigung des Wasserstoffes erforderlich. Der Wasserstoff wird daraufhin komprimiert oder verflüssigt zum Verbraucher transportiert, was aufgrund der geringen volumetrischen Energiedichte kosten- und energieintensiv ist [5].

Eine vielversprechende Alternative ist die dezentrale Wasserstoffproduktion aus regional verfügbaren, erneuerbaren Ressourcen. Eine der wesentlichen Herausforderungen der dezentralen Wasserstoffproduktion ist das Erreichen der benötigten Produktgasreinheit für Polymerelektrolyt-Brennstoffzellen (PEFC) in Brennstoffzellen-Elektrofahrzeugen (FCEV). Nach ISO 14687-2:2012 werden die Anforderungen für die Reinheit von Wasserstoff als Kraftstoff für PEFC für Straßenfahrzeuge definiert. Ausgewählte Kriterien sind in **Tabelle 1** ersichtlich.

2. Reformer Steam Iron Cycle (RESC)

Schon im frühen 20. Jahrhundert wurde der Eisen-Dampf-Prozess zur Erzeugung von Wasserstoff für Luftschiffe eingesetzt [6]. Aus diesem einstufigen, ineffizienten Prozess wurde an der Technischen Universität Graz der patentierte RESC Prozess (Reformer Steam Iron Cycle) entwickelt. Dieser nutzt Rohstoffe wie Erdgas, Biogas oder vergaste Biomasse, um hochreinen Wasserstoff herzustellen. Die Einbindung des Prozesses im Kontext aktueller Wasserstoffproduktionstechnologien ist in **Bild 1** dargestellt.

Der zyklische Prozess basiert auf der Reformierung verschiedener Kohlenwasserstoffe unter Zugabe von Wasserdampf zu Synthesegas in einem Dampfreformer. Das Synthesegas wird in weiterer Folge für die Reduktion eines auf Eisenoxid basierten Sauerstoffträgermaterials bei erhöhten Temperaturen verwendet [5,7-9]. Im zweiten Schritt wird durch die Oxidation des Aktivmaterials mit Wasserdampf hochreiner Wasserstoff produziert, der nach Bedarf auch bei hohem Druck freigesetzt werden kann (siehe **Bild 2**) [8]. Um Wasserstoff von höchster Reinheit in der Oxidationsphase herzustellen, müssen Kohlenstoffablagerungen im System während der Reduktionsphase vermieden werden. Dies wurde durch thermogravimetrische Analysen von Hacker et al. [9] gezeigt. Fraser et al. [10] ermittelten eine Prozesseffizienz von bis zu 75 % (LHV-basiert) bei der Umwandlung verschiedener Kohlenwasserstoffe wie Methan, Heptan und Oktan.

Tabelle 1: Grenzwerte für Wasserstoff als Kraftstoff für Straßenfahrzeuge nach ISO 146872:2012

H_2-Reinheit	99,97 % [-]
Gesamtgehalt Nicht-Wasserstoff-Gase	300 ppm
H_2O	5 ppm
CO_2	2 ppm
CO	0,2 ppm

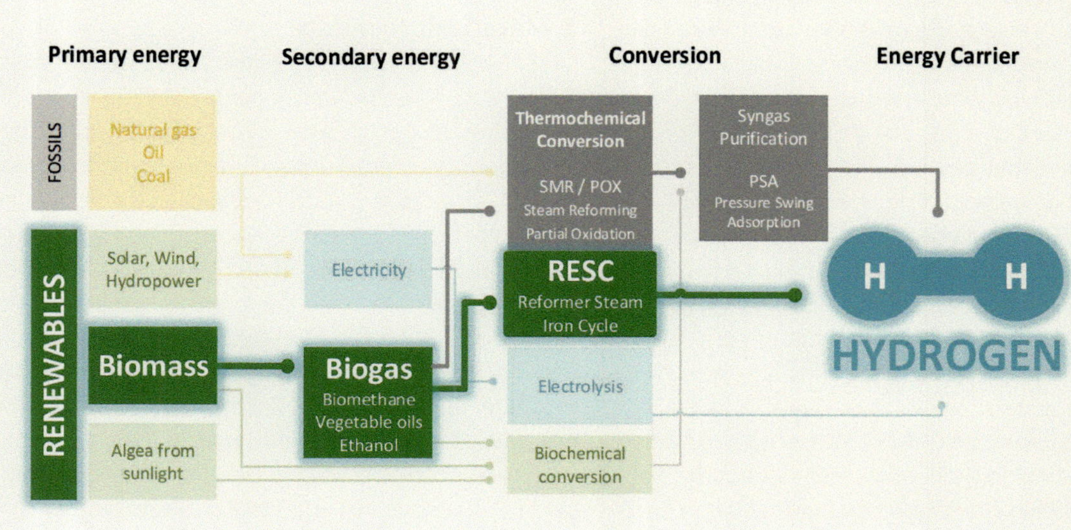

Bild 1: Der RESC im Kontext verschiedener Wasserstoffproduktionstechnologien (Copyright TU Graz)

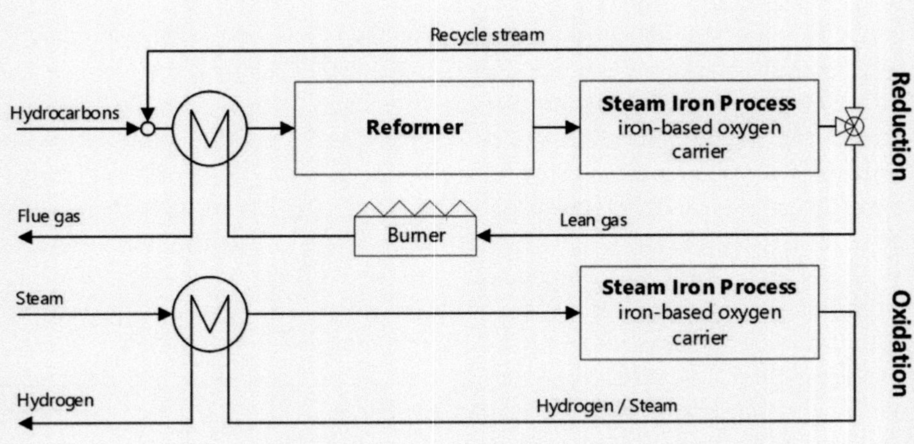

Bild 2: Zweistufiges Prozessschema des RESC-Prozesses zur Wasserstofferzeugung (vgl. [16])

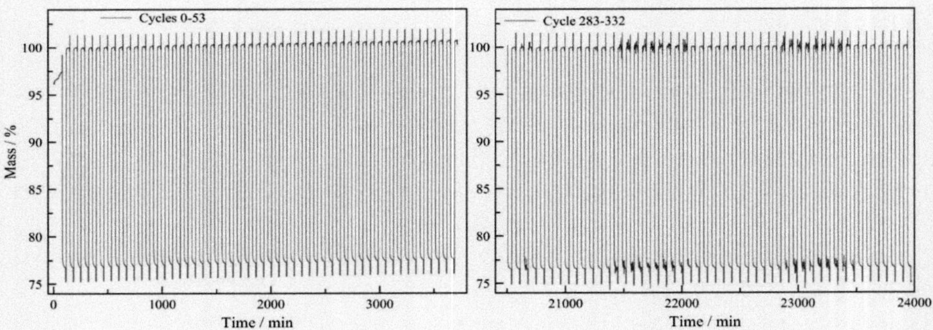

Bild 3: Langzeit-Stabilitätsmessung des entwickelten Sauerstoffträgers über mehr als 300 Zyklen [Copyright TU Graz]

Das Verfahren erlaubt unterschiedliche Möglichkeiten der Prozessführung. Für die dezentrale Wasserstoffproduktion wurde der Festbettreaktor aufgrund des kompakten Aufbaus sowie der niedrigeren mechanischen Materialbelastungen gewählt. Außerdem bietet der Festbettbetrieb die Möglichkeit, chemisch gebundene Energie in Form des reduzierten Metalloxids zu speichern und zeitversetzt zu oxidieren. Damit wird eine bedarfsorientierte und von der Verfügbarkeit der Rohstoffe unabhängige Wasserstoffherstellung gewährleistet. Dies erscheint besonders attraktiv, da die volumetrische Speicherdichte des Metalloxids kommerziell verfügbare 700 bar Wasserstoffdruckspeicher übertrifft und gleichzeitig nur geringe Kosten für das Speichermaterial anfallen. Der zweistufige Prozess kann somit fluktuierende Rohstoffangebote bzw. Produktnachfrage systemintegriert ausgleichen, wodurch sich dieser ideal für die Verwertung von erneuerbaren Primärenergieträgern eignet.

Abgesehen von der (Druck-) Wasserstoffproduktion bietet die Technologie die Möglichkeit das aus den kohlenwasserstoffhaltigen Ressourcen freiwerdende CO_2 in hoher Reinheit abzutrennen [11, 12]. Im Rahmen der Forschungstätigkeiten an der Technischen Universität Graz wird seit der Jahrtausendwende vor allem an der Optimierung der Prozessführung, sowie der Materialentwicklung zur Verbesserung von Stabilität und Reaktivität der metalloxidbasierten Kontaktmasse gearbeitet.

3. Materialforschung

Die Entwicklung eines langzeitstabilen Sauerstoffträgermaterials zur Wasserstofferzeugung war eine notwendige Voraussetzung für eine wirtschaftliche Umsetzung des neuen Verfahrens. Für den Einsatz eisenbasierter Materialien als reaktive Schüttung sprechen die hohe Austauschkapazität, die einfache Handhabung des ungiftigen Materials und geringe Kosten [5]. Durch umfangreiche Testserien konnten die Herausforderungen im Bereich der Zyklenstabilität durch die Zugabe hochschmelzender Additive bewältigt werden. Die Reaktivität verschiedener Mischungen wurde zuerst in ex-situ Lebensdauertests über mehrere hundert Zyklen nachgewiesen. Anschließend wurden vielversprechende Materialien in Laborsystemen auf Austauschkapazität und mechanische Stabilität untersucht.

Ein zentrales Thema war die Optimierung des Metalloxids hinsichtlich der hohen Reaktionstemperaturen von bis zu 1000 °C, welche zur Versinterung und dementsprechenden Aktivitätsverlusten der eingesetzten Eisenoxide führen können. In zahlreichen wissenschaftlichen Arbeiten wurde die stabilisierende Wirkung von hochschmelzenden Metalloxiden wie beispielsweise Al_2O_3 untersucht [5]. In Vorversuchen konnte dieser Effekt auch für den Eisen-Dampf-Prozess unter Druck bestätigt werden [13]. Weiters kann durch gezielte Beimischung von Fremdmetallen, sowie durch die Vergrößerung der Oberfläche der Kontaktmasse, die Reaktivität der Kontaktmasse bei niedrigen Temperaturen erhöht werden. Vorversuche diesbezüglich zeigten, dass beispielsweise PtO_2, RuO, CeO2, PdO und CuO das Potenzial haben, die Reaktivität bei niedrigen Temperaturen zu erhöhen.

Im Rahmen des Forschungsprojekts HyStORM (Hydrogen Storage via Oxidation and Reduction of Metals) wurde zur Optimierung des eisenbasierten Sauerstoffträgers eine Evaluierung von unterschiedlichen Herstellungsverfahren durchgeführt. Dazu wurden vielversprechende Synthesemethoden aus der Fachliteratur herangezogen und anschließend in Vorversuchen im Labormaßstab umgesetzt. Die Auswahl der Synthesemethoden wurde vor allem basierend auf wichtigen Parametern, wie der Durchführbarkeit und Skalierbarkeit getroffen, um die für den Laborreaktor benötigte Menge reproduzierbar herstellen zu können.

Auf Basis dieser Ergebnisse wurde für die Auswahl einer Synthesemethode des Materials die einfache industrielle Herstellbarkeit, sowie eine langzeitstabile Sauerstoffaustauschkapazität als wichtigstes Auswahlkriterium definiert. Die gewählte Imprägnierungsmethode weist in beiden Punkten ausgezeichnete Ergebnisse auf und wurde durch weiterführende Forschung für den Einsatz in Hochdruckanwendungen optimiert.

Durch umfangreiche Stabilitätsmessungen mit Hilfe von Thermogravimetrie wurde die Stabilität und Reaktivität von Pulverproben oder einzelnen Pellets in der Größenordnung von einigen Milligramm ermittelt (**Bild 3**). Das Upscaling der Lebensdaueruntersuchungen in industriell relevante Maßstäbe im Laufe des Projekts zeigte jedoch, dass Ergebnisse von Materialtests im Labormaßstab nicht ohne weiteres auf pelletierte Materialien für den Einsatz in Festbettreaktoren übertragbar sind. Einerseits vermindert sich der Gas-Feststoff-Kontakt im Festbettsystem, andererseits kann die mechanische Beanspruchung durch das Eigengewicht der Schüttung Auswirkungen auf die Stabilität haben.

4. Prozessentwicklung

Neben der Materialforschung wurde am Institut für Chemische Verfahrenstechnik und Umwelttechnik der Technischen Universität Graz in Kooperation mit den im Projekt beteiligten Industriepartnern Rouge H_2 Engineering GmbH und AVL List GmbH die Komponentenentwicklung und die Prozessoptimierung durchgeführt.

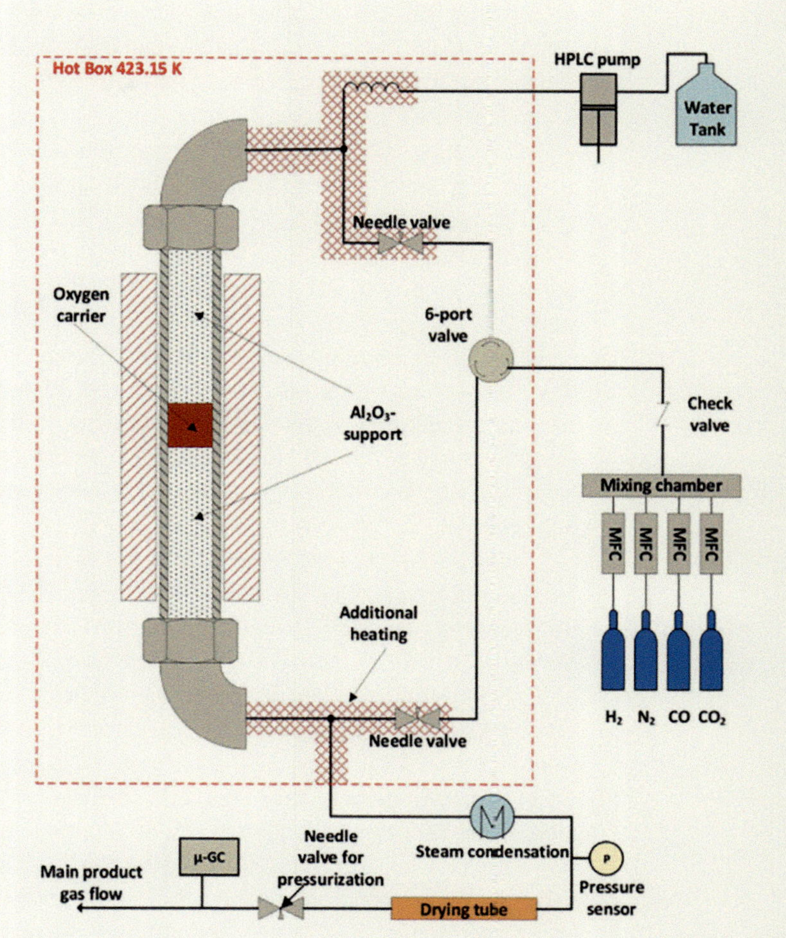

Bild 4: Aufbau der Hochdruck-Versuchsanlage für Drücke bis maximal 100 bar [12] (Copyright TU Graz)

4.1 Hochdruckwasserstoffherstellung

Das Ziel der Forschungstätigkeiten im Rahmen des Projekts HyStORM war der Nachweis der Hochdruckwasserstoffbereitstellung bei einem Druck von bis zu 100 bar direkt aus dem Prozess. Im Vordergrund stand die Entwicklung eines neuartigen Speicherprozesses, bestehend aus:

- der Umsetzung von erneuerbaren Rohstoffen zu Synthesegas
- der Beladung des Speichers mit Synthesegas
- der Entladung des Speichers zur Bereitstellung von hochreinem Wasserstoff bei 100 bar.

Um die Ergebnisse aus den erfolgreichen Vorversuchen validieren zu können, wurden Versuche in einer Testanlage durchgeführt. Die Anforderungen für die Bereitstellung von Druckwasserstoff wurden wie folgt definiert:

- eine maximale Betriebstemperatur von 850 °C
- ein maximaler Betriebsdruck von 100 bar
- Verwendung von normierten Bauteilen, um bei Bedarf einen einfachen und kostengünstigen Austausch zu ermöglichen.

Anlagenschema und Testsystem sind in **Bild 4** dargestellt.

In mehreren Versuchsserien konnte der Wasserstoffdruck Schritt für Schritt bis zu 100 bar gesteigert werden. Die durchgeführten Experimente unterstrichen die Eignung des RESC für die Hochdruckwasserstofffreisetzung bis 100 bar mit einer Wasserstoffreinheit von > 99.99 % [11].

Weiters konnte die exzellente Stabilität des eingesetzten Sauerstoffträgermaterials auch unter hohem Druck nachgewiesen werden [7]. Eine Kohlenstoffbildung und die damit einhergehende Entstehung von Verunreinigungen im Produktgas konnte durch die Identifikation der kritischen Prozessparameter erfolgreich vermieden werden.

Im Rahmen der Gesamtsystemanalyse rückte die Möglichkeit der prozessintegrierten CO_2-Abtrennung immer mehr in den Fokus. Innovative Ansätze ermöglichen dabei die Sequestrierung des reinen Kohlendioxidstroms im Prozess. In Laborversuchen konnte nachgewiesen werden, dass eine simultane Kohlenstoffdioxidabscheidung während der Speicherbeladung und die darauffolgende Entladung von Hochdruckwasserstoff mit dem Eisen-Dampf-Prozess möglich ist [13]. Dadurch wird bei der Verwendung von biogenen Ressourcen ein negativer CO_2-Fußabdruck erreicht (Negative Emission Technology). Die ermittelte Reinheit des Hochdruckwasserstoffs nach den Kohlenstoffabtrennungs-Experimenten lag bei bis zu 99,3 %.

4.2 Optimierung der Wasserstoffreinheit

Das breite Anwendungsspektrum hinsichtlich unterschiedlicher erneuerbarer Ressourcen wie Biogas, vergaster Biomasse oder Bioethanol ist ein wesentlicher Vorteil des RESC-Prozesses. Je nach verwendetem Primärenergieträger, sowie der vorhandenen Begleitkomponenten kann es bei der Reduktionsreaktion zur Ablagerung von festem Kohlenstoff oder zur ungewollten Reaktion mit dem Metalloxid kommen. Bei der anschließenden Oxidation mit Dampf kann neben der Bildung von Wasserstoff in diesem Fall auch Kohlenmonoxid, Kohlendioxid oder andere Verunreinigungen freigesetzt werden. Da diese Spurenverunreinigungen bereits im niedrigen ppm- und ppb-Bereich zu einer Schädigung in PEFCs führen können, muss deren Abscheidung während der Reduktion durch Optimierung der Reaktionsbedingungen verhindert werden.

Verunreinigungen des Rohstoffes durch Ammoniak, Kohlenwasserstoffe und Schwefelverbindungen dürfen ebenfalls nicht in den produzierten Wasserstoff gelangen, da diese die Brennstoffzellen potenziell schädigen. Typischerweise befinden sich in erneuerbaren Primärenergieträgern auch eine Reihe von höheren aliphatischen und aromatischen Kohlenwasserstoffen, Alkohole, sowie Produkte der unvollständigen Zersetzung dieser am Katalysator. Ein weiteres Ziel des Projektes HyStORM war die Charakterisierung der Auswirkungen dieser Komponenten auf die Wasserstoffqualität und die eingesetz-

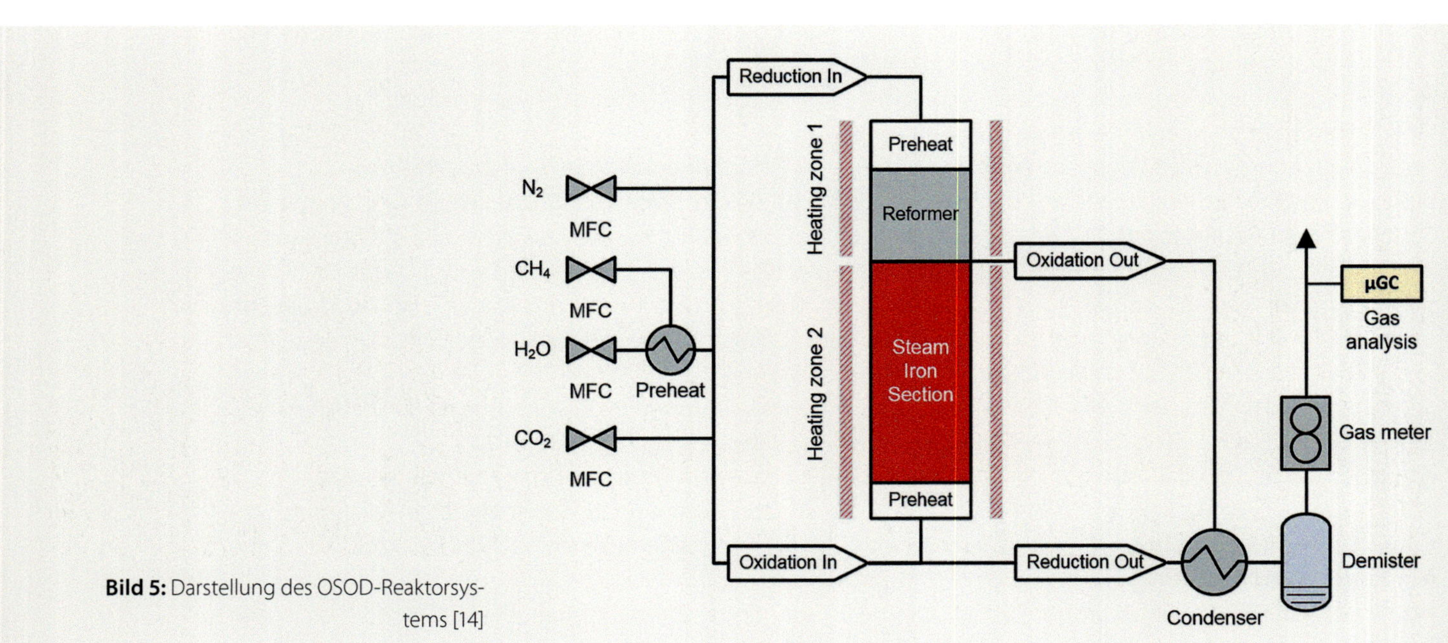

Bild 5: Darstellung des OSOD-Reaktorsystems [14]

ten Eisenoxide. Eine Kontamination des produzierten Wasserstoffes durch Schwefel kann theoretisch erfolgen, wenn sich während der Reduktion feste Schwefelverbindungen wie beispielsweise Eisensulfide bilden. Dies ist in geringem Maße während der Reduktionsreaktion möglich. Bei der anschließenden Oxidation können diese Schwefelverbindungen mit Dampf zu SO_x bzw. mit Wasserstoff zu H_2S reagieren und den produzierten Wasserstoff verunreinigen.

Nach erfolgreichen Tests in kleineren Laborsystemen wurden weitere Versuchsreihen in einem 10 kW Laborreaktorsystem mit synthetischem Biogas und Methan durchgeführt (siehe **Bild 5**). Das System besteht aus einem Reaktor, der für die Reformierung und die darauffolgende Reduktions- und Oxidationsreaktionen in zwei Segmente geteilt ist. Das im Reformerteil erzeuge Synthesegas wird für die unmittelbar darauffolgende Reduktion des Sauerstoffträgers verwendet. Anschließend wird der Sauerstoffträger mit Wasserdampf oxidiert um hochreinen Wasserstoff herzustellen. Dieses Laborreaktorsystem eignete sich ausgezeichnet für die Durchführung von Versuchen zur Validierung zuvor generierter Simulationsdaten im Hinblick auf die Prozesseffizienz bei unterschiedlichen Betriebspunkten.

Die eingesetzten synthetischen Biogaszusammensetzungen orientierten sich an Daten aus der Literatur. Im System konnten die wesentlichen Ergebnisse von thermodynamischen Simulationen hinsichtlich der Prozesseffizienz bestätigt werden. Die erreichte Wasserstoffqualität von bis zu 99.999 % übertraf durch die optimierte Prozessführung sogar Ergebnisse in kleineren Laborreaktoren [14]. Im Rahmen des Projektes wurden auch erfolgreiche Langzeittests zur Reformierung von Bioethanol und synthetischem Biogas mit insgesamt über 1.500 h Betriebsdauer durchgeführt.

Für ihre Arbeiten zur Erzeugung von erneuerbarem Wasserstoff wurde die Arbeitsgruppe Brennstoffzellen und Wasserstoffsysteme im Jahr 2017 mit dem Staatspreis Mobilität in der Kategorie „Forschen. Entwickeln. Neue Wege weisen" vom heutigen Bundesministerium für Klimaschutz, Umwelt, Energie, Mobilität, Innovation und Technologie (BMK) ausgezeichnet. Als Anerkennung der engen Kooperation mit der Industrie und der wissenschaftlichen Leistung wurde die Arbeitsgruppe weiters mit dem HOUSKA-Anerkennungspreis 2017 sowie dem HOUSKA-Publikumspreis ausgezeichnet (**Bild 6**).

5. Wirtschaftlichkeit der dezentralen Wasserstoffherstellung

Um die Konkurrenzfähigkeit von Wasserstoff als Sekundärenergieträger zu gewährleisten, müssen die Kosten für Herstellung, Verteilung und Verwertungstechnologien auf das Niveau von konventionellen Energieträgern gesenkt werden. Dies kann durch eine dezentrale Form der Produktion erreicht werden. Im Fall der Wasserstoffherstellung mit Hilfe des RESC bei Biogasanlagen oder Holzgasanlagen vor Ort treten keine Transport- und Lagerkosten für den Primärenergieträger Biogas auf. Zudem können durch die Integration einer Tankstelle hohe Transportkosten für Wasserstoff vermieden werden.

Die konventionellen Verfahren zur dezentralen Wasserstoffherstellung benötigen einen zusätzlichen Reinigungsschritt in Form der Druckwechseladsorption, um die erforderliche Wasserstoffreinheit für Polymerelektrolyt-Brennstoffzellen zu erreichen. Da diese Technologien

Bild 6: a) Preisverleihung des Staatspreis Mobilität (Copyright BMK); b) Arbeitsgruppe Brennstoffzellen- und Wasserstoffsysteme mit dem verliehenen Houska-Annerkennungspreis (Copyright TU Graz / Lunghammer)

für den zentralen, großtechnischen Einsatz in Raffinerien optimiert wurden, treten im dezentralen Betrieb Wirkungsgradverluste und somit zusätzliche Kosten auf. Im Vergleich zu den eben genannten konventionellen Produktionsverfahren ist der RESC-Prozess durch die wartungsarme, einstufige Prozessführung ohne Reinigungsschritt eine kostengünstige Alternative für die dezentrale Produktion von grünem Wasserstoff. Konkret sind nach einer Kostenabschätzung Herstellungskosten von 3,5-4,9 €/kg H_2 erreichbar, was der Vorgabe der Europäischen Kommission von 5 €/kg H_2 für Wasserstoff aus Biogas entspricht. Diese Kosten setzen sich im Wesentlichen aus den Investitionskosten, den Kosten des Biogases als Feed und der im Prozess verwendeten Materialien zusammen.

Die Abschätzung der Investitionskosten wurde mittels Korrelation nach Lange et al. [15] für petrochemische Verfahren durchgeführt (-50 % bis +100 %). Die Anlagenkosten für ein entsprechendes System, angekoppelt an eine bestehende Biogasanlage, wurden dadurch auf 0,3-1,2 €/kg H_2 geschätzt. Die Betriebskosten bestehen in erster Linie aus den Kosten des verwendeten Biogases, welche mit 2,5-3,5 €/kg H_2 geschätzt werden. Durch den Einsatz von preiswerten Eisenoxiden als Aktivmaterial im Prozess sind die weiteren zu erwartenden Materialkosten mit 0,06 €/kg H_2 sehr niedrig.

6. Zusammenfassung und Ausblick

Die flächendeckende, dezentrale Wasserstoffversorgung ist ein wesentlicher Baustein zum Aufbau einer Wasserstoffinfrastruktur, sowie zur effizienten Nutzung lokal verfügbarer Ressourcen. Der vorgestellte Reformer-Eisen-Dampf-Prozess RESC ist ein effizienter und kosteneffektiver Prozess zur dezentralen Wasserstoffherstellung aus lokal verfügbaren, erneuerbaren Ressourcen.

Die Prozess- und Materialentwicklung an der Technischen Universität Graz im Rahmen des Projekts HyStORM, sowie der laufenden Folgeprojekte haben und werden in den nächsten Jahren wesentliche Fortschritte zur Implementierung des Prozesses beitragen. Bereits in einem frühen Projektstadium konnten dabei sehr aussichtsreiche Ergebnisse zur hochreinen Wasserstofferzeugung mit einer Reinheit von > 99.999 % erzielt werden. Ein wesentlicher Faktor zur erfolgreichen Kommerzialisierung in den nächsten Jahren wird die weitere Materialentwicklung zur Lebensdauersteigerung sein. In der anhaltenden Diskussion zur Senkung der weltweiten Treibhausgasemissionen ist besonders die prozessintegrierte CO_2-Sequestrierung, welche negative Emissionen ermöglicht, ein wesentliches Alleinstellungsmerkmal.

Literatur

[1] Bundesministerium für Klimaschutz, Umwelt, Energie, Mobilität, Innovation, und Technologie: Wasserstoffstrategie für Österreich, 2020

[2] Fuel Cells and Hydrogen Joint Undertaking: Hydrogen Roadmap Europe, 2019

[3] *Dincer, C.* und *Acar, I.*: Review and evaluation of hydrogen production options for better environment, J. Clean. Prod., vol. 218, pp. 835–849, 2019

[4] *Vogl, V.; Åhman, M.* und *Nilsson, L. J.*: Assessment of hydrogen direct reduction for fossil-free steelmaking, J. Clean. Prod., vol. 203, pp. 736–745, 2018, doi: 10.1016/j.jclepro.2018.08.279

[5] *Hacker, V.* und *Voitic, G.*: Recent advancements in chemical looping water splitting for the production of hydrogen, RSC Adv. 6, pp. 98267–98296, 2016, doi: 10.1039/C6RA21180A

[6] *Messerschmitt, A.*: Verfahren zur Erzeugung von Wasserstoff durch abwechselnde Oxidation und Reduktion von Eisen in von außen beheizten, in den Heizräumen angeordneten Zersetzern, 1911

[7] *Hacker, V.; Voitic, G.; Nestl, S.; Malli, K.; Wagner, J.; Bitschnau, B.* und *Mautner, F.-A.*: High purity pressurised hydrogen production from syngas by the steam-iron process, RSC Adv., vol. 6, pp. 53533–53541, 2016, doi: 10.1039/C6RA06134F

[8] *Hacker, V.* et al.: Usage of biomass gas for fuel cells by the SIR process, J. Power Sources, vol. 71, pp. 226–230, 1998, doi: 10.1016/S0378-7753(97)02718-3

[9] *Hacker, V.; Vallant, R.* und *Thaler, M.*: Thermogravimetric Investigations of Modified Iron Ore Pellets for Hydrogen Storage and Purification: The First Charge and Discharge Cycle, Ind. Eng. Chem. Res., vol. 46, pp. 8993–8999, 2007, doi.: 10.1021/ie0616491

[10] *Fraser, S.D.; Monsberger, M.* und *Hacker, V.*: A thermodynamic analysis of the reformer sponge iron cycle, J. Power Sources, vol. 161, pp. 420–431, 2006, doi: 10.1016/j.jpowsour.2006.04.082

[11] *Zacharias, R.; Visentin, S.; Bock, S.* und *Hacker, V.*: High-pressure hydrogen production with inherent sequestration of a pure carbon dioxide stream via fixed bed chemical looping, Int. J. Hydrogen Energy, vol. 44, pp. 7943–7957, 2019, https://doi.org/10.1016/j.ijhydene.2019.01.257

[12] *Bock, S.; Zacharias, R.* und *Hacker, V.*: Co-production of pure hydrogen, carbon dioxide and nitrogen in a 10 kW fixed-bed chemical looping system, Sustain. Energy Fuels, vol. 4, pp. 1417–1426, 2020, https://doi.org/10.1039/C9SE00980A

[13] *Nestl, S.; Voitic, G.; Lammer, M.; Marius, B.; Wagner, J.* und *Hacker, V.*: The production of pure pressurised hydrogen by the reformer-steam iron process in a fixed bed reactor system, J. Power Sources, vol. 280, pp. 57–65, 2015, https://doi.org/10.1016/j.jpowsour.2015.01.052

[14] *Bock, S.; Zacharias, R.* und *Hacker, V.*: Experimental study on high-purity hydrogen generation from synthetic biogas in a 10 kW fixed-bed chemical looping system, RSC Adv., vol. 9, no. 41, pp. 23686–23695, 2019, doi: 10.1039/c9ra03123e

[15] *Lange, J.P., Sushkevich, V. L., Knorpp, A. J.* and *Van Bokhoven, J.A.*: Methane-to-Methanol via Chemical Looping: Economic Potential and Guidance for Future Research, Ind. Eng. Chem. Res., 2019, doi: 10.1021/acs.iecr.9b01407

[16] *Hacker, V.*: A novel process for stationary hydrogen production: the reformer sponge iron cycle (RESC), J. Power Sources, vol. 118, pp. 311–314, 2003

Autoren

Prof. Dipl.-Ing. Dr. techn. **Viktor Hacker**
Technische Universität Graz |
Institut für Chemische Verfahrenstechnik
und Umwelttechnik |
Graz |
Tel.: +43 316 873 8780 |
viktor.hacker@tugraz.at

Dipl.-Ing. **Bernd Stoppacher**
Technische Universität Graz |
Institut für Chemische Verfahrenstechnik
und Umwelttechnik |
Graz |
Tel.: +43 316 873 4971
bernd.stoppacher@tugraz.at

Robert Zacharias, MSc.
Technische Universität Graz |
Institut für Chemische Verfahrenstechnik
und Umwelttechnik |
Graz |
Tel.: +43 316 873 4985 |
robert.zacharias@tugraz.at

Dipl.-Ing. **Michael Lammer**
Technische Universität Graz |
Institut für Chemische Verfahrenstechnik
und Umwelttechnik |
Graz |
Tel.: +43 316 873 8795 |
michael.lammer@tugraz.at

Dipl.-Ing. Dr. techn. **Sebastian Bock**
Technische Universität Graz |
Institut für Chemische Verfahrenstechnik
und Umwelttechnik |
Graz |
Tel.: +43 316 873 4984 |
sebastian.bock@tugraz.at

Dipl.-Ing. **Karin Malli**
Technische Universität Graz |
Institut für Chemische Verfahrenstechnik
und Umwelttechnik |
Graz |
Tel.: +43 316 873 8796 |
karin.malli@tugraz.at

2. Speicherung

Pilotprojekt – Dezentrale Power-to-Gas-Anlage für Klimaschutz im Altbau in Augsburg

Katharina Haas, Lukas Schad

Power-to-Gas, Energieversorgung, erneuerbare Energien

Die EXYTRON GmbH und die Stadtwerke Augsburg Energie GmbH (swaE) haben gemeinsam mit der Wohnbaugruppe Augsburg (WBG) als Gebäudeeigentümerin für einen Wohngebäudekomplex in der Marconistr. 15-19 in Augsburg (Baujahr 1974) mit knapp 5.400 m^2 Wohnfläche ein energetisches Versorgungskonzept entwickelt (**Bild 1**). Dazu gehören neben einer umfangreichen energetischen Sanierung des Gebäudes auch die Errichtung und Inbetriebnahme einer dezentralen Energieerzeugungs- und -speicheranlage auf Basis einer Power-to-Gas-Technologie mit einer Strom- und Wärmeversorgung auf Basis von erneuerbaren Energien. Die Grundidee bestand darin, Optionen zur technischen Umsetzung von Energieeffizienz, regenerativer Energieerzeugung und -speicherung im Gebäudebestand zu ermitteln und in einem Pilotprojekt umzusetzen, um daraus Erfahrungen für mögliche weitere Umsetzungen im Gebäudebestand in Augsburg zu sammeln. Nach einer Auswertung sollen dann weitere Gebäude mit dieser Technik ausgestattet werden. Ein besonderer Fokus liegt darauf, die Möglichkeit zu erproben, überschüssigen grünen Strom zu speichern, egal ob dieser Strom aus dem Netz oder aus erneuerbaren Energien (EE) Anlagen kommt. Im Verlauf der Pilotprojektumsetzung wurde durch die Einbindung der EXYTRON -Technologie insbesondere auch auf die Emissionsfreiheit geachtet, sowohl mit Blick auf Treibhausgase als auch bezüglich Feinstäuben und Stickoxiden (NO_x), da bei der Verbrennung von regenerativ erzeugtem („synthetischen") Methan kein NO_x, kein Methanschlupf und keine Feinstäube entstehen.

Pilot project – Decentralised power-to-gas plant for climate protection in old buildings in Augsburg

EXYTRON GmbH and Stadtwerke Augsburg Energie GmbH (swaE), together with Wohnbaugruppe Augsburg (WBG) as the building owner, developed an energy supply concept for a residential building complex at Marconistr. 15-19 in Augsburg (built in 1974) with almost 5,400 m^2 of living space. In addition to a comprehensive energy refurbishment of the building, this also included the construction and commissioning of a decentralised energy generation and storage system based on power-to-gas technology with an electricity and heat supply based on renewable energies. The basic idea was to identif options for the technical implementation of energy efficiency, renewable energy generation and storage in existing buildings and to implement them in a pilot project to gain experience for possible further implementations in existing buildings in Augsburg. After an evaluation, further buildings are to be equipped with this technology. A particular focus is on testing the possibility of storing surplus green electricity, regardless of whether this electricity comes from the grid or from renewable energy (RE) plants. During the pilot project implementation, particular attention was paid to the absence of emissions through the integration of EXYTRON technology, both in terms of greenhouse gases and regarding fine dusts and nitrogen oxides (NO_x), since no NO_x, no methane slip and no fine dusts are produced during the combustion of regeneratively produced („synthetic") methane.

1. Bestandteile des Energieversorgungskonzepts

Das innovative Energieversorgungskonzept von EXYTRON basiert auf dem integrativen Zusammenspiel von:

- Strom vor Ort durch eine 120 kWp Photovoltaik-Anlage (PV-Anlage) auf der Dachfläche des Bestandsgebäudes erzeugen und in einer Hochleistungs-Lithium-Ionen Batterie als Regelleistung für den Eigenbedarf der Mieter*innen an Strom bereitzustellen
- Insbesondere zur Mittagszeit überschüssig verfügbaren Strom aus der PV-Anlage (Stromverbrauch durch Mieter*innen ist tagsüber aufgrund der Abwesenheiten gering) – sowie günstigen Ökostrom aus dem Stromnetz – durch Elektrolyse in Wasserstoff und Methanisierung in einer dezentralen Power-to-Gas (PtG) Anlage weiter in synthetisches Erdgas (Methan, CH_4) umwandeln und zwischenspeichern
- Bei Bedarf: Rückwandlung des Erdgases in Wärme und Strom über ein Blockheizkraftwerk (BHKW) und zwei Gasthermen
- Nutzung der Abwärme aus der Elektrolyse, der Katalyse (Methanisierung) und dem BHKW für die Wärmeversorgung (Heizung und Warmwasser) der Mieter*innen.

Das Energieversorgungskonzept deckt den Strom- und Wärmebedarf zum Großteil, weitere Energie wird im Bedarfsfall aus dem öffentlichen Erdgasnetz über die BHKW-/Kesselkomponenten gewonnen. Mit dieser Lösung wurde die Wärmeversorgung durch Heizöl (mit einem jährlichen Verbrauch von etwa 74.000 l Heizöl) komplett abgelöst. Ursprünglich war geplant, eine klassische BHKW-Lösung anzugehen, für welche sich nach Modernisierung des Gebäudebestandes der WBG Energie über ein Contracting anbieten würde. Um einen Beitrag zur nachhaltigen Energie- und Wärmeversorgung (CO_2-frei und emissionsgemindert) zu leisten, waren weitere Elemente nötig, welche durch die EXYTRON -Technologie ermöglicht wurden: die Katalyse-Einheit für die Methanisierung sowie Speicher für Kohlendioxid (CO_2) aus dem BHKW, Methan aus der Katalyse und Sauerstoff aus der Elektrolyse. **Bild 2** und **Bild 3** zeigen eine Darstellung der techni-

Bild 1: Wohngebäudekomplex in Augsburg

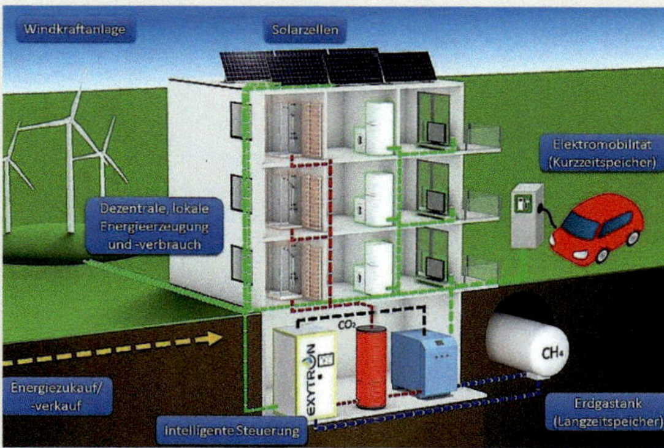

Bild 3: Systemschema

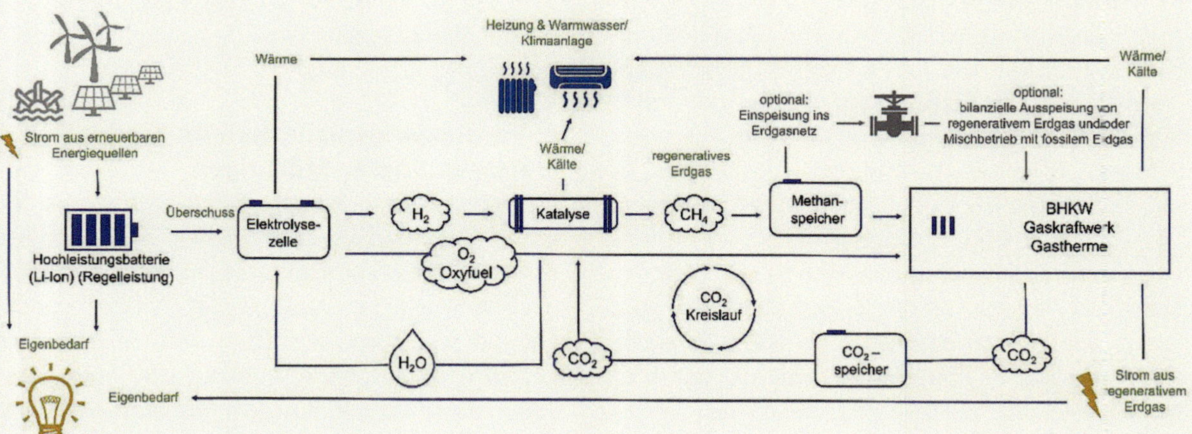

Bild 2: Technischen Komponenten und ihr Zusammenspiel

Bild 4: Einbringung der Erdgastanks (Quelle: EXYTRON)

schen Komponenten und ihres Zusammenspiels sowie eine schematische Darstellung der Anordnung im Bestandsgebäude.

Herzstück ist das patentierte Systempatent mit der ZeroEmissionTEchnology (ZET), die für eine emissionsfreie Verbrennung der selbst produzierten regenerativen Kraftstoffe sorgt. Das bei der Verbrennung entstehende CO_2 wird nicht an die Umgebung abgegeben, sondern zwischengespeichert und als notwendiger Wertstoff im geschlossenen Kreislauf immer wieder verwendet.

Mithilfe der Power-to-Gas-Anlage lassen sich der Strom aus der Photovoltaikanlage und überschüssiger Strom aus dem Stromnetz kurzfristig und saisonal speichern.

Insbesondere die Nutzung der Abwärme aus den Prozessen steigert den Gesamtwirkungsgrad der PtG-Anlage auf über 90 %. Weiterhin können durch die Speicherung des im BHKW entstehenden CO_2 und dessen Nutzung im Kreislauf als Wertstoff zur weiteren Produktion von regenerativem Erdgas die Emissionen von CO_2, NO_x, Methanschlupf und Feinstaub um bis zu 100 % verringert werden. Dadurch können für 2030 bzw. 2050 anvisierte Klimaschutzstandards bereits jetzt erreicht werden. Die Pilotanlage ist seit Herbst 2018 in Betrieb. In anderen Anlagen konnten diese Erfahrungen entsprechend verwertet werden und auf ganze Wohnquartiere ausgedehnt werden (z. B. Projekt „Bernsteinsee“, Niedersachsen). Die mit dem Pilotprojekt verbundenen Erwartungen waren und sind weiterhin entsprechend hoch: Es soll technisch störungsfrei funktionieren, die Mieter*innen sicher mit Strom und Wärme versorgen. Im Hinblick auf eine zuverlässige und sichere Versorgung der Mieter*innen mit Strom und Wärme arbeiten swaE und WBG mit redundanten Systemen, indem sie Strom neben der PV-Anlage auch über Ökostrom aus dem Stromnetz und für Wärmeerzeugung durch das BHKW im Bedarfsfall auch Erdgas aus dem Gasnetz beziehen. Damit ist das System robust gegenüber unwahrscheinlichen Ausfällen der PtG-Anlage (**Bild 4**).

2. Funktionalität des dezentralen Energieversorgungskonzepts

Mit einem Wirkungsgrad des Gesamtsystems (Elektrolyse, Katalyse, Kraft-Wärme-Kopplung KWK) von über 90 % erreicht die Anlage bei diesem Pilotprojekt eine sehr hohe Leistungsfähigkeit. Auch unterstützt die Nutzung handelsüblicher Komponenten sowie die Einweisung des swaE-Personals durch EXYTRON in Wartung und Betrieb geringere technische Komplexität bzw. geringeren Aufwand in der technischen Anlagensteuerung. Durch ein Leitsignal ist die Anlage direkt an die swaE angebunden, um eventuelle Störungen zu melden. Dadurch ist die WBG organisatorisch kaum involviert und die Mieter*innen bekommen es i. d. R. gar nicht mit, wenn die Anlage gewartet wird. Der erhöhten Komplexität gegenüber der früher bestehenden (Öl-)Anlage konnte durch eine Schulung des Wartungspersonal seitens EXYTRON begegnet werden, um die ordnungsgemäße Anlagenwartung sicher zu stellen.

3. Soziale und ökonomische Verträglichkeit

Folgeinvestitionen und ökonomische Konsequenzen für die Mieter*innen (als Nutzer) ergeben sich nicht, da die Umsetzung einer umfangreichen energetischen Sanierung der Gebäudehülle nicht zu Erhöhungen der Energiekosten führen durfte (Mietrechtsnovelle) und auch nicht geführt hat. D. h., dass die Energiepreise trotz umweltfreundlicher Versorgung stabil bleiben. Die Energieeinsparungen durch die Anlage und die energetische Sanierung gehen im Sinne der Nebenkostenabrechnungen direkt an die Mieter*innen und sorgen so für positive Wirkungen. Diese besondere Sozialverträglichkeit der Umrüstung war der Grund für das Umweltbundesamt, das Projekt auszuwählen und mit dem Forschungsprogramm Trafis zu begleiten.

4. Versorgungssicherheit im Kontext wetterbedingter Störungen

Das Thema Versorgungssicherheit (z. B. Störungsanfälligkeit des Betriebs gegenüber äußeren klimabeeinflussten Einwirkungen) wurde in der Planung im Zusammenhang mit einem möglichen Ausfall der PtG-Anlage berücksichtigt. Hier wurde hervorgehoben, dass die redundanten Systeme (Bezug von Ökostrom aus dem Stromnetz für Stromversorgung und aus dem Gasnetz für Wärmeversorgung und BHKW) auch bei einem Ausfall der PtG-Anlage die Strom- und Wärmeversorgung der Mieter*innen sicherstellen würden.

Bild 5: v. l. Alfred Müllner, Geschäftsführer Stadtwerke Augsburg, Dr. Mark Dominik Hoppe, Geschäftsführer Wohnbaugruppe Augsburg, Dr. Kurt Gribl, Oberbürgermeister der Stadt Augsburg (2008-2020), Dr. Albrecht Meier, Manager bei EXYTRON (Quelle: EXYTRON)

Bild 6: Weitere Infos gibt es unter www.exytron.com

5. Abhängigkeit von kritischen Rohstoffe

Durch die umfangreiche bauliche Sanierung, die das ganze Bestandsgebäude energetisch auf Neubaustandard (KfW EH 100) gehoben hat, konnte der Jahreswärmebedarf mehr als halbiert werden. Zusätzlich konnten die CO_2 Emissionen nach der Sanierung mittels der EXYTRON-Technologie (**Bild 5**) um 70% reduziert werden. Weiterhin konnten durch die Umstellung der Wärmeversorgung von Heizöl auf Gas über das BHKW und zwei Gasthermen 74.000 l Heizöl eingespart werden, die vor der Systemumstellung jährlich für die Wärmeversorgung der Mieter*innen benötigt wurden. Für die Verbrennung wird der bei der Elektrolyse entstehende reine Sauerstoff in einem Gemisch mit CO_2, anstelle normaler Luft, verwendet, sodass bei der Verbrennung im BHKW und den Gasthermen nur CO_2 und Wasser entstehen. Das CO_2 aus der Verbrennung dient dann als Wertstoff zur synthetischen Gaserzeugung in der Methanisierung. Dadurch ist das technische System im Betrieb weitgehend CO_2-frei und hilft sowohl, den CO_2-Fußabdruck des modernisierten Bestandsgebäudes auf das Niveau eine Passivhaus-Plus-Standards abzusenken, als auch erst für das Jahr 2050 vorgesehene Klimaschutzstandards bereits heute einzuhalten. Darüber hinaus führt die Speicherung und zirkuläre Verwendung der Zwischenprodukte dazu, dass das System weder Stickoxide, Methanschlupf noch Feinstaub produziert.

6. Ausblick

Die technischen Erkenntnisse aus diesem Pilotprojekt konnten bei der Umsetzung weiterer Projekte in der Gebäudetechnik für Quartierlösungen und ganze Industriegebiete verwendet werden. So ist das abgeschlossene Planungs- und Genehmigungsverfahren für die erste dezentrale Energiefabrik ein weiterer Meilenstein, wenn es um die emissionsfreie Energieversorgung aus erneuerbaren Energien geht. Der Spatenstich ist noch im Jahr 2021 im sog. „Energiedorf Lübesse" (Mecklenburg-Vorpommern) vorgesehen. Weitere 17 Energiefabriken sind ebenfalls in der Projektierung, da durch die höhere CO_2-Steuer, den Wegfall der EEG-Umlage ab 2021 für grünen Strombezug bei Elektrolyseuren sowie regionale Fördermöglichkeiten neue dezentrale Energiekonzepte zur Versorgung ganzer Ortschaften auch wirtschaftlich attraktiv sind. Die Investition in die die Sanierung mittels modernster Energietechnologie von EXYTRON ist daher eine zukunftssichere Anlage. Weitere Infos gibt es unter www.exytron.com (**Bild 6**).

AutorInnen

Katharina Haas
EXYTRON GmbH
Rostock
khaas@exytron.com

Lukas Schad
EXYTRON GmbH
Rostock
lschad@exytron.com

Wasserstoffeinspeicherung mit bestehenden Erdgasverdichtern

Pulsationstechnische Aspekte beim Einsatz von Kolbenverdichtern

Johann Lenz und Patrick Tetenborg

Regel- und Messtechnik, Wasserstoff, Kolbenverdichter, Pulsationsverhalten, Schallgeschwindigkeit

Zur Verdichtung von Wasserstoff mit bestehenden Erdgasverdichtern wird sich aufgrund verschiedener Parameter eine neue Ära der Kolbenverdichter entwickeln. Um aus schwingungstechnischer Sicht weiterhin einen sicheren Betrieb zu gewährleisten, sind die geänderten Randbedingungen infolge der veränderten Fluideigenschaften und deren Einfluss auf die Dynamik des Kolbenverdichtersystems nicht zu vernachlässigen. Durch den markanten Unterschied zwischen den Schallgeschwindigkeiten von Wasserstoff und Erdgas gibt es verschiedene Einflüsse auf das Pulsationsverhalten, die im vorstehenden Artikel unterteilt nach Anregung und Übertragung vorgestellt und diskutiert werden. Es zeigt sich, dass eine pauschale Aussage über das zu erwartende Pulsations- und dadurch bedingt auch Schwingungsverhalten nicht möglich ist. Es wird daher dringend empfohlen, die Umstellung einer bestehenden Erdgasanlage auf zunehmenden Wasserstoffanteil möglichst frühzeitig schwingungstechnisch zu analysieren. Hierzu bieten sich theoretische Studien – sogenannte Pulsationsstudien – an, die bereits frühzeitig mögliche Probleme bei der Umstellung aufdecken können und die gezielte Auslegung von effektiven Maßnahmen ermöglichen. Parallel kann auch eine kontinuierliche Überwachung der Anlage die schwingungstechnische Sicherheit – bei zunehmenden Wasserstoffanteilen im Förderfluid – signifikant erhöhen.

Hydrogen storage with existing natural gas compressors – Pulsation aspects in the use of reciprocating compressors

The compression of hydrogen with existing natural gas compressors will usher a new era of piston compressors due to various parameters. In order to ensure a safe operation from a vibration engineering point of view, the changed boundary conditions and their influence on the dynamics of the reciprocating compressor system cannot be neglected. Due to the distinctive difference between the velocities of sound for hydrogen and natural gas, there are various influences on the pulsation behavior, which have been presented and discussed.
Therefore, it is highly recommended that the conversion of an existing natural gas plant to increasing hydrogen content is analyzed from a vibration engineering point of view as early as possible. Theoretical studies - so-called pulsation studies - are suitable for this purpose, as they can reveal potential problems during the conversion at an early stage and enable the targeted design of effective measures. At the same time, optimized monitoring of the plant can significantly increase vibration safety in the event of an increase of hydrogen components in the production fluid.

1. Einführung

Im Rahmen der Umstellung auf nachhaltige Energielösungen wird die Verwendung von Wasserstoff als Energieträger zunehmend favorisiert. Wasserstoff ist das chemische Element mit der geringsten Atommasse. Unter Bedingungen, die normalerweise auf der Erde herrschen, kommt nicht der atomare Wasserstoff H vor sondern der molekulare Wasserstoff H_2 als geruchloses Gas (**Bild 1**).

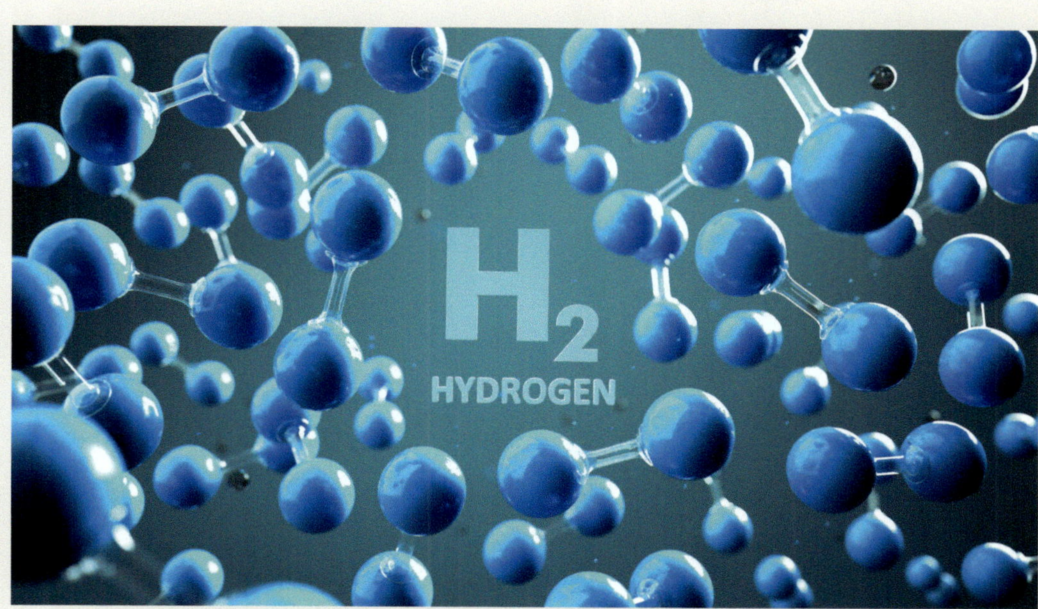

Bild 1: Molekularer Wasserstoff - der Energieträger der Zukunft

Tabelle 1: Vergleich pulsationsrelevanter Stoffeigenschaften (Referenzbedingung: Temperatur 0 °C und 1 bar Druck)

Medium	Dichte	Schallgeschwindigkeit	Impedanz	Isentropenexponent
	$\rho = \left[\frac{kg}{m^3}\right]$	$a = \left[\frac{m}{s}\right]$	$Z = \left[\frac{kg}{m^2 \cdot s}\right]$	$\kappa = [-]$
Luft	1,29	332	428	1,4
Methan (H-Gas)	0,72	430	310	1,32
Wasserstoff	0,09	1.265	114	1,42

Der Einsatz von Wasserstoff eröffnet ein hohes Potenzial zur Minderung der Treibhausgas-emissionen. Mit der nationalen Wasserstoffstrategie bekennt sich die Bundesregierung zu einer vielfältigeren Anwendung von Wasserstoff [1]. Wasserstoff soll in Zukunft den wesentlichen Beitrag zur Erreichung der Klimaziele im Zuge der Energiewende leisten. Das über 500.000 km lange Erdgasnetz und die existierenden Erdgasspeicher bieten in diesem Zusammenhang günstige Transport- und gewaltige Speichermöglichkeiten für den möglichst regenerativ erzeugten Wasserstoff [2]. Zur Umsetzung dieses Ansatzes sind schon viele technische Fragen geklärt worden. Im nachfolgenden Beitrag geht es um die Verdichtung des Wasserstoffes mit bestehenden Verdichteranlagen aus dem Erdgasbereich. Dabei wird grundsätzlich zwischen den beiden Verdichterbauarten Turboverdichter (Strömungsmaschine) und Kolbenverdichter (Verdrängermaschine) unterschieden.

Der Einsatz von bestehenden Turboverdichtern zur Verdichtung von Wasserstoff ist aus strömungstechnischer Sicht nicht ohne Weiteres möglich. Vergleicht man die Grundeigenschaften von Erdgas und Wasserstoff miteinander (siehe **Tabelle 1**), fallen neben der unterschiedlichen Dichte insbesondere die stark unterschiedlichen Schallgeschwindigkeiten ins Gewicht. Aus rein strömungstechnischer Sicht ist eine Verdichtung von Wasserstoff mit einem bestehenden Turboverdichter nur dann mit vergleichbarer Effizienz möglich, wenn die auf die Schallgeschwindigkeit bezogenen Geschwindigkeitsdreiecke am Laufradein- und -austritt gleich bleiben (Mach'sche Ähnlichkeit). Da zwischen Erdgas und reinem Wasserstoff die Schallgeschwindigkeiten nahezu um den Faktor vier variieren, wäre für reinen Wasserstoff ein um den Faktor vier größerer Durchsatz bei einer gleichzeitig um den Faktor vier höheren Drehzahl (Umfangsgeschwindigkeit) erforderlich. Dieses ist für bestehende Turboverdichter-Anlagen kaum zu realisieren. Aber auch für Neuanlagen ergibt sich für das Gasverdichtungsverhältnis bei Wasserstoff ein grundlegendes Problem, sodass insbesondere für eine übliche Druckerhöhung von Wasserstoff Verdrängermaschinen favorisiert werden (**Bild 2**).

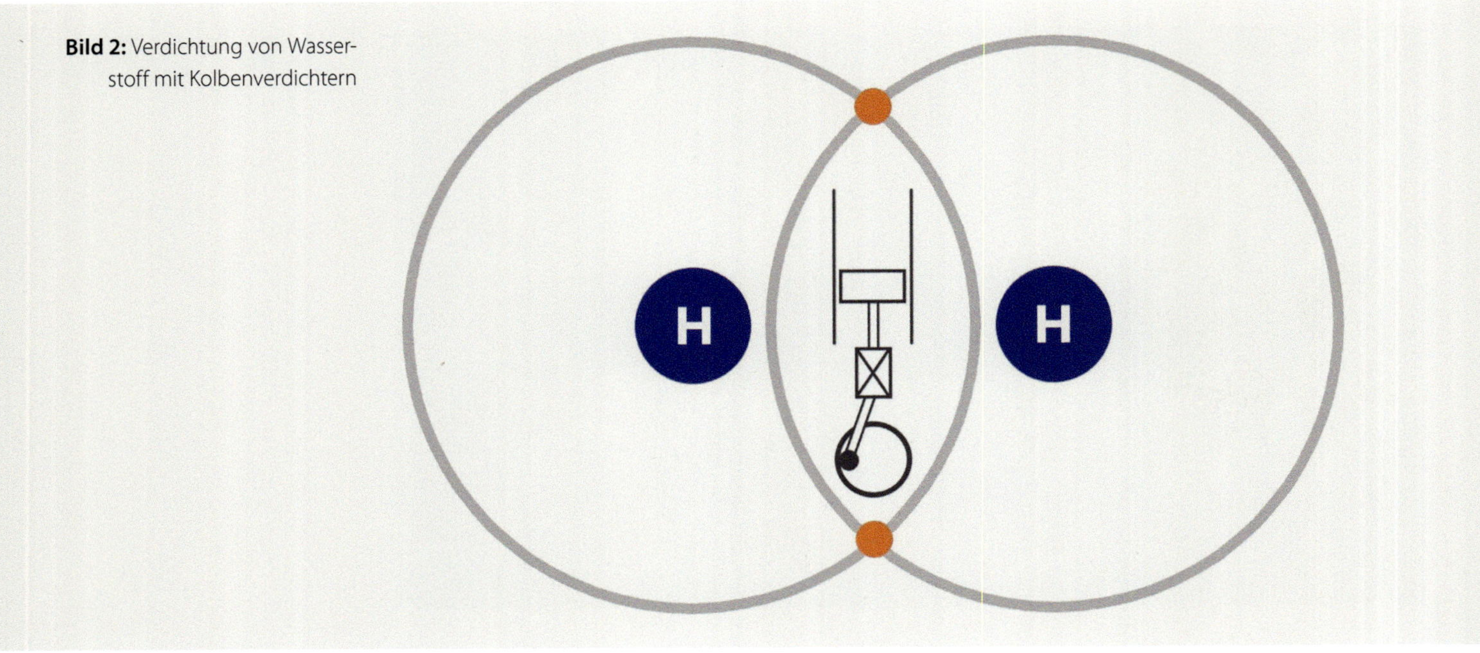

Bild 2: Verdichtung von Wasserstoff mit Kolbenverdichtern

Bei Kolbenverdichtern ermöglicht hingegen deren Verdichtungsprinzip eine vom Fördermedium näherungsweise unabhängige Einsatzmöglichkeit. Dennoch ist die Umstellung einer bestehenden Kolbenverdichteranlage auf Wasserstoff alles andere als trivial. Denn beim Umstieg auf ein anderes Fördermedium werden der Verdichter, die Pulsationsdämpfer sowie das Rohrleitungs- bzw. Speichersystem mit gänzlich anderen Stoffeigenschaften konfrontiert. Diese haben einen wesentlichen Einfluss auf das Pulsationsverhalten der gesamten Anlage und können dadurch zu einem veränderten Schwingungsverhalten der Anlage führen.

Es stellt sich die Frage, welchen Einfluss die Wasserstoffverdichtung auf die dynamischen Kräfte an einem vorhandenen Erdgas-Kolbenverdichter und am angeschlossenen Rohrleitungssystem hat. Inwiefern kann der bestehende Erdgasverdichter aus dynamischer Sicht für Wasserstoff genutzt werden? Im nachfolgenden Artikel wird ein empfohlener Weg hierfür skizziert. Dazu erfolgt einleitend die Beschreibung und Erläuterung der Vorgehensweise bei der pulsationstechnischen Betrachtung zur Aufstellung eines Kolbenverdichtersystems. Anschließend werden die entscheidenden Änderungen bei einer Umstellung von Erdgas auf Wasserstoff vorgestellt und diskutiert.

2. Pulsationstechnische Aspekte an Kolbenverdichteranlagen

Der Kolbenverdichter (**Bild 3**) wird aufgrund seiner oszillierenden Arbeitsweise oft in Marktsegmenten eingesetzt, wo er sich durch seine Robustheit und seinem ausgezeichneten Wirkungsgrad gegenüber anderen Verdichterbauarten durchsetzt. Ein weiterer wesentlicher Aspekt ist der breite Betriebsbereich, in dem Kolbenverdichter eingesetzt werden können. Vorteilhaft zeigt sich diese Eigenschaft beispielsweise bei den im Verlauf des Jahres stark schwankenden Kavernendrücken eines Erdgasspeichers. Hier können Kolbenverdichter zur Gaseinspeicherung bei nahezu beliebigen Druckverhältnissen eingesetzt werden. Nachteilig zeigt sich hingegen der hohe Instandhaltungsaufwand, aber auch die dynamischen Kräfte, die sowohl am Verdichter selbst als auch am angeschlossenen Rohrleitungssystem zu erhöhten Schwingungen führen können. Um die auftretenden Schwingungen bereits in der Planungsphase in den Griff zu bekommen, werden im Vorfeld Berechnungen in Form einer Pulsationsstudie durchgeführt. Ein wesentliches Ergebnis dieser Pulsationsstudie ist die Auslegung und Dimensionierung der in der Regel individuell gefertigten Pulsationsdämpfer. Diese werden möglichst nahe an die Zylinderflansche installiert und ermöglichen eine erste signifikante Reduktion der durch den Verdichterbetrieb induzierten Druckpulsationen.

Eine Pulsationsstudie besteht in der Regel aus einem akustischen und einem strukturmechanischen Teil und wird – je nach den vorliegenden Randbedingungen - in unterschiedlichen Ausführungsschritten und Detailtiefen durchgeführt. Die genauen Berechnungsausführungen sind in dem API Standard 618 (American Petroleum Institute) [3] festgelegt. Die akustischen Berechnungen beziehen sich auf die „Gassäulenschwingungen" innerhalb der Rohrleitung bzw. der Behälter und des Verdichters. Erfahrungsgemäß bieten sich eindimensionale Strömungssi-

Bild 3: Typische Kolbenverdichterinstallation in 4-Zylinder Boxeranordnung mit saug- und druckseitigen Pulsationsdämpfern zur Erdgasverdichtung

mulationen im Zeitbereich an, um das zu erwartende Pulsationsniveau im Betrieb von Kolbenverdichteranlagen bereits in der Planungsphase zu berechnen. Eine Simulation kann beispielsweise auf der eindimensionalen Navier-Stokes-Gleichung Gl. (1), der Kontinuitätsgleichung Gl. (2), der Energiegleichung Gl. (3) sowie der Zustandsgleichung Gl. (4) basieren (hier nur in der einfachen Form für konstante Rohrleitungsquerschnitte und isentrope Zustandsänderungen benannt).

$$\frac{\partial v}{\partial t}+v\frac{\partial v}{\partial x}+\frac{1}{\rho}\frac{\partial p}{\partial x}-\mu\frac{\partial^2 v}{\partial x^2}=0 \quad (1)$$

$$\frac{\partial \rho}{\partial t}+\frac{\partial(\rho v)}{\partial x}=0 \quad (2)$$

$$\frac{p}{\rho^{\kappa}}=\text{konstant} \quad (3)$$

$$p=\rho RTZ \quad (4)$$

mit:
$v(x,t)$ = Strömungsgeschwindigkeit
$p(x,t)$ = statischer Druck
$\rho(x,t)$ = Dichte
$T(x,t)$ = Temperatur
κ = Isentropen-/Polytropenexponent
R = spezifische Gaskonstante
Z = Realgasfaktor
μ = dynamische Viskosität

Dieses System partieller nichtlinearer Differentialgleichungen lässt sich durch eine Koordinatentransformation auf Linien unbestimmter Querableitung (Charakteristiken) und damit auf gewöhnliche Differentialgleichungen zurückführen. Durch eine Raum-Zeit-Diskretisierung wird das Strömungsfeld anschließend entlang der Charakteristiken numerisch integriert.

Das dazugehörige Modell beinhaltet sämtliche Maschinen- und Anlagenbereiche, die unmittelbar an dem Verdichtungsvorgang beteiligt sind: Arbeitsraum, Ventile, Gaspassage im Verdichter, Pulsationsdämpfer, Wärmetauscher sowie Rohrleitungen und Armaturen.

In der Regel wird beim Öffnen des Druck- bzw. Saugventils eine Gassäulenschwingung entfacht, die sich im angeschlossenen Rohrleitungssystem in Wellenform fortpflanzt. Diese Gassäulenschwingungen bzw. Druckpulsationen sind neben den mechanischen und geometrischen Betriebsparametern auch von den wesentlichen Stoffeigenschaften abhängig. Ein Vergleich zwischen Erdgas und Wasserstoff zeigt, dass hier sowohl pulsationsmindernde als auch pulsationsverstärkende physikalische Zusammenhänge auftreten. Daher ist eine individuelle Betrachtung eines jeden Anwendungsfalls notwendig, um die Eignung von Bestandsanlagen für den Wasserstoffbetrieb zu bewerten. Um die auftretenden Effekte besser einordnen zu können, werden diese nachfolgend beschrieben.

3. Was ändert sich mit Wasserstoff?

Um zu verdeutlichen, dass durch den Betrieb mit Wasserstoff zahlreiche physikalische Einflüsse zu einem veränderten Betriebsverhalten führen, sind die wesentlichen Einflüsse in **Bild 4** dargestellt. Grundsätzlich lassen sich der Verdichtungsvorgang sowie das Ansaugen und Ausschieben in bzw. aus der Arbeitskammer dem eigentlichen Arbeitsprinzip des Verdichters zuordnen. Die Veränderung der Akustik auf Seiten des Pulsationsdämpfers sowie der Einfluss auf die Rohrleitungsakustik beschreiben wiederum die resultierende Interaktion des Verdichters mit der Anlage.

3.1 Verdichtungsvorgang

Die wesentliche Änderung während der eigentlichen Verdichtung in der Arbeitskammer eines jeden Kompressors ist der deutlich steilere Druckanstieg in Abhängigkeit vom Kammervolumen (siehe auch **Bild 4** oben links). Dieser resultiert aus dem stoffspezifischen Isentropenexponenten. Aufgrund der sehr schnell stattfindenden Verdichtung in der Arbeitskammer kann hier in guter Näherung von einem isentropen Vorgang ausgegangen werden. Bei gleichem Kammervolumen zu Beginn der Verdichtung wird der Enddruck deutlich schneller erreicht, welches formal über die Isentropenbeziehung Gl. (5) betrachtet werden kann:

$$\frac{p_{End}}{p_{Saug}} = \left(\frac{V_s + V_H}{V_{End}}\right)^{\kappa} \quad (5)$$

Anhand des formalen Zusammenhangs für die Arbeitskammer eines Kolbenverdichters wird deutlich, dass bei größeren Isentropenexponenten und gleichem Druckverhältnis () bereits zu einem früheren Zeitpunkt das benötigte Kammervolumen zur Erreichung des Enddrucks erreicht wird.

Dieser Effekt tritt gleichermaßen auch bei der Expansion nach Beendigung des Ausschiebens auf. Hier resultiert der steilere Druckverlauf über dem Kammervolumen in einer früher beginnenden Ansaugphase, da der Saugdruck eher unterschritten wird und die Saugventile somit frühzeitig öffnen.

Dadurch führt der Umstieg auf Wasserstoff zu einem größeren Volumenstrom gegenüber dem Betrieb mit Erdgas. Dieser Effekt ist jedoch nebensächlich, wenn man die Relation der beiden Stoffdichten berücksichtigt. Diese unterscheiden sich je nach Zustand etwa um den Faktor 9. Daraus resultiert ein deutlich niedrigerer Fördermassenstrom.

3.2 Ansaugen / Ausschieben

Die Änderungen während der eigentlichen Verdichtung in der Arbeitskammer haben auch Auswirkungen auf den Ansaug- und Ausschiebevorgang. In **Bild 4** oben rechts ist der druckseitige Ausschiebevorgang anhand der Strömungsgeschwindigkeit in Abhängigkeit des Kurbelwinkels dargestellt. Dabei wird deutlich, dass die Verdichterventile bei dem Betrieb mit Wasserstoff etwas früher öff-

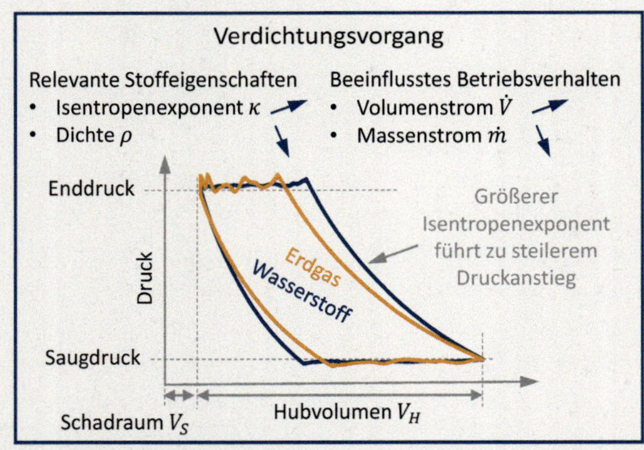

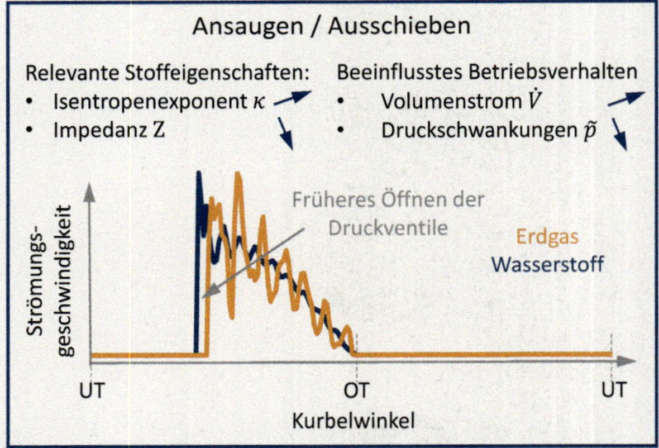

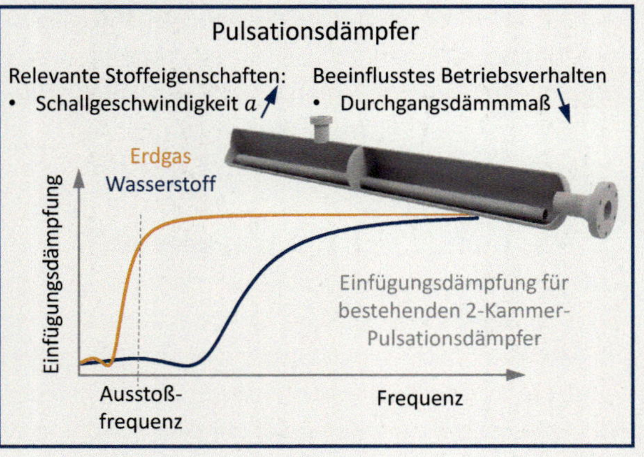

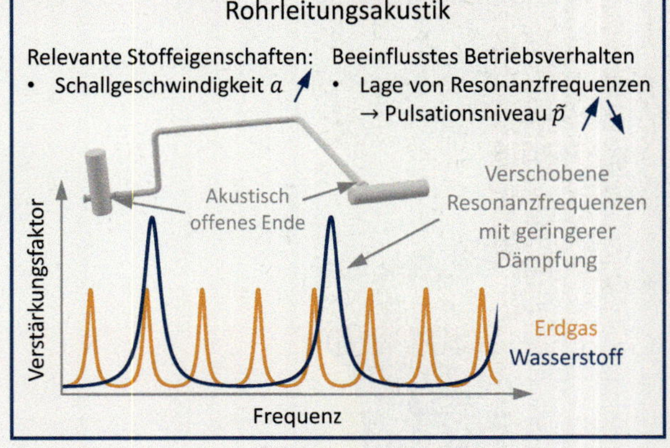

Bild 4: Einfluss von Wasserstoff auf das Pulsationsverhalten von Kolbenverdichteranlagen

nen, da der Enddruck eher erreicht wird. Auf der Saugseite gelten dieselben Zusammenhänge in äquivalenter Weise.

Dadurch verändert sich die spektrale Zusammensetzung der akustischen Anregung durch den periodischen Ansaug- oder Ausschiebeprozess. Während der Einfluss auf die Anregungsintensität bei der Ausstoßfrequenz des Verdichters meist eine untergeordnete Rolle spielt, kann das veränderte Ansaug- und Ausschiebeverhalten jedoch einzelne höherharmonische Komponenten deutlich beeinflussen.

Ein wesentlicher Effekt führt jedoch zu einem positiven Einfluss auf das resultierende Pulsationsniveau. Die deutlich niedrigere Schallimpedanz (Produkt aus Schallgeschwindigkeit und Dichte des Mediums) führt zu niedrigeren Druckschwankungen bei gleichbleibenden Geschwindigkeitsschwankungen. Während die induzierten Geschwindigkeitsschwankungen also aufgrund des ähnlichen Volumenstroms auf einem gleichartigen Niveau bleiben, sind die induzierten Druckschwankungen hier niedriger.

3.3 Pulsationsdämpfer

Die Auslegung der Pulsationsdämpfer entscheidet maßgeblich über das schwingungstechnische Betriebsverhalten einer Kolbenverdichteranlage. Daher werden diese in der Regel individuell für den jeweiligen Prozess ausgelegt und gefertigt. Eine entscheidende Einflussgröße ist dabei die Schallgeschwindigkeit des Fördermediums. Ändert sich diese Schallgeschwindigkeit - wie oben genannt -

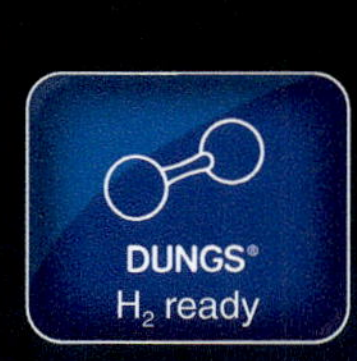

um den Faktor vier, ist die bestehende Auslegung hinfällig. Daher ist es unabdingbar zu prüfen, welches Pulsationsverhalten sich beim Betrieb mit Wasserstoff einstellt.

In **Bild 4** unten links ist exemplarisch die Dämpferwirkung für einen hochwertigen Pulsationsdämpfer in 2-Kammer-Bauweise mit dazwischen liegendem „Choke-Tube" dargestellt. Diese Bauform wird häufig für Erdgasverdichter gewählt, da die dominante Ausstoßfrequenz bereits stark gedämpft und somit nicht an das Rohrleitungssystem weitergeleitet wird. Wird derselbe Verdichter nun jedoch mit Wasserstoff betrieben, verschiebt sich die akustische Einfügungsdämpfung aufgrund der deutlich höheren Schallgeschwindigkeit des Fördermediums. Infolgedessen wird die Ausstoßfrequenz nun deutlich weniger stark gedämpft. Erhöhte Schwingungen bei der Ausstoßfrequenz des Verdichters können somit die unmittelbare Folge sein.

3.4 Rohrleitungsakustik

Die aus dem Pulsationsdämpfer austretenden Pulsationen treffen anschließend auf das Rohrleitungssystem. Je nach Aufbau der Anlage sind die Rohrleitungssysteme mehr oder weniger komplex. Unabhängig von der Komplexität können in jedem Rohrleitungsabschnitt sogenannte „akustische Resonanzen" auftreten.

Eine akustische Resonanz tritt immer dann ein, wenn die Länge eines akustischen Rohrleitungsabschnitts (z. B. Austritt Pulsationsdämpfer bis Eintritt nachfolgender Behälter oder Querschnittssprung) und die Anregungsfrequenz einer Erregerquelle unter Berücksichtigung der Schallgeschwindigkeit in einem konkreten Verhältnis zueinander stehen. Das kritische Verhältnis für eine solche akustische Resonanz ist abhängig von den Randbedingungen. Ein geschlossener Rohrleitungsabzweig wird in diesem Kontext als „akustisch geschlossen" bezeichnet, während ein Rohrleitungsanschluss an einem Behälter (z. B. Filterabscheider oder Pulsationsdämpfer) einem „akustisch offenen" Ende entspricht.

In **Bild 4** unten rechts wird deutlich, dass in Rohrleitungsabschnitten üblicherweise eine Vielzahl von akustischen Resonanzen auftreten können. Der wesentliche Unterschied zwischen der Lage der Resonanzfrequenz bei Erdgas und Wasserstoff resultiert erneut aus den stark unterschiedlichen Schallgeschwindigkeiten. Zusätzlich zeigt sich als unangenehmer Nebeneffekt, dass die bei der Planung von Bestandsanlagen zur Dämpfung akustischer Resonanzen installierten Drosselelemente (in der Regel einfache Blenden oder Pulsations-Dämpferplatten) einen deutlich niedrigeren Dämpfungseinfluss besitzen. Dadurch treten Resonanzeffekte beim Förderfluid Wasserstoff stärker hervor als bei dem Betrieb mit Erdgas.

Literatur

[1] Nationale Wasserstoffstrategie der Bundesregierung zu einer vielfältigeren Anwendung von Wasserstoff (https://www.bmu.de/download/nationale-wasserstoffstrategie/)

[2] Bick, D. S. und Schmüker, A.: H^2-Tauglichkeit des Ferngasnetzes der Open Grid Europe- Status, erforderliche Anpassungen und Fahrplan zur Umsetzung. Tagungsband zum 34. Oldenburger Rohrleitungsforum

[3] API STD 618: Reciprocating Compressors for Petroleum, Chemical, and Gas Industry Services, 5th Edition, December 2007

Formelzeichen

v (x, t) = Strömungsgeschwindigkeit
p (x, t) = statischer Druck
ρ(x,t) = Dichte
T (x,t) = Temperatur
κ = Isentropen-/Polytropenexponent
R = spezifische Gaskonstante
Z = Realgasfaktor
μ = dynamische Viskosität

Autoren

Dr.-Ing. **Johann Lenz**
Kötter Consulting Engineers GmbH & Co. KG | Rheine |
Tel.: +49 5971 9710-47 |
j.lenz@koetter-consulting.com

Dr.-Ing. **Patrick Tetenborg**
Kötter Consulting Engineers GmbH & Co. KG | Rheine |
Tel.: +49 5971 9710-46 |
p.tetenborg@koetter-consulting.com

Wasserstoff POWER-TO-X mit Dichtungen von KLINGER

Dichtungen von Klinger ermöglichen die Herstellung und Verteilung nachhaltiger Energieträger

Die Anforderungen der neuen Technologien der zukünftigen Wasserstoffwirtschaft machen auch vor technischen Standardprodukten wie Flachdichtungen nicht halt.

Schon bei der Erzeugung von grünem Strom sind statische Flachdichtungen bei Wasserkraft, Turbinensätzen und Solartechnik im Einsatz. Aus dem grünen Strom kann nun grüner Wasserstoff erzeugt werden. Hier werden wiederum Flachdichtungen benötigt.

KLINGER hat die wichtigsten seiner Flachdichtungsmaterialien vom TÜV Süd bezüglich der Einsatzfähigkeit mit Wasserstoff prüfen lassen. Die besondere Hochwertigkeit und Dichtheit wurden durch den TÜV Süd bestätigt. Aber auch Fachinstitute aus dem Gas- und Wasserfach, wie das DBI GUT, einem Tochterunternehmen des DVGW, unterstützen durch Informationen wie Produktsteckbriefe mit Bewertungen für den Einsatz in Wasserstoff diese Zukunftstechnologien. Auch hier liegen positive Bewertungen der KLINGER-Dichtungsmaterialien bis 100% Wasserstoffanteil vor.

KLINGERSIL und KLINGERtop-chem für die Sektorenkopplung

Die „POWER" des Wasserstoffes liegt aber vor allem darin, die Nutzung der gespeicherten Energie in weiteren Anwendungssektoren zu ermöglichen. Um aus Wasserstoff dann andere Energieträger oder auch Rohstoffe für die chemische Industrie wie Methan, Methanol, Ammoniak Gase oder auch flüssige Kraftstoffe für den Luft- und Straßenverkehr in entsprechenden Anlagen zu erzeugen, werden wiederum Dichtungsmaterialien benötigt. Wir können hier die verschiedensten Anwendungen über unser breites Produktspektrum abdecken.

Die Möglichkeit der Kopplung verschiedener Verbrauchssektoren über das Schlüsselmedium Wasserstoff ist das „smarte" an der Technologie.

Fazit

Sichere Dichtungsmaterialien für die Wasserstofftechnologien der Zukunft sind bei KLINGER heute schon verfügbar.

KLINGER GmbH
Richard Klinger Str. 37
65510 Idstein
Germany

Telefon: +49 6126 4016-0
Telefax: +49 6126 4016-11

E-Mail: mail@klinger.de
Web: www.klinger.de

Wasserstoffspeicherung in Salzkavernen zur Integration Erneuerbarer Energien

Gregor-Sönke Schneider, Sabine Donadei und Péter László Horváth

Wasserstoff, Wasserstoffspeicherung, Salzkavernen, Untergrundspeicherung, Sektorenkopplung, Speicherpotenzial

Seit Jahrzehnten ist die Speicherung von Energieträgern in unterirdischen Salzkavernen eine wichtige Stütze des Energiesystems in Deutschland. In einem zukünftigen, auf erneuerbaren Energien wie Wind und Solar basierendem Energiesystem, können Salzkavernen durch die großskalige Speicherung von „grün" erzeugtem Wasserstoff die Versorgungssicherheit gewährleisten und eine wichtige Rolle in der Sektorenkopplung einnehmen. So kann „grüner" Wasserstoff in Salzkavernen zwischengespeichert werden, um verschiedene Nutzungspfade – Wiederverstromung, Injektion in das Erdgasnetz, Nutzung als industrieller Rohstoff oder als Kraftstoff im Mobilitätssektor – zu ermöglichen. In Deutschland existiert infolge vorhandener Speicheranlagen und geologischer Voraussetzungen ein hohes Potenzial zur großvolumigen Speicherung von Wasserstoff in Salzkavernen.

Hydrogen storage in salt caverns for integration of renewable energy

For decades, the storage of energy sources in underground salt caverns has been an important element of the energy system in Germany. In a future energy system based on renewable energies such as wind and solar, salt caverns can provide security of supply through the large-scale storage of "green" produced hydrogen and play an important role in sector coupling. "Green" hydrogen can be temporarily stored in salt caverns to enable various utilization paths: re-conversion into electricity, injection into the natural gas network, use in the industry or as fuel in the mobility sector. In Germany, there is a high potential for large-scale storage of hydrogen in salt caverns due to existing storage facilities and geological conditions.

1. Einleitung

Zur Erreichung der Klimaziele steht in Deutschland und anderen europäischen Ländern Wasserstoff als Energieträger aktuell im Fokus. Mit der im Juni 2020 veröffentlichten Nationalen Wasserstoffstrategie beabsichtigt die Bundesregierung Wasserstoff aus erneuerbaren Energien – grünen Wasserstoff – als zentrales Element des zukünftigen Energiesystems zu etablieren. Neben Erzeugung, Verteilung und Nutzung steht auch die Speicherung von grünem Wasserstoff im Mittelpunkt [1]. In den Niederlanden ist die Integration von Wasserstoff aus erneuerbaren Energien in das Energiesystem ebenfalls ein wesentliches Ziel der Politik [2].

Eine Möglichkeit zur großvolumigen Speicherung von Wasserstoff sind Salzkavernen, künstlich erzeugte Hohlräume in mächtigen Salzformationen im geologischen Untergrund. Seit Jahrzehnten werden Salzkavernen weltweit zur Speicherung von flüssigen und gasförmigen Kohlenwasserstoffen wie Erdgas und Erdöl genutzt. Aber auch für andere Medien wie Wasserstoff, Stickstoff oder Helium werden Kavernen genutzt. Vorteile von Salzkavernenspeicher sind hohe Speicherkapazitäten, ein geringer spezifischer Flächenbedarf, die hohe Sicherheit durch sehr tiefe und mächtige geologische Formationen, niedrige spezifische Investitions- und Betriebskosten sowie eine lange Betriebsdauer von über 30 Jahren.

Salzkavernen werden durch Solen erstellt, das heißt durch eine kontrollierte Injektion von Frischwasser in die Salzformation. Abhängig vom Speicherbedarf, aber auch von den gegebenen geologischen und technischen Randparametern, sind geometrische Volumina von bis zu 1.000.000 m³, Höhen von 300 bis 500 m und Durchmesser von 50 bis 100 m typisch. Salzkavernen können in einer Teufe von bis zu 2.000 m erstellt werden. Die Salzformation über den Kavernen bildet dabei eine mehrere Hundert Meter dicke Wand. Bei der Speicherung von Gasen können infolge von hohen Betriebsdrücken von teilweise über 200 bar somit sehr hohe Volumina und Massen gespeichert werden. Salzkavernen werden für die Vorratsspeicherung genutzt, dienen darüber hinaus dem Ausgleich saisonaler Schwankungen im Energieverbrauch und als strategische Reserve für potenzielle Krisenzeiten. Zudem werden sie zum großen Teil als Speicher für den Handel mit Energieträgern verwendet.

Seit Jahrzehnten ist die Speicherung in Salzkavernen eine wichtige Stütze des Energiesystems in Deutschland. In einem zukünftigen, auf erneuerbaren Energien basierenden Energiesystem können unterirdische Salzkavernen durch die großskalige Speicherung von grün erzeugtem Wasserstoff die Versorgungssicherheit weiterhin gewährleisten und eine wichtige Rolle in der Sektorenkopplung einnehmen.

2. Energiespeicherung in Salzkavernen

Weltweit werden seit vielen Jahrzehnten gasförmige und flüssige Kohlenwasserstoffe im geologischen Untergrund gespeichert. Die meist genutzten Speicheroptionen sind natürliche Porenspeicher (ausgeförderte Kohlenwasserstofflagerstätten und Aquifere) und künstlich erstellte Salzkavernen. Einen Überblick über die verschiedenen Speicheroptionen im Untergrund enthält **Bild 1** [3].

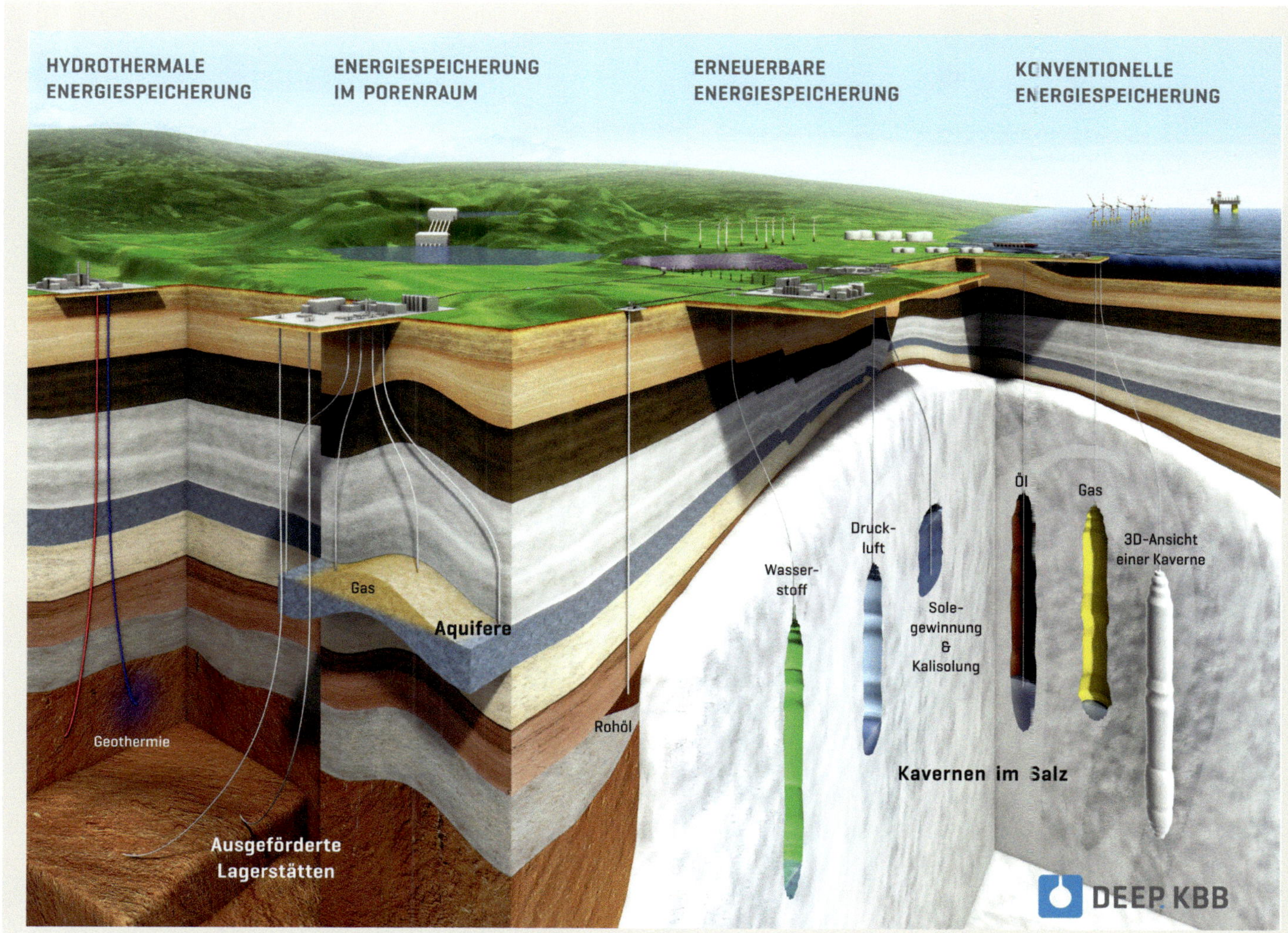

Bild 1: Speicheroptionen im geologischen Untergrund für verschiedene Energieträger inkl. Solegewinnung

Tabelle 1: Übersicht der Speicherkavernen für Wasserstoff

	Großbritannien	USA		
	Teesside	**Clemens Dome**	**Moss Bluff**	**Spindletop**
Betreiber	Sabic Petrochemicals	ConocoPhillips	Praxair	Air Liquide
Kavernen	3	1	1	1
Inbetriebnahme	Anfang 70er Jahre	1986	2007	2017
geom. Volumen	3 x 70.000 m³	580.000 m³	566.000 m³	580.000 m³
Druckbereich	ca. 50 bar (konstant)	70 – 135 bar	77 – 134 bar	70 – 135 bar

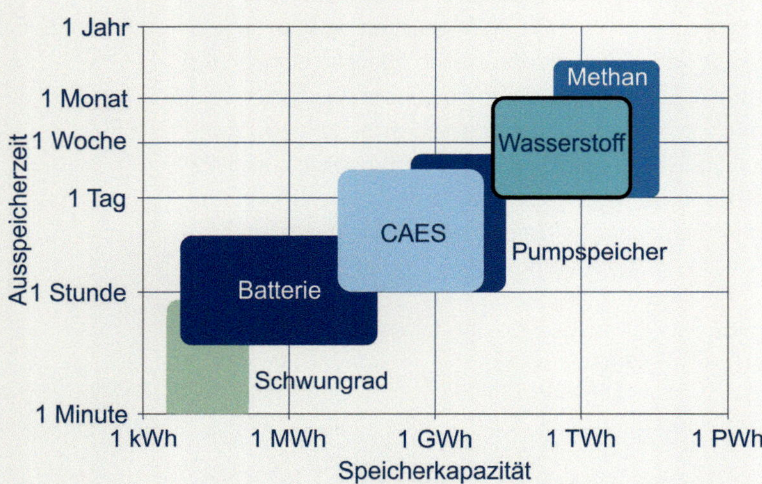

Bild 2: Einsatz verschiedener Speichertechnologien im Netzmaßstab in Abhängigkeit der Kapazität und Dauer der Leistungsabfrage

Zu Beginn der 1940er Jahre wurden in Kanada erstmalig Salzkavernen zur Speicherung von gasförmigen und flüssigen Kohlenwasserstoffen verwendet. In den frühen 1950er Jahren wurde die Speicherung in Salzkavernen in den USA und Großbritannien vorangetrieben [4]. Erstmalig wurde in den 1970er Jahren in Großbritannien und in den 1980er Jahren in den USA Wasserstoff in Salzkavernen gespeichert – allerdings im Rahmen der petrochemischen Industrie und nicht im Zusammenhang mit erneuerbaren Energien [5-7]. **Tabelle 1** gibt eine Übersicht zu den weltweit existierenden Wasserstoffkavernen [5, 7-9].

Seit knapp 60 Jahren erfolgt in Deutschland die Speicherung fossiler Energieträger wie Erdgas und Erdöl in unterirdischen Salzkavernen. 1962 wurde in Schleswig-Holstein die erste Salzkaverne in Deutschland erstellt, die zur Speicherung von Butan diente und noch heute in Betrieb ist [10-13]. 1971 wurde im Auftrag der damaligen Bundesregierung zur Sicherstellung der Versorgung mit Erdöl die Erstellung einer Großanlage mit 33 Kavernen zur Speicherung von Erdöl gestartet [14]. Zur gleichen Zeit wurde in Kiel die erste Salzkaverne zur Speicherung von sogenanntem Stadtgas erstellt – einem Gas, das neben den Hauptbestandteilen Methan, Stickstoff und Kohlenmonoxid einen Wasserstoffanteil von mehr als 50 % aufwies und zur Energieversorgung eingesetzt wurde [15-17]. Mit der Inbetriebnahme des weltweit ersten Druckluftspeicherkraftwerks in Huntorf/Niedersachsen im Jahr 1978 wurden Salzkavernen auch zur Speicherung von Luft genutzt [18].

Aktuell sind in Deutschland über 350 Salzkavernen als Speicher in Betrieb, wovon ca. 75 % zur Speicherung von Erdgas und 25 % zur Einlagerung von Rohöl, Mineralölprodukten und Flüssiggas eingesetzt werden. Ca. 64 % des in Deutschland gespeicherten Erdgases sind in Salzkavernen, der Rest in natürlichen Porenspeichern gelagert [13].

3. Speicherung von Wasserstoff in Salzkavernen

Die Wasserstoffspeicherung in künstlich erstellen Salzkavernen entspricht im Grunde der seit Jahrzehnten in Deutschland gängigen Speicherung von Erdgas. Im Anschluss an die geologische Exploration wird die eigentliche Zugangsbohrung in die Salzformation abgeteuft. In dieser tiefen Bohrung werden mehrere Stahlrohre teleskopartig eingebaut und mit dem Ziel zementiert, eine gasdichte Barriere zum umliegenden Gebirge sicherzustellen. Im nächsten Schritt erfolgt der Einbau von weiteren Rohren, welche die Injektion von Frischwasser bei gleichzeitiger Auslagerung des mit Salz aufgesättigten Wassers – der Sole – ermöglicht. Das Lösen des Salzes in Wasser produziert einen Hohlraum – ein Vorgang, der als Solprozess bezeichnet wird. Die Entwicklung des Hohlraumes – die Salzkaverne – wird mit Hilfe von regelmäßigen Vermessungen und Soleanalysen ständig kontrolliert. Ist das gewünschte oder technisch maximale Hohlraumvolumen erreicht, endet der Solprozess und die Förderkomplettierung wird installiert, mit der das Gas sicher ein- und ausgespeichert wird. Die Komplettierung besteht abhängig vom Speichermedium und der geplanten Betriebsweise aus verschiedenen Komponenten. Bevor die Salzkaverne durch die Verdrängung der Sole mit dem Speichermedium erstbefüllt wird, wird der Dichtheitstest auf alle Elemente der Zugangsbohrung durchgeführt. Dann steht der Speicher für den Betrieb bereit.

Zur Erdgas- wie auch Wasserstoffspeicherung in Salzkavernen wird in den überwiegenden Fällen die Kompressibilität des Gases genutzt, wobei das Gas zwischen einem Minimal- und einem Maximaldruck in der Kaverne ein- und ausgespeichert wird. Das Gasvolumen zwischen Minimal- und Maximaldruck ist das tatsächliche nutzbare Gas, das sogenannte Arbeitsgasvolumen. Ein bestimmtes Gasvolumen muss bei einem Minimaldruck zur Sicherstellung der Standfestigkeit über die gesamte Betriebsdauer in der Kaverne vorhanden sein (sog. Kissengas). Der Druck während des Speicherbetriebes ist abhängig von der Teufe der Kaverne.

Eine Option die Wasserstoffspeicherung in Salzvorkommen in geringer Tiefe zu betreiben, stellt die Solependelung dar, wie sie bei den Wasserstoffkavernen in Großbritannien zum Einsatz kommt. In diesem Fall erfolgt die Auslagerung des Wasserstoffs durch die Injektion von Sole in die Kaverne. Dadurch wird ein Betrieb bei einem nahezu konstanten Druck ermöglicht und die Notwendigkeit des Vorhaltens eines Kissengases entfällt. Jedoch erfordert diese Betriebsweise ein obertägiges Solependelbecken in derselben Größenordnung wie das geometrische Nutzvolumen der Kaverne.

Die Praxiserfahrungen in den USA und Großbritannien zeigen, dass ein sicherer und langfristiger Betrieb zur Wasserstoffspeicherung in Salzkavernen realisierbar ist. Salzkavernen weisen wegen der besonderen physikalischen Eigenschaften des Salzes eine hohe Stabilität auf und sind gegenüber Gasen und flüssigen Kohlenwasserstoffen dicht. Zudem ist Salz inert und reagiert nicht mit den Speichermedien. Die technische Dichtheit von Salz gegenüber Wasserstoff ist laborativ bestätigt [19]. Die Förderkomplettierungen der Wasserstoffkavernen in den USA und Großbritannien entsprechen allerdings nicht dem Sicherheitsstandard in Deutschland, welcher für die Genehmigung weitere Sicherheitselemente wie ein Untertagesicherheitsventil, eine zweite Rohrtour sowie einen Packer vorsieht. Wasserstoff verfügt über spezifische Eigenschaften, wie z. B. eine hohe Reaktivität und Flüchtigkeit, die entsprechende Überprüfungen und gegebenenfalls Anpassungen der für die Erdgasspeicherung bewährten und eingesetzten Werkstoffe und Materialien notwendig macht. Daher sind obertägige und untertägi-

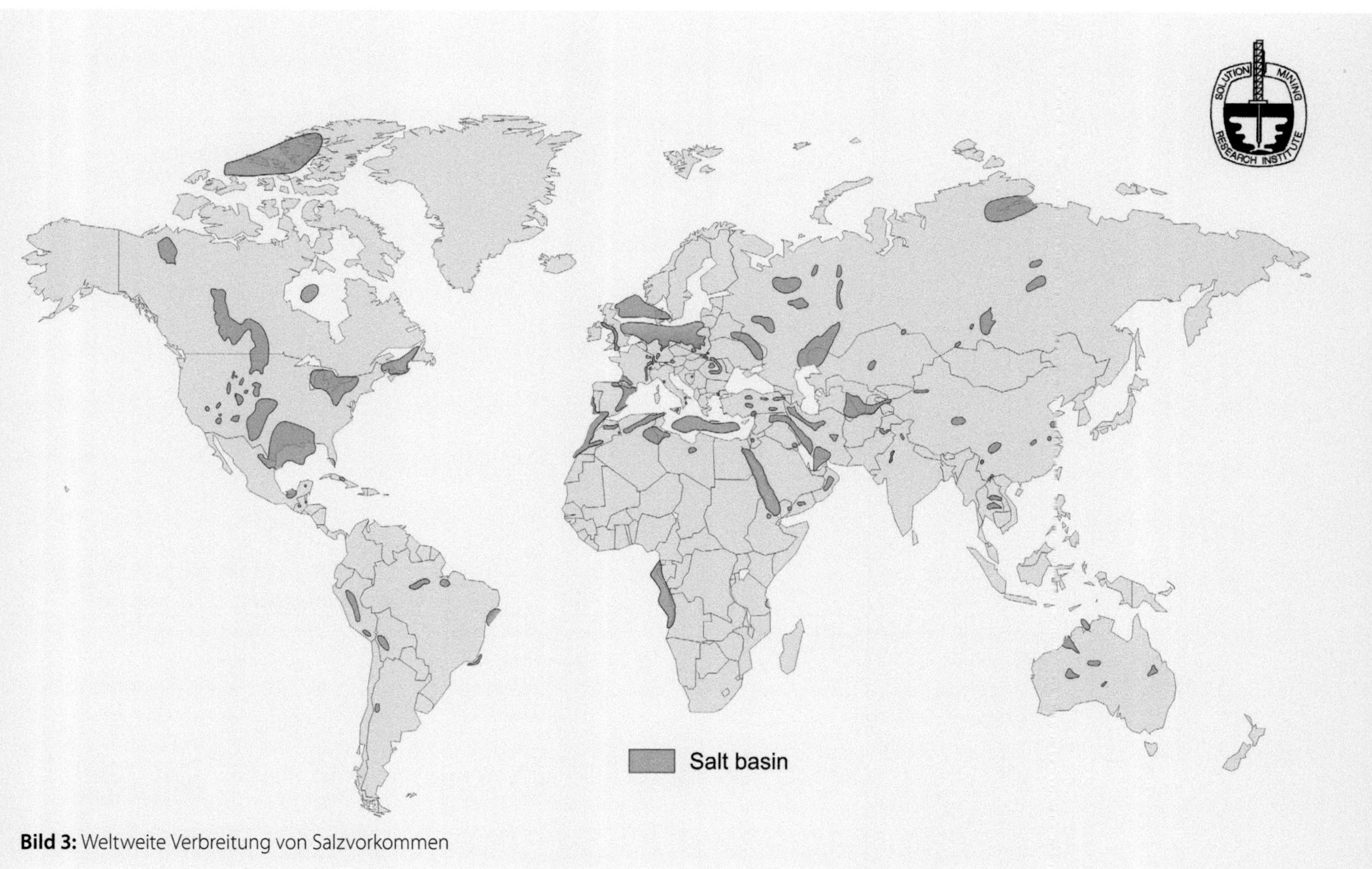

Bild 3: Weltweite Verbreitung von Salzvorkommen

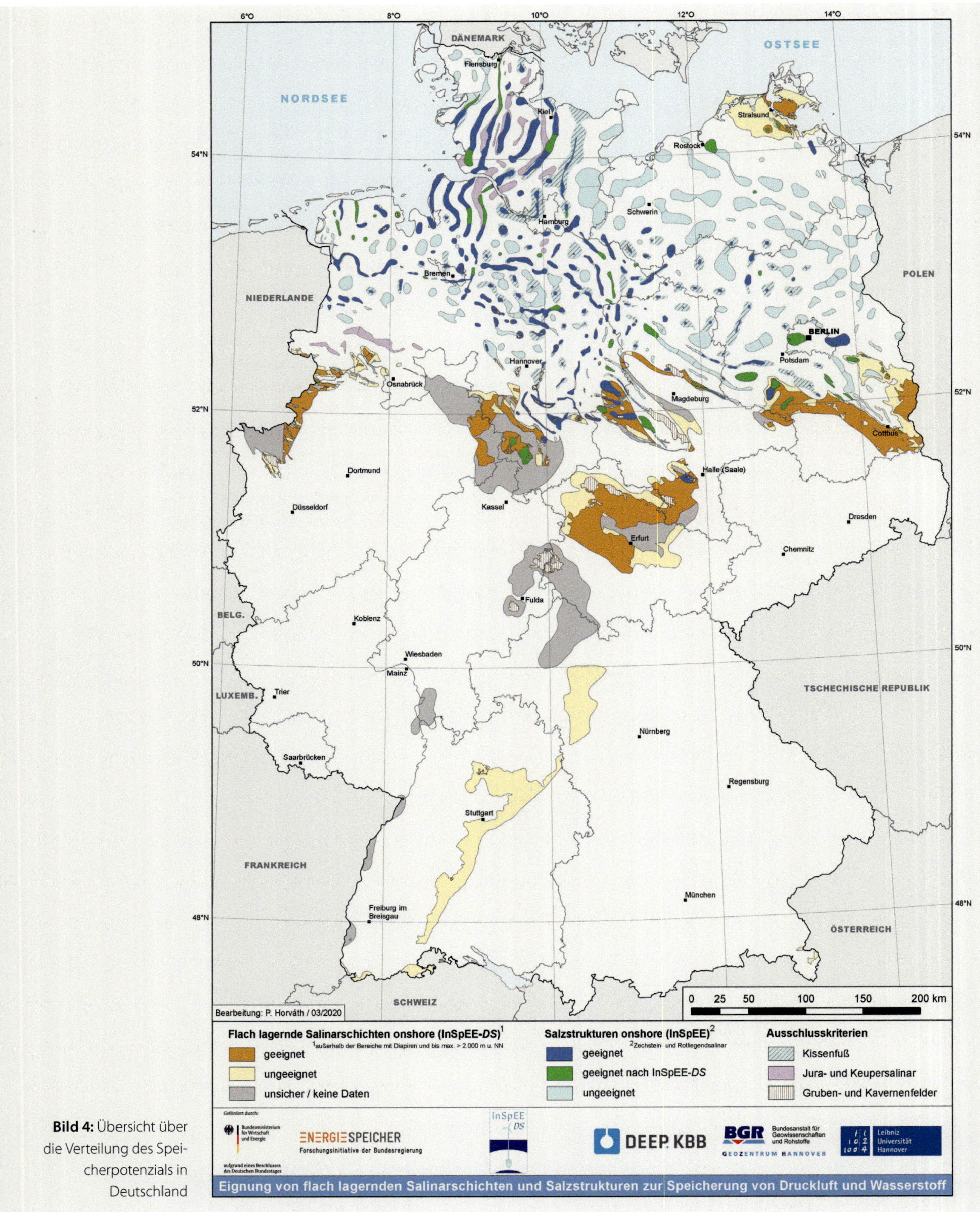

Bild 4: Übersicht über die Verteilung des Speicherpotenzials in Deutschland

ge Elemente einer Speicheranlage mit Salzkavernen wie Pipelines, Armaturen, Verrohrungen, Zementierungen, etc. auf Anpassungsbedarf zu prüfen

3. Wasserstoffkavernen in der Transformation des Energiesystems

In der bisherigen Energieversorgung ist die Erzeugung elektrischer Energie aus fossilen Energieträgern an die aktuelle Bedarfssituation gekoppelt, das heißt, die Nachfrage steuert die Energieerzeugung. Die großskalige Speicherbarkeit und Speicherung von konventionellen Energieträgern wie Rohöl, Erdgas und Kohle vor Umwandlung in elektrische Energie macht dies möglich. Erneuerbare Energien wie Wind und Sonne können vor der Einspeisung in das elektrische Versorgungsnetz nicht gespeichert werden, so dass nun Speichersysteme für die elektrische Energie benötigt werden.

Die primäre Aufgabe dieser Speicher ist der Ausgleich zwischen dem stark fluktuierenden Charakter der erneuerbaren Energien und dem davon unabhängig schwankenden Strombedarf. Hierfür bieten sich verschiedene Speicheroptionen an: Batterien für kurzfristige, hydraulische Pumpspeicher- und Druckluftspeicher für mittelfristige und Wasserstoff- bzw. Methan-Speicher für langfristige Anwendungen (siehe **Bild 2**) [3]. Pumpspeicherkraftwerke bieten bereits heute eine Speichermöglichkeit für elektrische Energie im Stromnetz, jedoch ist die installierte Speicherkapazität vergleichsweise niedrig. So liegt die Speicherkapazität aktuell betriebener Pumpspeicherkraftwerke in Deutschland bei insgesamt ca. 0,04 TWh, was einer Lastabdeckung des gesamten Stromnetzes von knapp 60 Minuten entspricht [20].

Neben dem typischen Bedarf des Elektrizitätssektors ist aus dem Stromnetz zukünftig auch zunehmend der Bedarf der Sektoren Wärme, Industrierohstoffe und Mobilität zu decken. Aufgrund des Fokus auf erneuerbare Energieträger wird das zukünftige Energiesystem hauptsächlich auf Wind- und Solarkraft basieren, so dass elektrische Energie die primäre Energiequelle sein wird. Die Energieversorgung der Sektoren kann durch die Kopplung der verschiedenen Sektoren erfolgen, wenn elektrische Energie aus Wind und Sonne genutzt wird: entweder direkt oder indirekt über die Erzeugung von grünem Wasserstoff mittels Elektrolyse. Dieser kann je nach Bedarf den Sektoren zurückgeführt werden – dem Sektor Elektrizität in Form von Wiederverstromung, dem Sektor Mobilität als Kraftstoff für brennstoffzellenbetriebene Fahrzeuge, dem Wärmesektor mittels Integration in das bestehende Gasnetz sowie dem Sektor Industrie als Rohstoff. Für den Erhalt der Versorgungssicherheit werden großskalige Energiespeicher auch zukünftig notwendig sein [21]. Aufgrund der hohen Energiedichte chemischer Speicher bieten sich hier in erster Linie Wasserstoff- und auch Methanspeicher im geologischen Untergrund an. Deutschland verfügt über eine sehr gut ausbaute Erdgasinfrastruktur: So liegt die Kapazität aller unterirdischen Erdgasspeicher in Deutschland aktuell bei etwa 260 TWh [13]. Im Rahmen einer Studie wurde für eine modellierte Wasserstoffkaverne mit einem geometrischen Volumen von 500.000 m^3 eine Speicherkapazität von ca. 130 GWh ermittelt [22].

Die Abschätzung der Höhe des zukünftigen Speicherbedarfs hängt vom gewählten Szenario hinsichtlich der Treibhausgas-Reduktion (zum Beispiel 80 %, 95 %) und des Anteils erneuerbarer Energien ab. Daher unterscheiden sich die aktuellen Prognosen stark [23-26]. Generell lässt sich ein zukünftiger Speicherbedarf abschätzen, der sich im TWh-Bereich bewegen wird. Um daraus eine Ableitung des Bedarfs einzelner Speicher vorzunehmen, werden neben dem Gesamtbedarf die Abfragehäufigkeit, -leistung und -dauer benötigt.

4. Speicherpotenzial von Wasserstoff in Salzkavernen in Deutschland

Die weltweiten Salzvorkommen sind, wie in **Bild 3** gezeigt wird, territorial beschränkt [27]. Die Mächtigkeit des Salzes variiert sehr stark zwischen mehreren Metern und Kilometern. Für den Bau von Salzkavernen sind ausreichend mächtige Salzformationen eine wesentliche Voraussetzung, wodurch das Potenzial für die Errichtung von Salzkavernenspeicher bestimmt wird. Deutschland gehört zu den salzreichen Ländern in Europa, so dass die Speicherung von Energieträgern in Salzkavernen eine wichtige Rolle auch in der europäischen Energiewende einnehmen kann. Vor allem in Norddeutschland existiert ein hohes geologisches und infrastrukturelles Speicherpotenzial für Energieträger in Salzkavernen. In einer Reihe umfangreicher wissenschaftlicher Studien wurde der Umfang des Speicherpotenzials untersucht.

In der „Studie über die Planung einer Demonstrationsanlage zur Wasserstoff-Kraftstoffgewinnung durch Elektrolyse mit Zwischenspeicherung in Salzkavernen unter Druck (Plan-Dely-KaD)" wurde eine grobe Abschätzung des Speicherpotenzials von Wasserstoff für ausgewählte existierende Kavernenspeicheranlagen im Falle einer Umnutzung in Deutschland vorgenommen. So könnten dadurch an den Standorten in Nordrhein-Westfalen ca. 7,2 TWh, in Niedersachsen und Bremen insgesamt 13,8 TWh und in Sachsen-Anhalt 5,4 TWh Wasserstoff gespeichert werden [28].

Im vom BMWi geförderten Verbundprojekt „Informationssystem Salzstrukturen: Planungsgrundlagen, Auswahlkriterien und Potenzialabschätzung für die Errichtung von Salzkavernen zur Speicherung von Erneuerbaren Energien (InSpEE)" stand die Ermittlung des Neubaupotenzials in Salzstrukturen im Fokus. Die Projektpartner entwickelten Grundlagen zur Beurteilung des Speicherpotenzials der Salzformationen im norddeutschen Becken und führten darauf basierend eine Potenzialabschätzung der speicherbaren Energie unter anderem in Form von Wasserstoff durch. Die Ergebnisse des InSpEE-Projektes zeigen ein enorm hohes Potenzial für Wasserstoff in Höhe von 1.600 TWh (Heizwert des gespeicherten Arbeitsgases) bei einmaligem Umschlag, davon 700 TWh allein in Niedersachsen und Bremen [29].

Da sich die Ausbreitung der Salzstrukturen auf den norddeutschen Raum beschränkt wurde im Nachfolgeprojekt InSpEE-*DS* „Informationssystem Salz: Planungsgrundlagen, Auswahlkriterien und Abschätzung für die Errichtung von Salzkavernen zur Speicherung von Erneuerbaren Energien (Wasserstoff und Druckluft) – Doppelsalinare und flach lagernde Salzschichten" unter anderem der Fokus auf flach lagernde Salzschichten gelegt, wie sie in weiteren Teilen Deutschlands vorkommen. Im Rahmen der Potenzialauswertung des Verbundvorhabens durch die räumliche und geologische Erweiterung des Betrachtungsbereiches wurde zusätzliches Speicherpotenzial in Höhe von 1.700 TWh für Wasserstoff ermittelt. Insgesamt ergibt sich aus beiden Studien ein deutschlandweites Speicherpotenzial von 3.500 TWh für Wasserstoff. Die Verteilung der potenziell geeigneten Salinarbereiche und Salzstrukturen ist in **Bild 4** dargestellt [30].

5. Ausblick

Seit Jahrzehnten ist die Speicherung von Wasserstoff in Salzkavernen für die chemische Industrie in den USA und in Großbritannien Stand der Technik. Salzkavernen, die Wasserstoff im Rahmen der Integration der erneuerbaren Energien in das Energiesystem speichern, befinden sich aktuell in mehreren vorbereitenden europäischen Forschungsprojekten in der konkreten Umsetzung – beispielsweise in Deutschland und in den Niederlanden [31,32]. Zur Gewährleistung der Versorgungssicherheit in einem auf erneuerbaren Energien basierenden Energiesystem werden großvolumige Energiespeicher mit hoher Ein- und Ausspeiseleistung wie Wasserstoffanlagen mit Kavernenspeicher wichtige Bausteine in der Umsetzung der Energiewende und der Erreichung der Klimaziele darstellen. Die Wasserstoffspeicherung in Salzkavernen kann die Sektoren Elektrizität, Mobilität, Wärme und Industrie miteinander verbinden. Die Nutzung aus erneuerbaren Energien produzierten grünen Wasserstoffs als Treibstoff im Mobilitätssektor oder als Rohstoff für die Industrie (z. B. in der Ammoniaksynthese für die Düngemittelproduktion oder als Ersatz von Koks in der Stahlerzeugung) ist dabei die energetisch effizientere und aktuell wirtschaftlichere Nutzung gegenüber der Wiederverstromung.

In Deutschland existiert mit den geeigneten geologischen und infrastrukturellen Voraussetzungen und Rahmenbedingungen ein hohes Potenzial zur Wasserstoffspeicherung in Salzkavernen im europäischen Vergleich. In einem europäischen Energienetz kann Deutschland in naher Zukunft eine wichtige Rolle einnehmen und somit auch zum Gelingen einer europäischen Energiewende und der Erreichung der Klimaziele beitragen. Wasserstoffspeicher im geologischen Untergrund werden dabei aufgrund der hohen Energiedichte eine wesentliche Rolle einnehmen.

Literatur

[1] Bundesministerium für Wirtschaft und Energie (BMWi): Die Nationale Wasserstoffstrategie, 2020

[2] Government of The Netherlands: Government Strategy on Hydrogen, 06.04.2020

[3] DEEP.KBB GmbH

[4] *Thomas, R.L.* und *Gehle, R.M.*: A brief history of salt cavern use. Proceedings of the 8th World Salt Symposium, Den Haag, Vol. 1 (2000), S. 207-21.

[5] *Tatchell, J.*: Hydrogen in the chemical industry. AIM Congress "Hydrogen and its prospects", Liege, 15-18.11.1976

[6] *Leigthy, W.*: Running the world on renewables. Hydrogen transmission pipelines with firming geologic storage. SMRI Spring Conference, 29.04. -01.05. 2007, Basel/Schweiz

[7] Hydrogen Power Storage & Solutions East: Inventurliste der relevanten Forschungs- und Demo-Projekte im Rahmen der Roadmap-Erstellung, 201.

[8] *Parker, G.*: Hydrogen cavern operation. International Pipeline Conference 2006, Calgary, Alberta, Canada, 2006

[9] Air Liquide: Press release. Air Liquide operates the world's largest hydrogen storage facility (03. Januar 2017.). https://www.airliquide.com/sites/airliquide.com/files/2017/01/03/usa-air-liquide-operates-the_world-s-largest-hydrogen-storage-facility.pdf

[10] *Kühne, G.*: Untergrund-Flüssiggasspeicher in Salzlagerstätten. Erdöl und Kohle, Erdgas, Petrochemie 18 (1965) Nr. 3, S. 169-173

[11] *Kuehne, G.*: German refinery develops successful underground butane storage facility. World Petroleum (1965) January, S. 42-47

[12] *Rüddiger, G.*: Eigenschaften und Eignung des Rotliegend-Haselgebirges zur Anlage unterirdischer Speicherkavernen und deren volumetrische Vermessung. Erdöl und Kohle, Erdgas, Petrochemie 18 (1965) Nr. 1, S. 6-10

[13] Landesamt für Bergbau, Energie und Geologie: Erdöl und Erdgas in der Bundesrepublik Deutschland 2019. Hannover, 2020

[14] IVG Caverns GmbH: 40 Jahre Kavernenbau in Etzel. Friedeburg, 2011

[15] *Sasse, W.*: Unterirdischer Gasspeicher Kiel 101. Die erste Kaverne für Stadtgas in Deutschland. GWF Gas/Erdgas 116 (1975) Nr. 1, S. 15-19

[16] *Sterner, M.* und *Stadtler, I.*: Energiespeicher. Bedarf, Technologien, Integration. Springer-Verlag,Berlin/Heidelberg, 2014

[17] *Höcher, T.*: Erfahrungen mit Wasserstoff in Stadtgas-Untergrundspeichern. DBI-GUT Innovationsforum „Stromspeicherung und -transport über Gasspeicher und Gasnetze – Power to Gas to Power" Arbeitskreis 2 Gasspeicherung und Gastransport, Leipzig, 24./25.04.2013

[18] *Crotogino, F.*, *Mohmeyer, K.-U.* und *Scharf, R.*: Huntorf CAES: More than 20 years of successful operation.SMRI Spring Meeting, Orlando, Florid /USA, 23.-24.04.2001.

[19] *Krich, M.*, *Amro, M.* und *Freese, C.*: Evaluierung der Bohrungsintegrität von Wasserstoffspeicherkaverne. Erdöl Erdgas Kohle 136 (2020), Nr. 5, S. 15-21

[20] Sachverständigenrat für Umweltfragen: 100% erneuerbare Stromversorgung bis 2050. klimaverträglich, sicher, bezahlbar. Berlin, 2010

[21] *Robinius, M.* et al: Linking the Power and Transport Sectors—Part 1: The Principle of Sector Coupling. Energies 10 (2017), Nr. 956, S. 1-22

[22] PLANET GbR, FH Lübeck Projekt-GmbH, Fraunhofer ISI, IFEU, KBB UT: Integration von Wind-Wasserstoffsystemen in das Energiesystem, geförderte durch das Nationale Innovationsprogramm Wasserstoff- und Brennstoffzellentechnologie (NIP), 2014

[23] *Sterner, M.* und *Stadtler, I.*: Handbook of Energy Storage. Demand, Technologies, Integration. Springer-Verlag, Berlin/Heidelberg, 2019

[24] *Peterssen, F.* et al: Wasserstoff als Energieträger oder Rohstoff. Wirkung auf das Gesamtsystem. Niedersächsische Energietage 5.11.2019, Hannover. 2019

[25] *Robinius, M.* et al: Wege für die Energiewende. Kosteneffiziente und klimagerechte Transformationsstrategien für das deutsche Energiesystem bis zum Jahr 2050. Forschungszentrum Jülich, 2019

[26] *Zerrahna, A.*, *Schillb, W.-P.* und *Kemfert, C.*: On the economics of electrical storage for variable renewable energy sources. European Economic Review 108 (2018), S. 259-279

[27] Solution Mining Research Institute

[28] DLR, LBST, Fraunhofer ISE, KBB Underground Technologies GmbH: Studie über die Planung einer Demonstrationsanlage zur Wasserstoff-Kraftstoffgewinnung durch Elektrolyse mit Zwischenspeicherung in Salzkavernen unter Druck, Stuttgart, 2015

[29] KBB Underground Technologies GmbH, Bundesanstalt für Geowissenschaften und Rohstoffe, Institut für Geotechnik, Abt. Unterirdisches Bauen, der Leibniz Universität Hannover: Informationssystem Salzstrukturen: Planungsgrundlagen, Auswahlkriterien und Potenzialabschätzung für die Errichtung von Salzkavernen zur Speicherung von Erneuerbaren Energien (Wasserstoff und Druckluft) (InSpEE), Sachbericht, gefördert vom BMWi, 2016

[30] DEEP.KBB GmbH, Bundesanstalt für Geowissenschaften und Rohstoffe, Institut für Geotechnik, Abt. Unterirdisches Bauen, der Leibniz Universität Hannover: Informationssystem Salzstrukturen: Planungsgrundlagen, Auswahlkriterien und Potenzialabschätzung für die Errichtung von Salzkavernen zur Speicherung von Erneuerbaren Energien (Wasserstoff und Druckluft). Doppelsalinare und flachlagernde Salzschichten (InSpEE-DS), Sachbericht, gefördert vom BMWi, 2020

[31] HYPOS: Pressemitteilung. Weltneuheit: Energiespeicherung von Wasserstoff in Kavernen. 30. April 2019

[32] Energystock: The hydrogen project HyStock. https://www.energystock.com/about-energystock/the-hydrogen-project-hystock

Autoren

Dr. phil. **Gregor-Sönke Schneider**
DEEP.KBB GmbH |
Hannover |
Tel.: +49 511 542817-29 |
gregor.schneider@deep-kbb.de

Dipl.-Ing. **Sabine Donadei**
DEEP.KBB GmbH |
Hannover |
Tel.: +49 511 542817-38 |
sabine.donadei@deep-kbb.de

Dipl.-Geol. **Péter László Horváth**
DEEP.KBB GmbH |
Hannover |
Tel.: +49 511 542817-21 |
peter.horvath@deep-kbb.de

Thermodynamische Modellierung der Umstellung von Erdgaskavernen auf Wasserstoff

Benjamin Keßler und Hagen Bültemeier

Wasserstoff, Wasserstoffspeicherung, Kavernenspeicher, Modellierung, Gasqualität

Kavernenuntergrundgasspeicher können durch die Umstellung von Erdgas auf Wasserstoff einen wichtigen Beitrag zur Energiewende leisten. Dabei muss die Mischung der beiden Gase untersucht werden, um Gasqualitätsanforderungen gerecht zu werden sowie Wechselwirkungen des Wasserstoffs mit dem Kavernensumpf zu verhindern, was insbesondere die Bildung von Sauergas (H_2S) betrifft.

Thermodynamical modelling of natural gas cavern conversion to hydrogen storage

Cavern underground gas storage facilities are a key aspect of the energy transition via conversion from natural gas to hydrogen storage. Investigation of mixing behaviour of these two gases is vital to ensure gas quality demands as well as prevention of interactions of hydrogen with the cavern sump, i.e. sour gas generation.

1. Untertägige Speicherung von Wasserstoff

2050 sollen in Deutschland 80 % des erzeugten Stroms aus erneuerbaren Energien kommen [1]. Dabei muss das zentrale Problem der Speicherung des Stroms aus Wind- und Solarenergie gelöst werden, um Schwankungen in Erzeugung und Abnahme auszugleichen und unabhängig von der momentanen Erzeugung jederzeit den Energiebedarf zu decken.

Ein möglicher Ansatz ist, aus überschüssiger Wind- und Sonnenenergie über eine Elektrolyse Wasserstoff zu erzeugen und diesen dann in unterirdischen Strukturen, wie z. B. Salzkavernen, ausgeförderten Öl- oder Gaslagerstätten oder Aquiferstrukturen, zu speichern. Insgesamt bieten Kavernenspeicher den Vorteil, dass sie wesentlich höhere Entnahmeraten liefern können und sehr flexibel auf Lastspitzen reagieren können. Ein weiterer Vorteil dieses Speichertyps ist die geringere mikrobielle Belastung, wodurch beispielsweise Gasumwandlungsprozesse auf ein Minimum reduziert werden können. Im Rahmen verschiedener Forschungsprojekte, wie beispielsweise „H_2 – UGS" und „H_2 – Forschungskaverne", werden verschiedene Aspekte der untertägigen Speicherung von Wasserstoff untersucht [2]. In diesem Artikel werden die thermodynamischen und fluiddynamischen Strömungsvorgänge in Salzkavernen während der Umstellung von Erdgas auf Wasserstoff beschrieben.

Gesolte Speicherkavernen im Salzgestein dienen schon seit dem 20. Jahrhundert als unterirdische Speicher für Erdgas, Mineralöl und andere Fluide. Diese Speicher dienen dazu, die jährlichen und tageszeitlichen Bedarfsschwankungen, insbesondere die Spitzenlasten, abzudecken. Schnelle Druck- und Temperaturwechsel erfordern genaue Kenntnisse über die dynamischen Vorgänge in der Kaverne während des Speicherbetriebs. Bei schwankenden Gasqualitäten während der Einspeisung oder beim Medienwechsel im Falle einer Speicherumstellung ist besonders auf die Gasqualität zu achten und diese genau zu messen. Die Strömungs- und Vermischungsvorgänge in Bezug auf Erdgas und Wasserstoff sind bisher in Salzkavernen noch nicht untersucht worden.

Die Herstellung von Salzkavernen erfolgt durch Solen von unterirdischen Salzstöcken, d. h. Injektion von Süßwasser, welches sich mit dem Salz aufsättigt, und Förderung des entstandenen Salz–Wassergemischs, der sogenannten Sole. Durch dieses Verfahren bildet sich die Kavernenform aus, welche jedoch durch unlösliche Stoffe, Verunreinigungen im Salzgestein und heterogenen Gebirgsspannungen nicht immer regelmäßig ist. Die unlöslichen Bestandteile bilden den sogenannten Sumpf im unteren Teil des Hohlraums. Nach Fertigstellung der Kavernenform ist die Solphase beendet und anschließend an die darauffolgende Gaskomplettierung inkl. Dichtheitstest beginnt die Gaserstbefüllung. Bei der Gaserstbefüllung wird Gas im Ringraum zwischen Produktionstubing und Entleerungsstrang injiziert, wodurch die in der Kaverne befindliche Sole verdrängt und durch den Entleerungsstrang gefördert wird. Am Ende der Gaserstbefüllung ist der gesamte gesolte Hohlraum (abzüglich des Sumpfes) gasgefüllt.

2. Erfahrungen aus der Stadtgasspeicherung

Seit den 1960er-Jahren wird in Deutschland Gas in Untergrundgasspeichern (UGS) gespeichert, anfangs ausschließlich Kokerei- und Stadtgas, später auch Erdgas. Zunächst erfolgte dies überwiegend in Aquiferspeichern, später auch in leergeförderten Öl- und Gaslagerstätten und Kavernen. Besonders auf dem Gebiet der ehemaligen DDR hatte die Stadtgasspeicherung eine große Bedeutung bei der Energieversorgung. Stadtgas ist ein industrielles Gas mit einem sehr hohen Wasserstoffanteil (≥ 50 Vol.-%) (**Tabelle 1**).

Daneben wurde Stadtgas auch in Frankreich, (West-) Deutschland, Belgien, der ehemaligen Tschechoslowakei und Polen sowie in den USA in UGS gespeichert.

Ab Anfang der 1990er-Jahre erfolgte in Deutschland die Umstellung der Gasinfrastruktur von Stadtgas auf Erdgas, was 1995 abgeschlossen wurde [1].

Während dieser Zeit der Gasinfrastruktur-Umstellung auf Erdgas wurden viele Stadtgasspeicher aus Kostengründen stillgelegt, während andere wiederrum auf Erdgas umgestellt wurden [1]. Im folgenden Kapitel werden die damaligen Erfahrungen und Überlegungen hinsichtlich der Medienumstellung dargestellt und hinsichtlich der Anwendbarkeit dieser Erkenntnisse auf die Umstellung von Erdgas auf Wasserstoff im Zuge der Energiewende geprüft, was zusammen mit den technischen Kavernendaten wichtige Anhaltspunkte für die thermodynamische Modellierung lieferte.

2.1 Gasqualitätsveränderung während der Stadtgasspeicherung

Bei der Stadtgasumstellung wurde besonderes Augenmerk auf den Brennwert und den CO-Gehalt im Gas gelegt. Ersteres gibt die spezifische gebundene Energie eines Stoffes pro Volumen an, welcher bei Stadtgas zwischen 4 und 6 kWh/Nm^3 beträgt. Der Brennwert von H-Gas ist um ein Vielfaches höher (10-11 kWh/Nm^3).

Die Umstellung von Stadtgas auf Erdgas für die Kavernen der VNG in Bad Lauchstädt begann im April 1992 und war mit dem 21.03.1994 abgeschlossen, womit die Stadtgasspeicherung eingestellt wurde [3].

2.2 Umstellung der Kaverne LT 22 von Stadtgas auf Erdgas

Die Umstellung der Kaverne L 22 in Bad Lauchstädt erfolgte im Zeitraum vom 03.04. bis 23.04.1992. Hierfür wurde die Kaverne, in Abstimmung mit dem LAGB, bis unterhalb des minimalen Arbeitsdruck entleert. Ab dem 29.04.1992 wurde die Kaverne bis zu einem Druck von 122,6 bar mit Erdgas wieder aufgefüllt. Der zulässige maximale Arbeitsdruck der Kaverne LT 22 beträgt 132,3 bar, am Rohrschuh der letzten zementierten Rohrtour [4]. Während dieser Befüllung kam es in der Kaverne zur vollständigen Vermischung des Erdgases mit dem Rest-Stadtgas. Die Eigenschaften des entstandenen Mischgases sind in **Tabelle 2** dargestellt [5].

Im Zeitraum vom 10.02.1993 bis 04.03.1993 erfolgte die erstmalige Ausspeicherung des Mischgases aus der Kaverne LT 22. Während der Ausspeicherung von

Tabelle 1: Hauptkomponenten von Stadt- und Erdgas in Vol. - % [1]

		CH_4	N_2	H_2	CO	CO_2		O_2	KW*
Erdgas	**H-Qualität**	96	2	-	-	1		-	1
	L-Qualität	88	11	-	-	1		-	-
Stadtgas	**1960**	18	7	55	16	3,5		0,3	0,2
	1990	25	25	32	15	2		0,5	0,5

*KW = Kohlenwasserstoffe: Ethan bis Butan

Tabelle 2: Eingestellte Mischgasqualität der Kaverne LT 22 nach Umstellung auf Erdgas [4]

	Stadtgas Zusammensetzung in Vol.-%	H – Gas Einspeisung Zusammensetzung in Vol.-%	Zusammensetzung des Mischgases in Vol.-%
CO	12,54	0,0	0,91
CH_4	29,18	98,25	93,22
N_2	27,96	0,83	2,81
O_2	0,25	0,02	0,04
CO_2	2,15	0,11	0,26
H_2	27,57	0,0	2,01
Gesamt	4,146 Mio. Nm^3	52,754 Mio. Nm^3	56,9 Mio. Nm^3

34,4 Mio. Nm^3 stelle sich ein durchschnittlicher CO-Gehalt von ca. 1,0 Vol.% ein. Der netzseitige maximal zulässige CO-Gehalt beträgt 0,8 Vol.%, weshalb das ausgespeicherte Gas in der Obertageanlage des Speichers dem Erdgas einer anderen Kaverne zugemischt werden musste, um die Qualitätsanforderung zu gewährleisten [4]. Um die Qualitätsanforderungen des Netzes in der Folge ohne weitere Mischung mit Erdgas anderer Kavernen erreichen zu können, erfolgte diese erste Ausspeicherung bis zum Minimaldruck, um einen möglichst großen Teil des Rest-Stadtgases zu fördern [6]. Nach der anschließenden Wiederbefüllung der Kaverne stellten sich die gewünschten Qualitätsanforderungen ein.

3. Modellerstellung

Die Simulation der Gasumstellung von Erdgas auf Wasserstoff in der Kaverne erfolgt mittels der Software „COMSOL Multiphysics®", einer modular aufgebauten physikalisch Simulationssoftware, welche die physikalischen Vorgänge mittels Differenzialgleichungen löst. Verwendete Module sind hierbei unter anderem der Wärme- und Stofftransport.

3.1 Modellkonzeption

Für eine möglichst wirklichkeitsgetreue Simulation muss sowohl die Kaverne selbst als auch das umgebende Salzgestein modelltechnisch abgebildet werden. Eine besondere Herausforderung besteht in der geometrischen Abbildung der Kaverne mit ausreichender Genauigkeit. Eine hohe Netzauflösung würde extrem lange Rechenzeiten nach sich ziehen, während eine unzureichende Auflösung die realen Verhältnisse zu stark vereinfachen würde und wenig aussagekräftige Ergebnisse zur Folge hätte. Im aufgebauten Modell wurden die folgenden Prozesse und Eigenschaften berücksichtigt:

- Turbulente Strömung in der Kaverne
- Wärmeübergang an der Kavernenwand
- Temperaturentwicklung innerhalb der Kaverne
- Wärmeleitung im umgebenden Gebirge
- Freie Konvektion innerhalb der Kaverne
- Stoffeigenschaften des Mischgases in Abhängigkeit von Druck, Temperatur und des Mischungsverhältnisses.

Die dynamische Simulation umfasst die Injektions-, Ruhe- und Ausspeicherphase. Zu Beginn der Simulation befindet sich in der Kaverne Erdgas bei einem Druck von 30 bar. Anschließend wurde Wasserstoff bis zu einem maximalen Arbeitsdruck von 140 bar injiziert. Während der Injektionsphase und der Stillstandszeit wurde das Strömungs- und Vermischungsverhalten in der Kaverne ausgewertet. In weiteren Simulationen wird das Verhalten des Fluides zusätzlich während der Ausspeicherphase betrachtet, um Rückschlüsse auf die zu erwartende Gasqualität des Ausspeichergases zu ziehen.

Bild 1 und **Bild 2** zeigen den geometrischen Aufbau des Modells mit den dazugehörigen Bereichen und den vorherrschenden thermodynamischen Prozessen. Im inneren Bereich des Modells, blau dargestellt, befindet sich die gasgefüllte Kaverne. Im äußeren Bereichen des Modells ist das umgebende Salzgestein grau dargestellt. **Bild 2** zeigt den Bereich der Bohrung und den Übergang dieser in die Kaverne. Die Förderinstallationen wie Tubing, Casing und Zementation wurden aufgrund des geringen Volumens im Verhältnis zum Gesamtmodell und des damit einhergehenden geringen thermischen Einflusses vernachlässigt.

Der radialsymmetrische Aufbau des Modells um die Rotationsachse r = 0 resultiert durch Projektion des dreidimensionalen Problems in eine Ebene und einer signifikanten Verkürzung der Rechenzeit und -leistung im Vergleich zu einem kartesischen Koordinatensystem. Diese Vereinfachung des Modells ist durch die Homogenität des Salzgesteins und die idealisierte Kavernenform zulässig. Der Arbeitsdruckbereich liegt zwischen 30 und 140 bar am letzten zementieren Rohrschuh.

In der gasgefüllten Kaverne und Bohrung findet Wärme- und Stofftransport vorwiegend durch Konvektion statt, während im angrenzenden Salzgestein der Wärmetransport ausschließlich durch Wärmeleitung stattfindet. Das Fluid bewegt sich bei der Injektion hauptsächlich durch den Impulsstrom, welcher beim Befüllen der Kaverne erzeugt wird. Während der Ruhephase zwischen Ein- und Ausspeicherung bewegt sich das Fluid aufgrund temperaturbedingter Dichte- und Konzentrationsunterschiede. Das Gebirge und das in der Kaverne befindliche Fluid beeinflussen sich durch die Wärmeleitung gegenseitig.

3.2 Ein- und Ausspeicherzyklen

Vor Beginn der Injektion von Wasserstoff ist die Kaverne komplett mit Erdgas gefüllt, mit minimalem Arbeitsdruck von 30 bar. Die anschließende Wasserstoffeinspeicherung erfolgte über eine Dauer von 11 Tagen bis zum maximalen Arbeitsdruck von 140 bar. Die Einspeicherdauer von 11 Tagen begründet sich mit aus der zugrunde gelegten maximal zulässigen Druckänderung in der Kaverne von 10 bar/d.

Für die Ruhe- und Ausspeicherphase sowie für den Einfluss der Temperatur laufen die Untersuchungen derzeit und es liegen noch keine belastbaren Ergebnisse zur Einarbeitung in das Modell vor.

Im ersten Teil der Simulation, der Injektionsphase, wurde die Befüllung der Kaverne bis zum maximalen Arbeitsdruck mit Wasserstoff simuliert. Ziel war es, die Temperaturentwicklung in der Kaverne und das Mischungsverhalten zwischen Erdgas und Wasserstoff zu untersuchen. Eine zentrale Frage war, ob der Impulsstrom eine Vermischung der beiden Fluide zur Folge hat oder ob es zu einer Schichtung kommt.

4. Simulation der Injektionsphase

Während der Injektionsphase wurde die Vermischung von Wasserstoff und Erdgas anhand der Einströmgeschwindigkeit, den Temperaturverhältnissen und dem Anfangsdruck untersucht. Die Simulationen zu den Temperaturverhältnissen laufen gerade, weshalb zu diesem Zeitpunkt noch keine vollständigen Ergebnisse vorliegen.

4.1 Einfluss der Eintrittsgeschwindigkeit

Zunächst soll die Vermischung in Abhängigkeit der Einströmgeschwindigkeit untersucht werden. Bei der Realisierung sollte auf die individuelle Druckänderungsrate je-

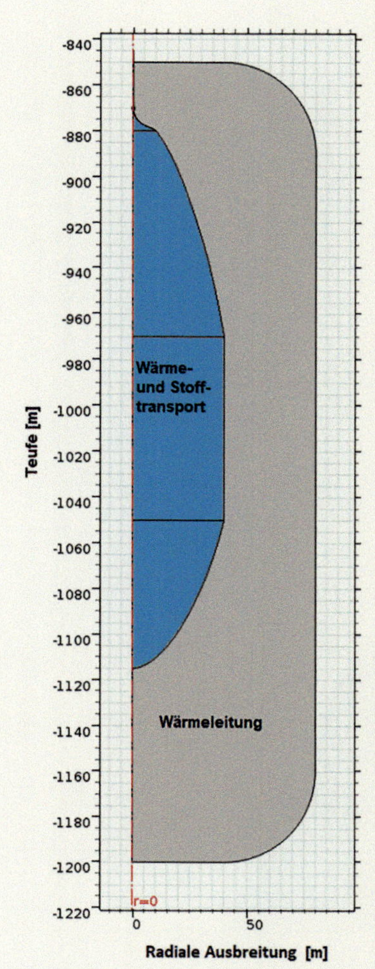

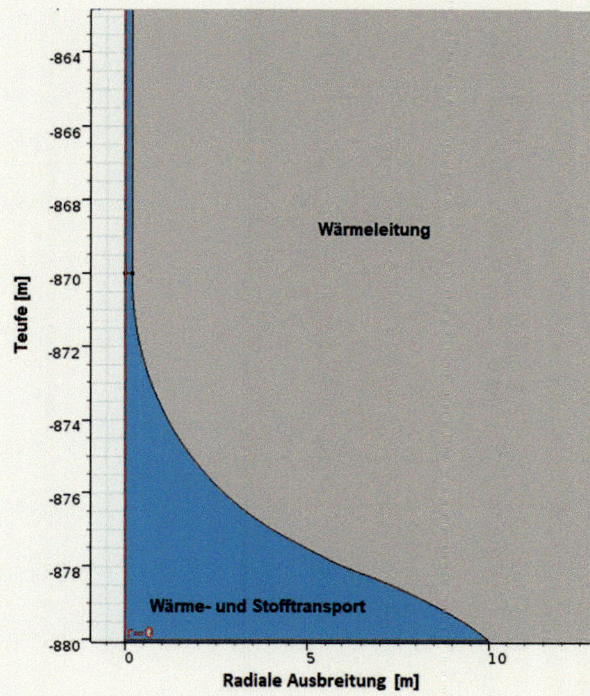

Bild 1, 2: Modellaufbau

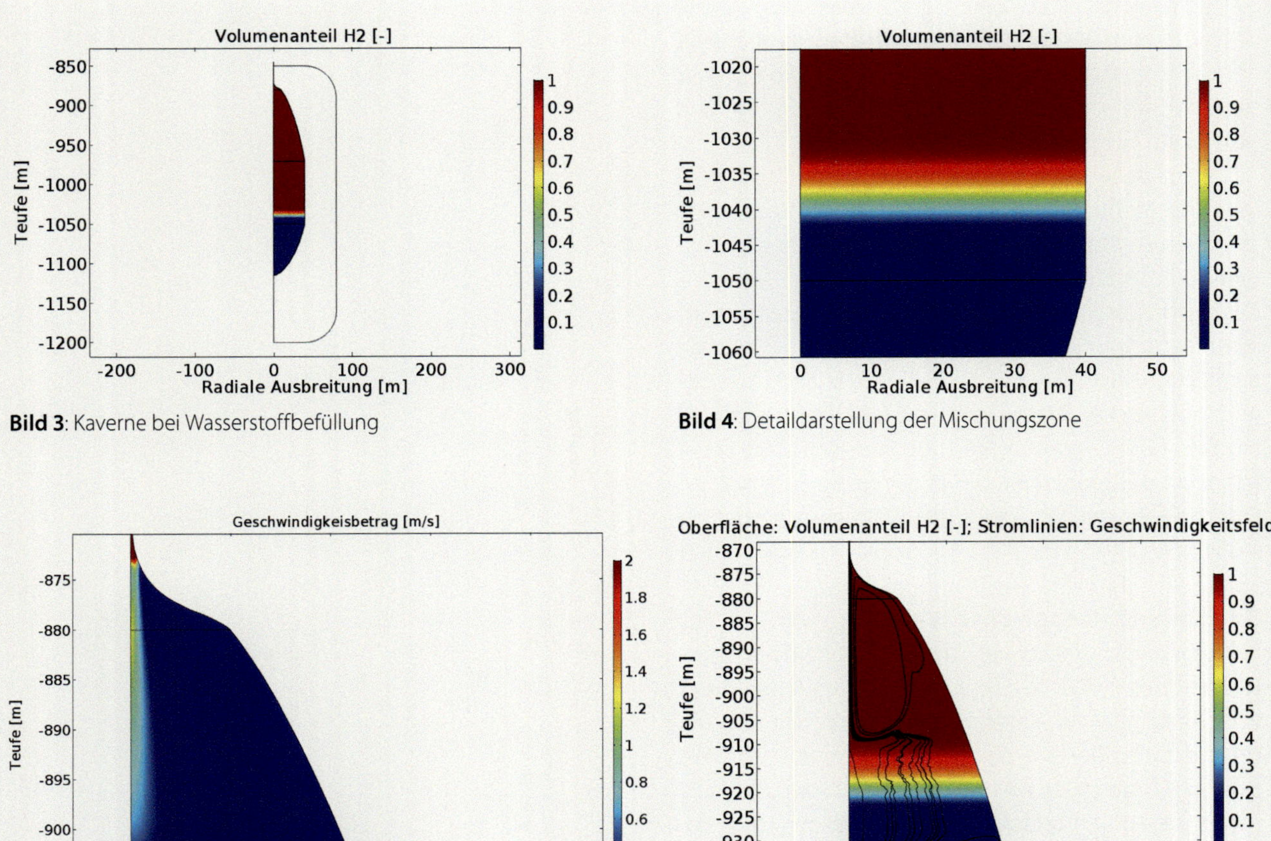

Bild 3: Kaverne bei Wasserstoffbefüllung

Bild 4: Detaildarstellung der Mischungszone

Bild 5, 6: Impulsstrom und Geschwindigkeitsfeld bei Befüllung der Kaverne mit Wasserstoff

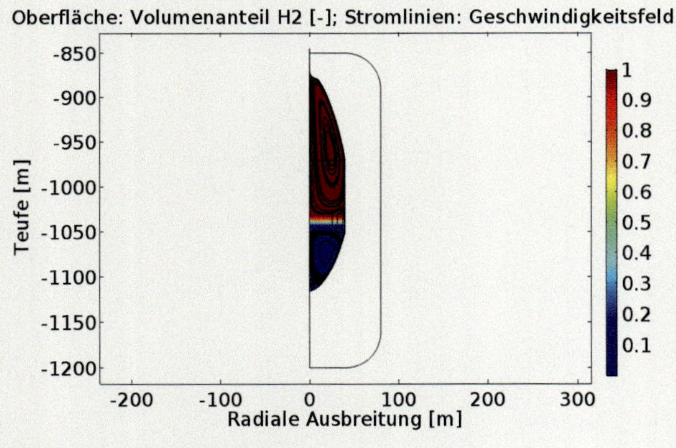

Bild 7: Strömungsverhältnisse

der Kaverne geachtet werden, welche in der Regel 10 bar/d beträgt. Zusätzlich galt es zu überprüfen, ob der Bohrlochkopf und die Komplettierung der erhöhten Einströmgeschwindigkeit standhalten.

20 m/s Einströmgeschwindigkeit

Bild 3 zeigt das Verhalten zwischen Wasserstoff (rot) und Erdgas (blau) beim maximalen Arbeitsdruck von 140 bar bei einer Einströmgeschwindigkeit von 20 m/s. Es fällt auf, dass es unter den vorliegenden Bedingungen nur im geringen Maße zu einer Vermischung der beiden Gase aufgrund des hohen Dichteunterschiedes kommt (ϱ_{Erdgas} = 108,4 kg/m^3; ϱ_{H2} = 11,74 kg/m^3 bei einem Druck von 140 bar und einer Temperatur von 370 K). Lediglich im Teufenbereich zwischen 1.032 und 1.045 m kam es zur Ausbildung einer Hauptmischungszone (**Bild 4**). Die Vermischungszone wird definiert als Übergang von einer Konzentration von 98 Vol.% Wasserstoff zu 98 Vol.% Erdgas. Die Reinheit des Wasserstoffs oberhalb der Vermischungszone beträgt 99,86 Vol.%.

Bei dieser Umstellungsvariante ist zu beachten, dass die Kaverne bereits nach 4,8 Tagen den maximalen Arbeitsdruck von 140 bar erreichen würde, was die maximale Druckänderung in der Kaverne bei weitem überschreiten würde. Aus diesem Grund sollte diese Umstellungsvariante nicht umgesetzt werden. Unter dem Gesichtspunkt der Vermischung ist dies jedoch sehr interessant, weil es zeigt, dass es selbst unter sehr hohen Strömungsgeschwindigkeiten nicht zu einer Vermischung der beiden Gase kommt.

Beim Eintritt von Wasserstoff in die Kaverne fällt auf, dass die Strömungsgeschwindigkeit sehr schnell von 20 m/s in der Bohrung auf maximal 2 m/s abfällt und zu diesem Zeitpunkt eine maximale radiale Ausbreitung von 12-13 m aufweist. Im oberen Teil der Kaverne kam es zu einer Verwirbelung. Außerhalb dieser Verwirbelung traten nur noch sehr geringe Strömungsgeschwindigkeiten auf (< 0,004 m/s). **Bild 5** zeigt zum exakt selben Zeitpunkt wie **Bild 6** das Verhalten der Grenzschicht zwischen Erdgas und Wasserstoff und das Geschwindigkeitsfeld. Eine Vermischung zwischen Erdgas und Wasserstoff gab es nur in sehr geringem Maße.

In **Bild 7** ist die Ausbildung von Verwirbelungen aufgrund des Impulsstroms und der Konvektion zu sehen. Im oberen Bereich, in welchem sich Wasserstoff befindet (rot), bildet sich aufgrund des einströmenden Impulsstroms eine Verwirbelung mit Geschwindigkeiten zwischen 0,1 und 0,9 m/s aus. Im Bereich des Erdgases bildet sich aufgrund der Konvektion eine Verwirbelung in Richtung des Uhrzeigersinns aus. Die Strömungsgeschwindigkeit im unteren Bereich beträgt zwischen 0,002 und 0,008 m/s.

10 m/s Einströmgeschwindigkeit

Auch bei einer Einströmgeschwindigkeit von 10 m/s kam es zu einer Schichtung der Gase (**Bilder 3 und 4**). Auch die Mächtigkeit der Vermischungszone entspricht der Variante mit einer Einströmgeschwindigkeit von 20 m/s. Da in der Variante mit 10 m/s die maximale Druckänderungsrate von 10 bar/d in der Kaverne nicht überschritten wurde, eignet sich diese Variante für die Realisierung der Umstellung einer Kaverne von Erdgas auf Wasserstoff.

4.2 Einfluss des Anfangsdrucks

Im Folgenden wurde der Einfluss des Anfangsdrucks und damit das verbundene Mischungsverhältnis zwischen Erdgas und Wasserstoff untersucht. Betrachtet werden eine halbgefüllte (bei 85 bar) und eine minimal gefüllte (30 bar) Kaverne sowie eine Kaverne unterhalb des minimalen Arbeitsdrucks (20 bar).

Bei keinen dieser Varianten kam es zu einer Vermischung der Gase. Lediglich die Teufe der Vermischungszone ändert sich aufgrund der unterschiedlichen Druckverhältnisse zu Beginn der Injektion. Ausgehend von einer halbgefüllten Kaverne befindet sich die Kontaktzone bei einer Teufe von ~1.000 m, bei einem Anfangsdruck von 30 bar befindet sich die Kontaktzone bei einer Teufe von 1.040 m und bei einem Anfangsdruck von 20 bar bei 1.051 m.

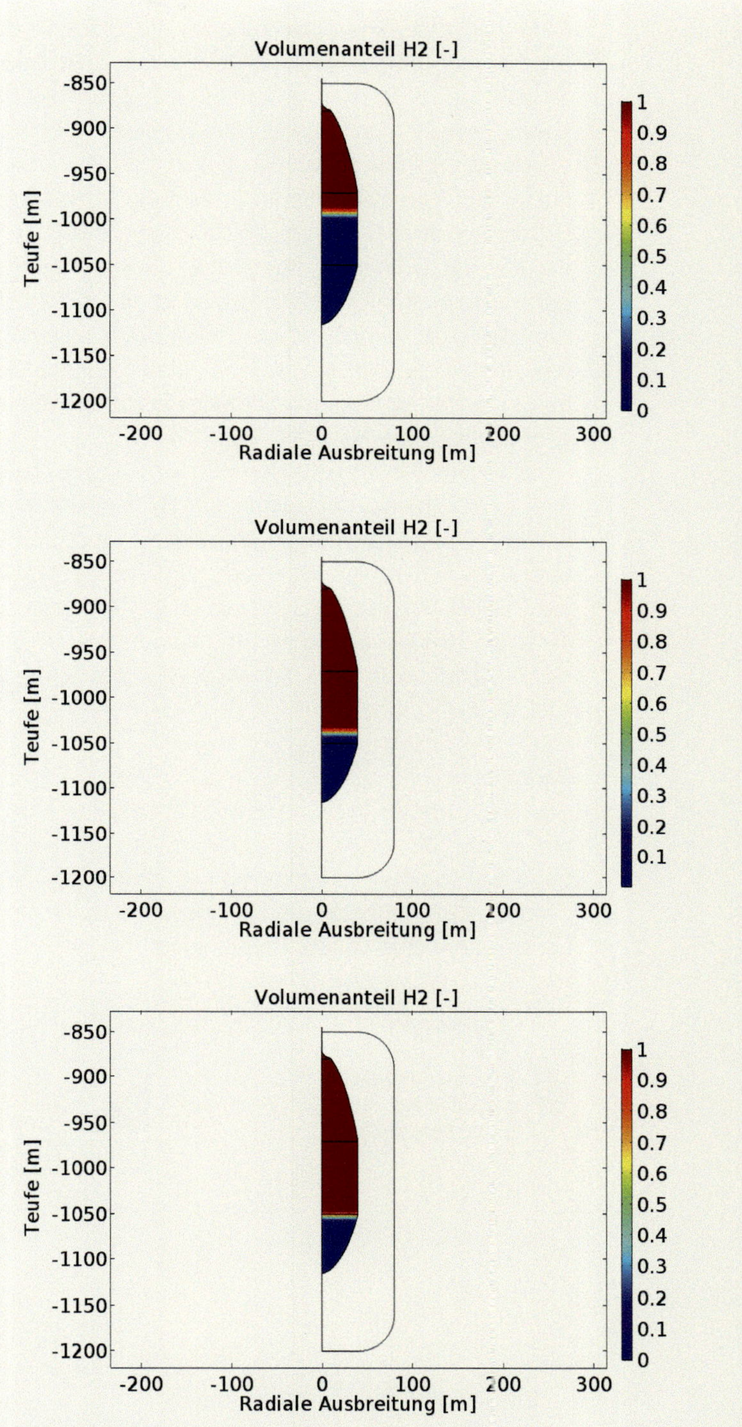

Bild 8, 9, 10: Einfluss des Anfangsdrucks auf die Gasvermischung

5. Zusammenfassung und Ausblick

Die Vermischung der Gase Erdgas und Wasserstoff bei der Injektion von Wasserstoff in eine mit Erdgas gefüllte Kaverne wurde anhand verschiedener Einflussgrößen untersucht: Anfangsdruck der Kaverne, die Temperatur der Gase und die Eintrittsgeschwindigkeit des Wasserstoffs. Ziel war es herauszufinden, ob eine Gasmischung stattfindet oder es zu einer Schichtung kommt. Es konnte gezeigt werden, dass sowohl die Einströmgeschwindigkeit als auch der Anfangsdruck keinen Einfluss auf das Mischungsverhalten der Gase zeigten. In beiden Fällen gab es eine Vermischung zwischen Erdgas und Wasserstoff nur im geringen Maße mit der Ausbildung einer kleinen Hauptmischzone. Diese Ergebnisse zeigen, dass das in der Kaverne befindliche Rest-Erdgas als Kissengas genutzt werden kann. Das Erdgas würde somit eine Barriere zwischen dem Sumpf und dem Wasserstoff darstellen, was eine Wechselwirkung zwischen diesen unterbinden und somit die Bildung von Schwefelwasserstoff verhindern würde.

In weiteren Untersuchungen wird zusätzlich noch der Einfluss der Thermo-Konvektion auf die Temperaturverhältnisse und die Gasvermischungsprozesse in der Ruhe- und Ausspeicherphase untersucht, um Aussagen über die Qualität des Ausspeichergases zu treffen und eine abschließende Bewertung der Umstellungsszenarien und der Anwendbarkeit der Erfahrungen aus der Stadtgasspeicherung durchzuführen.

Förderhinweis

Das dieser Veröffentlichung zugrunde liegende Vorhaben wurde mit Mitteln des Bundesministeriums für Bildung und Forschung im Rahmen der Fördermaßnahme „Zwanzig20 – Partnerschaft für Innovation" unter dem Förderkennzeichen 03ZZ0721A gefördert.

GEFÖRDERT VOM

Literatur

[1] *Schmitz, S.; Kleinickel, C.; Barsch, M.; Schulz, P.; Keßler, B.* und *Pumpa, M.*: Abschlussbericht – „Wissenschaftliche Forschungs zu Windwasserstoff Energiespeichern" – Teilprojekt DBI „Gaseinspeisung und Untergrundspeicherung", Freiberg, 2018

[2] HYPOS, „https://www.hypos-eastgermany.de/die-projektvorhaben/", hypos-eastgermany, 2017. [Online]. [Zugriff am 2020]

[3] *Schulze, V.*: Jahresbericht UGS Bad Lauchstädt 1993/94, Stadtgaskavernen, Bad Lauchstädt, 1995

[4] *Möller, H.* und *Hillert, G.*: Jahresbericht UGS Bad Lauchstädt 1991/1992 – Stadtgaskavernen, Bad Lauchstädt, 1992

[5] ohne Verfasser: Freiheitsgrade bzw. Varianten bei der Umstellung der Kaverne 22 von Stadtgas auf Erdgas

[6] *Schulze, V.*: Jahresbericht UGS Bad Lauchstädt 1994/1995 – H-Gas Kavernen, Bad Lauchstädt, 1995

Autoren

Dipl.-Ing. **Benjamin Keßler**
DBI Gas- und Umwelttechnik GmbH
Leipzig
Tel.: +49 3731 4195 342
benjamin.kessler@dbi-gruppe.de

Dipl.-Ing. **Hagen Bültemeier**
DBI Gas- und Umwelttechnik GmbH
Leipzig
hagen.bueltemeier@dbi-gruppe.de

3. Netzbetrieb

Überprüfung der Absperrtechnologien im HYPOS-Projekt H2-Netz

Abquetschen und Blasensetzen unter realen Bedingungen der Wasserstoffinfrastruktur im Mittel- und Hochdruckbereich

Robin Pischko, Robert Huhn und Marco Henel

Wasserstoff, HYPOS, H2-Netz, Absperrtechnologien, Abquetschen, Blasensetzen

Im HYPOS-Projekt „H2-Netz" wird eine Wasserstoffinfrastruktur unter realen Bedingungen getestet. Der Fokus liegt auf der Qualifizierung moderner Kunststoffleitungen für den sicheren Transport von Wasserstoff. Ziel des Projektvorhabens ist es, die offenen Fragestellungen zum Betrieb und zur Eignung von Anlagen und Komponenten zu beantworten. Ein Forschungsschwerpunkt beinhaltet die Überprüfung der Absperrtechnologien Abquetschen und Blasensetzen im realen Testfeld. Mit dem Versuch sollen die besonderen Bedingungen im Kontext Wasserstoff herausgestellt werden. Die Untersuchung der Absperrtechnologien erfolgte dabei an verschiedenen Rohrnetzabschnitten, welche sich durch die installierten Rohrmaterialien unterscheiden. Um die Eignung nachweisen zu können, wurden verschiedene Messkampagnen durchgeführt. Dazu zählen Leckagemessungen zur Dichtheitsprüfung, Permeationsmessungen zur Prüfung der Rohrbeschädigung durch den Einsatz der Rohrpresse und Messungen des Rückformungsverhaltens der Rohrleitungen nach Öffnung der Rohrpresse.

Examination of the gas stop-off technologies in HYPOS H2-Netz – Gas stop-off bags and pipe squeezing under realistic conditions in medium- and high-pressure pipelines of the hydrogen infrastructure

The HYPOS-project "H2-Netz" contains the examination of a hydrogen infrastructure under real conditions. The focus is on qualifying modern plastic pipelines for a reliable transportation of hydrogen. The goal of the project is to clarify the unresolved issues of the operation and the suitability of the system and components. One of the research topics is the verification of technologies for shutting off plastic pipelines. With the field test it is possible to expose to hydrogen conditions. The analyses were done on pipeline sections with different pipeline materials. For proofing the suitability of the gas stop-off technologies, various measurement campaigns such as leakage, tightness, permeation, and reverse forming of the plastic pipelines have been carried out.

1. Projekt HYPOS H2-Netz

Die am 10.06.2020 von der Bundesregierung beschlossene Nationale Wasserstoffstrategie setzt die Leitlinien für eine saubere Energieversorgung von morgen. Versorgungssicherheit und Bezahlbarkeit bilden dabei die Grundprinzipien. Zudem muss das zukünftige Energiesystem sicher, umweltfreundlich und klimaneutral sein. Grünem Wasserstoff wird dabei eine wichtige Schlüsselrolle zuteil. Er dient der Dekarbonisierung von Schlüsselsektoren, der THG-Minderung mit bestehenden Technologien im Wärmemarkt und der Transformation der Gasnetze hin zu einer modernen, innovativen Wasserstoffinfrastruktur. Darüber hinaus ist Wasserstoff das wichtigste Element der Sektorenkopplung und schafft die Einbindung erneuerbarer Energien neben dem Stromsektor unter anderem auch in den Wärmesektor [1].

Die DBI Gas- und Umwelttechnik GmbH, Mitteldeutsche Netzgesellschaft Gas mbH, Rehau AG + Co, TÜV SÜD Industrie Service GmbH sowie Hochschule für Technik, Wirtschaft und Kultur Leipzig bilden das Projektkonsortium. Zusammen wurde seit Ende 2016 eine Verteilnetzinfrastruktur für reinen Wasserstoff geplant und errichtet. Ziel des Vorhabens ist es, moderne und hochdichte Kunststoffrohrleitungen für die Verteilnetzstruktur und die Haus-Inneninstallation zu erforschen, moderne Verlegeverfahren zu erproben, die Sicherheitstechnik zu definieren sowie die Odorieranlage mit der Untersuchung von Wechselwirkungen mit schwefelfreien bzw. schwefelarmen Odoriermitteln zu konzeptionieren. Anhand dieser Erfahrungen sollen eine Bewertung des Gesamtsystems vorgenommen, Optimierungen abgeleitet und mit den gewonnenen Ergebnissen das Wissen rund um die Wasserstoffanwendung ausgebaut werden (**Bild 1**).

2. Status Quo

Die Bau- und Genehmigungsplanung und die Erstellung einer Bauakte erfolgten dabei analog regulärer Erdgas-Projekte. Nach der Herrichtung des Grundstücks im Chemiepark mit dem Bau einer Zaunanlage, der Baugrunduntersuchung, der Grünpflege und dem Setzen des Fundamentes für Gas-Druckregel- und -Messanlage (GDRMA) begannen Anfang Mai 2018 die Verlegungsarbeiten der geplanten rund 1.400 m Rohrleitungen in den verschie-

Bild 1: Konsortium des Projektes HYPOS: „H2-Netz"

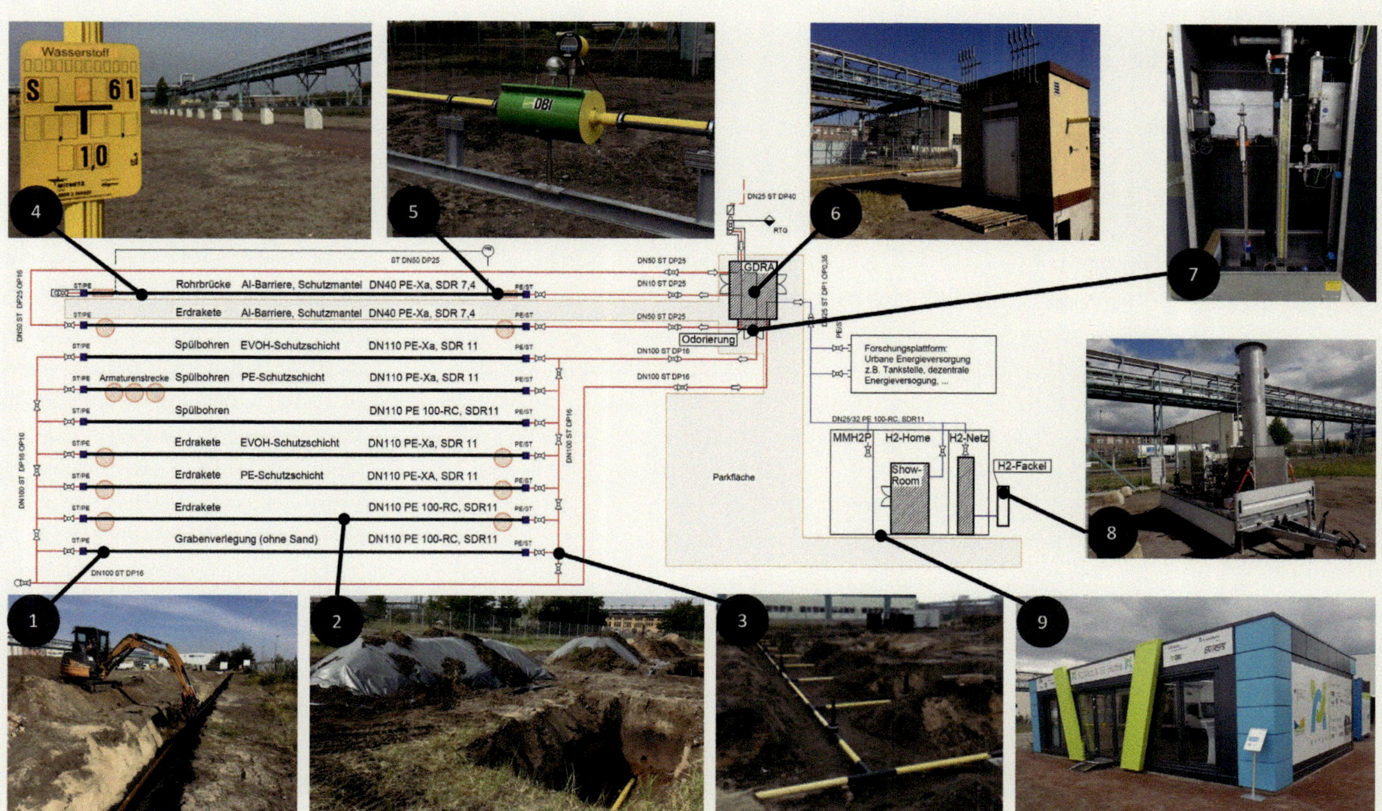

Bild 2: Forschungsplattform HYPOS „H2-Netz"
❶ Kunststoffrohrleitung im offenen Verlegeverfahren ohne Sandbett; ❷ Grabenlose Verlegeverfahren Erdrakete; ❸ Unterirdische Verbindungselemente, geschweißt; ❹ Oberirdische Verlegung; ❺ Permeationsmessung; ❻ Gasdruckregelanlage; ❼ Odorierung; ❽ mobile Wasserstofffackel; ❾ Testfeld Inneninstallation und Wasserstoffverwendung in Brennstoffzellen (HYPOS H2-Home)

denen Verteilnetzabschnitten mit den Druckstufen DP 25, DP 10 und DP 1.

Es wurden insgesamt neun Testabschnitte verlegt (**Bild 2**). Die Abschnitte unterscheiden sich neben dem Betriebsdruck auch hinsichtlich der Rohrmaterialien und Verlegeverfahren (**Bild 2**, Nr. 1 + 2). Die Zuleitungen (rot) zu den Testabschnitten (schwarz) wurden in Stahl ausgeführt und im offenen Graben verlegt (**Bild 2**, Nr. 3). Für die Testabschnitte wurden in einer Gesamtlänge von 675 m hochdichte Kunststoffrohrleitungen aus Polyethylen verwendet. Im Speziellen kamen PE-100RC und PE-Xa Rohre, welche teilweise durch Schutz- und Barriereschichten erweitert wurden, zum Einsatz. Neben der offenen Grabenverlegung wurden die Testabschnitte zudem mittels moderner grabenloser Techniken verlegt. Zusätzlich zu den unterirdisch verlegten Leitungen wurde ein Testabschnitt auf einer rund 70 m langen Rohrbrücke installiert (**Bild 2**, Nr. 4 + 5).

Ein weiterer Schritt war die Aufstellung der GDRMA (**Bild 2**, Nr. 6). Diese wurde speziell für die unterschiedlichen Druckstufen (DP 25, DP 10 und DP 1) sowie die Lastflüsse der Endverbraucher ausgelegt. Die verwendete Mess- und Regeltechnik entspricht den konventionellen Erdgaskomponenten. Ein Endverbraucher in Form eines Wasserstoff-Blockheizkraftwerks (BHKW) wurde im sogenannten Energiepavillion installiert und an das Verteilnetz angeschlossen (**Bild 2**, Nr. 9). Die Forschungen am Wasserstoff BHKW erfolgen in einem kooperativen HYPOS-Projekt, „H2-Home". Ein weiterer Verbraucher ist die speziell entwickelte, mobile Wasserstoff-Fackel (**Bild 2**, Nr. 8). Diese dient vor allem als Sicherheitskomponente, um den Austritt von Wasserstoff in die Atmosphäre zu verhindern.

Entlang der Sicherheitskette ist auch die Odorieranlage ein wichtiger Bestandteil. Im Zuge des Projektvorhabens wurde eine spezielle Mikro-Odorieranlage entwickelt, welche unter realen Bedingungen erprobt wird (**Bild 2**, Nr. 7). Zeitlich periodische Konzentrationsmessungen der eingesetzten schwefelfreien bzw. schwefelarmen Odoriermittel geben Aufschluss über die Riechbarkeit in der Matrix Wasserstoff. Zudem wird der Einfluss auf Gasanwendungen, im Speziellen auf das angeschlossene Wasserstoff-Brennstoffzellen-BHKW, ermittelt.

Für die Erprobung weiterer Komponenten der Gasinfrastruktur wurde ein Versuchscontainer aufgestellt. Dieser ist mit einer Versuchstrecke ausgestattet, welche ebenfalls an das Verteilnetz angeschlossen wurde. Im Container werden Gaszähler (Balgen-, Drehkolbengaszähler und Quantometer) sowie Gasströmungswächter auf ihre Wasserstoffeignung überprüft.

Ende Dezember 2018 konnten die Baumaßnahmen abgeschlossen werden. Im Februar 2019 erfolgte die „kalte Inbetriebnahme" mit Stickstoffeinspeisung zum Test der Anlagenteile und im April die „warme Inbetriebnahme" mit Wasserstoff. Am 10. Mai 2019 konnte das realisierte Leuchtturmprojekt erstmals für die Öffentlichkeit zugänglich gemacht werden. Die offizielle Inbetriebnahme erfolgte gemeinsam mit den Projektpartnern sowie zahlreichen Gästen aus dem Fachbereich, der Politik und der Presse. Seitdem konnten bereits mehrere Hundert Besucher das Wasserstoffdorf im Rahmen der regelmäßig stattfindenden Tage der offenen Tür besichtigen.

3. Aktuelle Forschungsarbeiten

Ein Schwerpunkt der Forschungsarbeiten liegt auf der Untersuchung der Absperrverfahren Abquetschen nach DVGW-Arbeitsblatt G 452-2 und Blasensetzen nach DVGW-Arbeitsblatt G 465-2. Die Absperrverfahren sind für Netzerweiterungsmaßnahmen, Reparaturarbeiten oder Unterbrechung des Gasflusses im Havariefall von Bedeutung. Die Verfahren wurden an verschiedenen Kunststoffrohrleitungen überprüft und auf ihre Eignung in Bezug auf die mit reinem Wasserstoff betriebene Infrastruktur unter realen Bedingungen getestet.

Abquetschen beschreibt eine Technologie, welche mittels einer Rohrpresse die Ober- und Unterseite der Rohrleitung aufeinanderpresst. Die Vorrichtung besteht dabei aus zwei Klemmen, wovon eine beweglich angebracht ist. Diese wird über einen Hydraulikzylinder oder für kleinere Nennweiten über ein Schraubgewinde bewegt. Die Kunststoffleitungen werden zusammengequetscht bis die Rohrinnenwände flach übereinander liegen. Hierdurch soll der Gasfluss vollständig unterbrochen werden. Aufgrund der geringen Dichte von Wasserstoff können bereits kleinste Unebenheiten an der Quetschstelle zu Undichtigkeiten und einem Weiterströmen des Gases durch die Quetschstelle führen. Gemäß Empfehlung des DVGW-Merkblatt GW 332 ist die Technologie nur für kleine Betriebsdrücke (< 1 bar) anzuwenden [2, 3].

Die Technologie Blasensetzen beschreibt die Absperrung des Gasflusses mittels Absperrblasen. Zunächst wird eine Aufschweißmuffe auf die Rohrleitung geschweißt. Über eine auf der Muffe befestigte Schleuse wird die

Infokasten

An einem Tag der offenen Tür können die Wasserstoff-Testinfrastruktur HYPOS H2-Netz sowie das Projekt HYPOS H2-Home am Standort Chemiepark Bitterfeld-Wolfen besichtigt werden. Über folgenden Code erhält man genaue Informationen zur Besichtigung, zum Veranstaltungsort und zur Anmeldung.

Rohrleitung angebohrt und ein Gasaustritt verhindert. Auf die Schleuse wird schließlich das Blasensetzgerät montiert. Die Blase wird über das Gestänge in die Rohrleitung eingebracht und mit Stickstoff befüllt. Um Arbeiten innerhalb eines Rohrleitungsabschnittes durchführen zu können, ist es erforderlich den Gasfluss beidseitig zu unterbrechen. Zur Erhöhung der Sicherheit wird jeweils auf beiden Seiten zusätzlich eine Blase eingebracht. Die der Druckseite zugewandten Blasen werden dabei als Druckblasen (**Bild 3**, Nr. 1+4) und die dem Arbeitsbereich zugewandten Seite als Dunstblasen (**Bild 3**, Nr. 2+3) bezeichnet. Als Voraussetzung für die Absperrtechnologie gilt, dass diese nur unter Verwendung geeigneter Blasen bis zu einem Leitungsdruck von 4 bar (je nach Sperrsystem nur bis max. 1 bar) zulässig ist. Der Blaseninnendruck muss dabei 8 bar betragen (bzw. 2,5 bar bei 1 bar Sperrsystem), um die Abdichtung durch die Blasen gewährleisten zu können [4].

Es wurde jeweils eine Versuchsreihe im Hochdruck- (HD, DP 10) und Mitteldruckbereich (MD, DP 1) des Netzes durchgeführt (**Bild 4**).

Die Versuchsreihe im MD-Bereich umfasst das Abquetschen der Rohrleitung, sowie angeschlossene Messungen des Rückformungsverhaltens der Rohrleitung und die mehrtägige Permeationsmessung. Die Versuchsreihe soll Aufschluss über die Auswirkung der Deformierung auf die Rohrleitungseigenschaften geben.

Der Versuch im HD-Bereich umfasst die Überprüfung von Abquetschen und Blasensetzen. Die Technologien wurden an drei verschiedenen Kunststoffleitungen angewendet. Dabei wurden Leckagemessungen zur Überprüfung der Dichtigkeit der jeweiligen Technologie durchge-

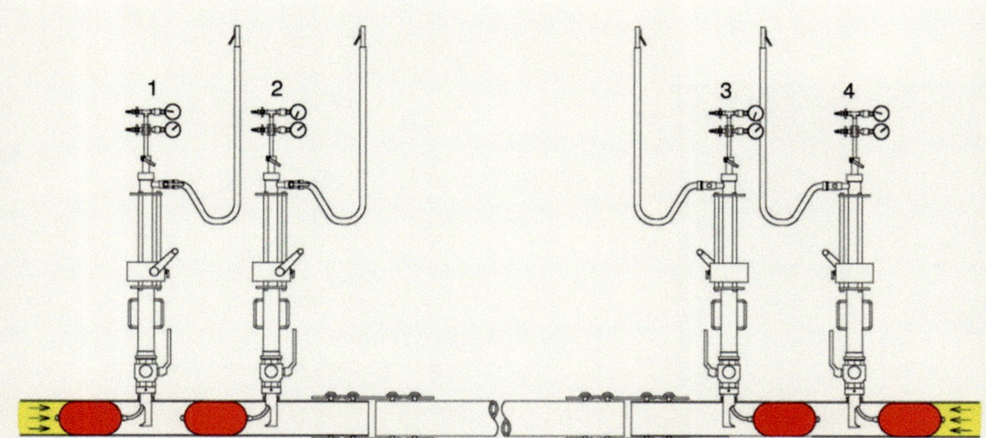

Bild 3: Absperren mit 4 Blasensetzgeräten [4]

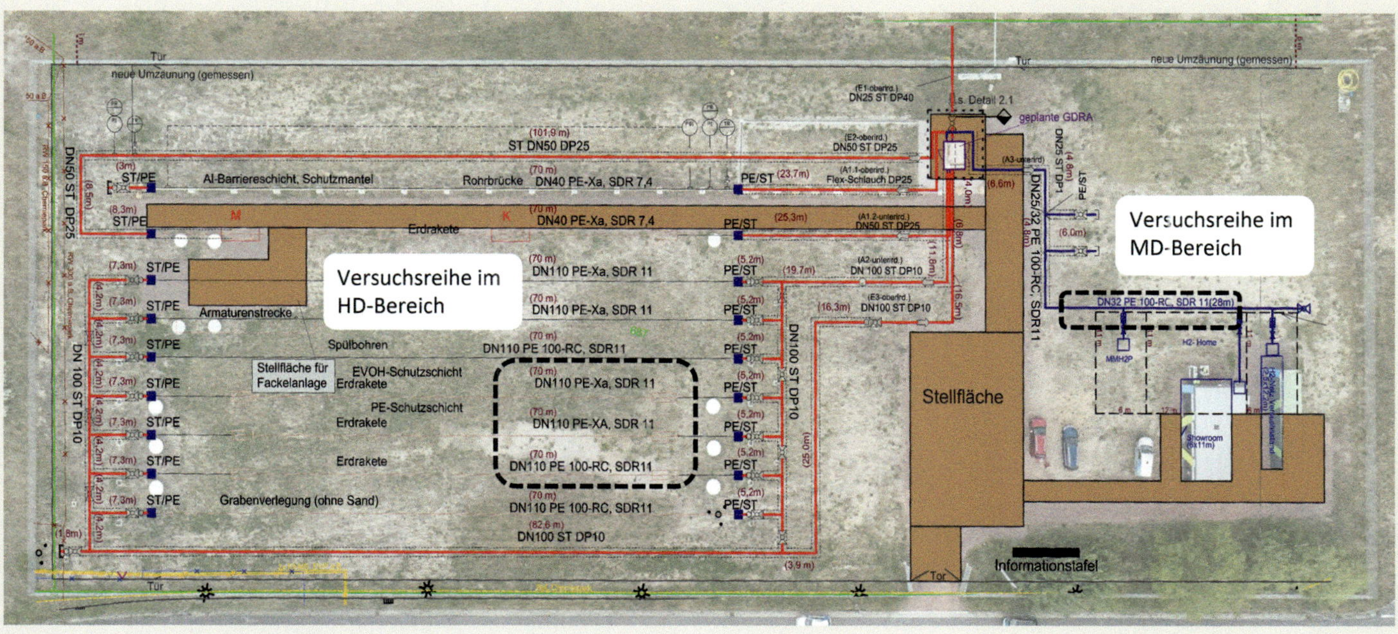

Bild 4: Versuche zu Absperrverfahren Abquetschen und Blasensetzen

Bild 5: PE-Rohr Rohrpresse DN 32-63

Bild 6: Messung des Rückformungsverhalten der DN32, PE 100-RC, SDR11 Rohrleitung

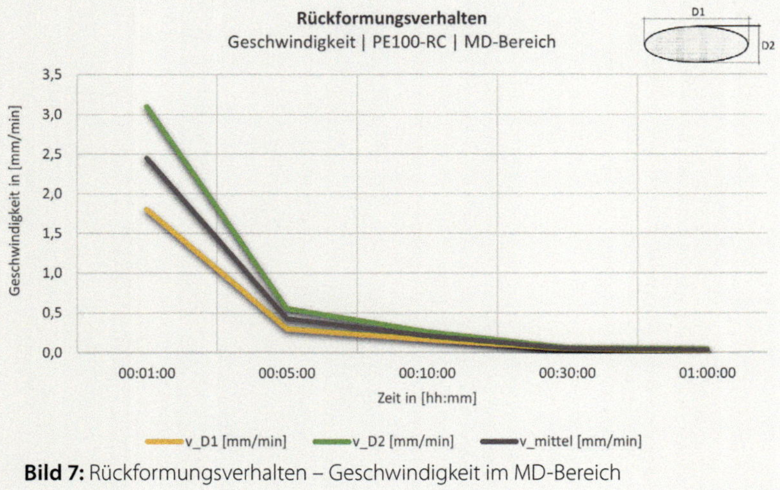

Bild 7: Rückformungsverhalten – Geschwindigkeit im MD-Bereich

führt. Im Zuge des Abquetschens wurden, entsprechend der Versuchsreihe im MD-Bereich, das Rückformungsverhalten der unterschiedlichen Kunststoffe und das permeierte Volumen über mehrere Tage gemessen.

3.1 Versuchsreihe im MD-Bereich

3.1.1 Versuchsbedingungen

Im MD-Bereich (DP 1) der Verteilnetzstruktur wurde die Absperrtechnologie Abquetschen überprüft. Hierzu wurde die mittels Erdrakete grabenlos verlegte Rohrleitung (DN32, PE 100-RC, SDR11) freigelegt und mit einer geeigneten Rohrpresse (**Bild 5**) abgesperrt.

Gemäß den Voraussetzungen und Empfehlungen aus dem DVGW-Merkblatt GW 332 wurden die in **Tabelle 1** gelisteten zulässigen Parameter eingehalten:

Tabelle 1: Versuchsbedingungen des Abquetschversuchs im MD-Bereich

Temperatur	DVGW GW332	Versuchsbedingungen
Temperatur	≥ + 5 °C	16,84 °C
Wanddicke	≤ 10 mm	3,0 mm
Abquetschgrad	0,8	0,8
Betriebsdruck	≤ 1 bar	0,34 bar

3.1.2 Versuchsauswertungen

Rückformungsverhalten

Nach Rückbau der Abquetschvorrichtung wurde zu definierten Zeitpunkten innerhalb eines Zeitraums von 60 min jeweils eine Messung des horizontalen und vertikalen Leitungsquerschnitts durchgeführt. Ziel der Messung war es, die Materialeigenschaften des Kunststoffes zu testen und zu überprüfen, ob eine manuelle Rückrundung der Quetschstelle erforderlich ist (**Bild 6**).

Das Geschwindigkeits-Zeit Diagramm in **Bild 7** zeigt, dass innerhalb von 5 min eine starke Rückverformung gemessen werden konnte. Im Zeitraum von 5-30 min nach Öffnung der Rohrpresse reduzierte sich die Geschwindigkeit deutlich unter 0,5 mm/min. Ab 30 min nach Entfernen der Rohrpresse konnten nur sehr geringe Rückverformungen verzeichnet werden.

Die gemessenen horizontalen (D1) und vertikalen (D2) Durchmesser weisen eine Abweichung zum unverformten Rohrdurchmesser von 5,7 cm (D1) und 4,7 cm (D2) auf. Die relative Abweichung liegt demnach bei 18,6 % (D1) und 15,2 % (D2) (**Bild 8**). Entsprechend der Ergebnisse ist das Betreiben der Rohrleitung, ohne zusätzliche manuelle Rückrundung nicht zu empfehlen.

Permeations- und Leckagemessung

Anschließend an die Untersuchung des Rückformungsverhaltens wurde die Beschädigung der Rohrleitung durch den Einsatz der Rohrpresse überprüft. In einem Zeitraum von 360 h wurde mit Hilfe der von DBI Gas- und Umwelttechnik GmbH entwickelten Permeationsmesszelle die permeierte Gasmenge an der Quetschstelle und am unbeschädigten Rohr gemessen und miteinander verglichen. Die Messzelle umschließt dabei das Rohr und ermöglicht es, das permeierte Gas über einem bestimmten Zeitraum im Innenraum der Messzelle aufzufangen. Über einen entsprechenden Anschluss an der Messzelle können Gasproben aus dem Inneren entnommen und labortechnisch auf den Wasserstoffanteil untersucht werden (**Bild 9**).

Die Ergebnisse in **Bild 10** zeigen, dass sich die Permeationsraten zwischen dem durch die Rohrpresse beschädigten und dem unbeschädigten Rohr nur marginal voneinander unterscheiden. Im Messzeitraum von 360 h wurde ein permeiertes Volumen von ca. 15 cm³ gemessen. Im konkreten Fall ist die Permeationsrate am unbeschädigten Rohr minimal größer. Die Abweichungen liegen im Bereich der Messunsicherheit und können durch Materialinterferenzen und Temperaturunterschiede verursacht worden sein.

Entsprechend der Versuchsbedingungen konnte keine nachhaltige Beschädigung der Rohrleitung durch die Absperrtechnologie Abquetschen nachgewiesen werden.

3.2 Versuchsreihe im HD-Bereich

Im HD-Bereich (DP 10) der Verteilnetzstruktur wurden die Absperrtechnologien Abquetschen und Blasensetzen überprüft. Die Versuche wurden mit freundlicher Unterstützung der Hütz + Baumgarten GmbH & Co. KG durchgeführt. Für die Versuchsreihe wurden drei mittels Erdrakete grabenlos verlegte Netzabschnitte freigelegt. Die Abschnitte unterscheiden sich hinsichtlich der verwendeten Rohrmaterialien. Die untersuchten Verteilnetzabschnitte (VN) sind in **Tabelle 2** aufgelistet.

3.2.1 Versuchsbedingungen

Absperrtechnologie Blasensetzen

Gemäß den Handhabungshinweisen von Hütz + Baumgarten wurden für den Blasensetzversuch die zulässigen Parameter wie in **Tabelle 3** aufgelistet eingehalten.

Zur Überprüfung der Dichtheit der Absperrung mittels Absperrblasen wurden in Gasflussrichtung eine Absperrblase gesetzt. Über ein weiteres Blasensetzgerät wurde ein Balgengaszähler (BK-G2,5) angeschlossen. Der Rohrabschnitt nach der Absperrblase wurde entspannt und ein gasfreier Zustand hergestellt. Die Besonderheit der Versuchsreihe ist, dass die Dichtheit bei einem Sperrdruck von 4 bar überprüft wurde.

Absperrtechnologie Abquetschen

Gemäß den Voraussetzungen aus dem DVGW-Merkblatt GW 332 wurden für den Abquetschversuch die zulässigen Parameter eingehalten, wie in **Tabelle 4** ersichtlich.

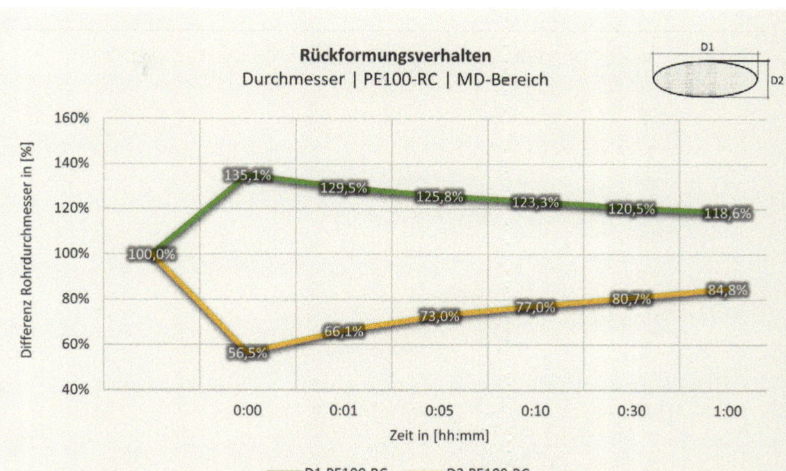

Bild 8: Rückformungsverhalten – Durchmesser im MD-Bereich

Bild 9: Vergleichsmessung der Permeationsrate zwischen durch Abquetschen beschädigtem Rohrabschnitt und unbeschädigtem Rohrabschnitt

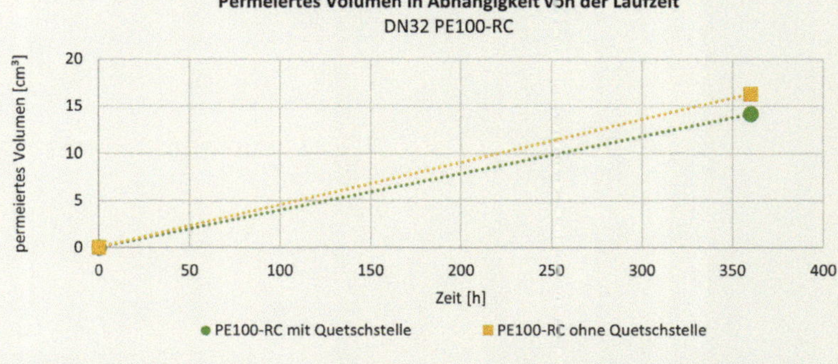

Bild 10: Vergleich des permeierten Volumens zwischen durch Abquetschen beschädigtem Rohrabschnitt und unbeschädigtem Rohrabschnitt im MD-Bereich

Tabelle 2: Untersuchte Verteilnetzabschnitte im HD-Bereich

VN	DN	SDR	Bezeichnung
6	110	11	PE-Xa mit EVOH-Schutzschicht
7	110	11	PE-Xa mit PE-Schutzschicht
8	110	11	PE 100-RC

Tabelle 3: Versuchsbedingungen des Blasensetzversuch im HD-Bereich

Parameter	Hütz + Baumgarten	Versuchsbedingungen		
		VN6	VN7	VN8
Temperatur	5 bis 65 °C	22,0 °C	23,1 °C	23,1 °C
Außendurchmesser	90 – 225 mm	110 mm		
Betriebsdruck	≤ 4 bar	4 bar		

Tabelle 4: Versuchsbedingungen des Abquetschversuchs im HD-Bereich

Parameter	DVGW GW332	Versuchsbedingungen		
		VN6	VN7	VN8
Temperatur	≥ + 5 °C	24,4 °C	19,2 °C	19,2 °C
Wanddicke	≤ 10 mm	10 mm		
Abquetschgrad	0,8	0,8		
Betriebsdruck	≤ 1 bar	1 bar		

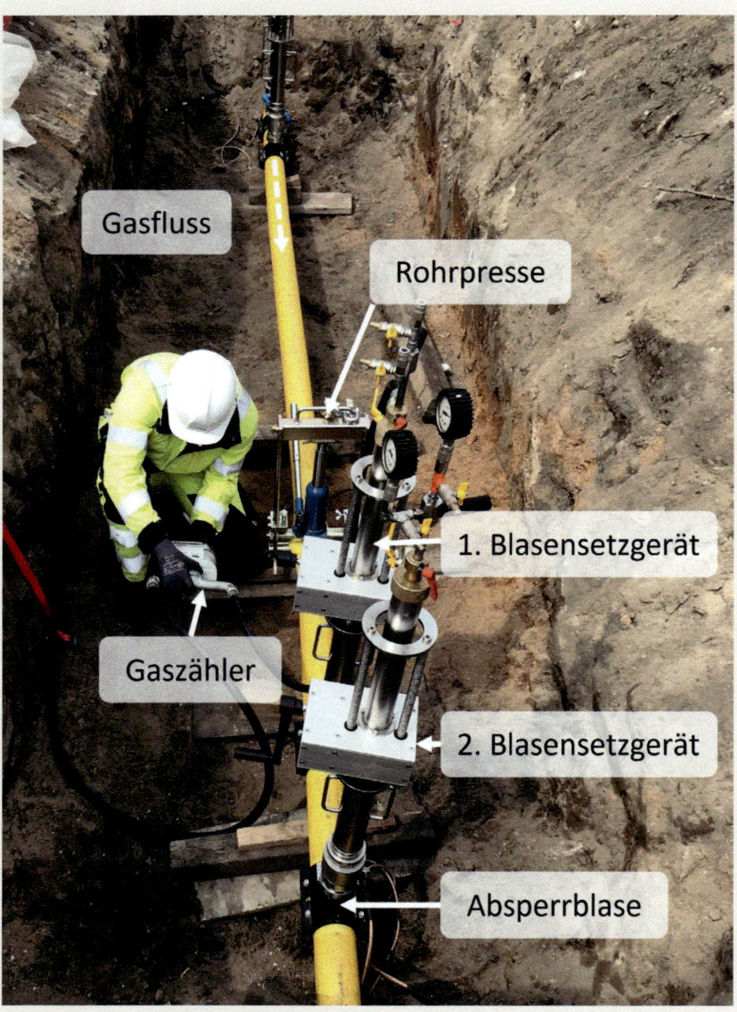

Bild 11: Versuchsaufbau des Abquetschversuchs im HD-Bereich

Die Versuchsreihe zur Überprüfung der Absperrtechnologie Abquetschen ist nachfolgend beschrieben. In Gasflussrichtung wurde zunächst die Rohrpresse angebracht. Über ein erstes Blasensetzgerät wurde der Balgengaszähler (BK-G2,5) angeschlossen. Über dieses Blasensetzgerät wurde keine Absperrblase in die Rohrleitung eingebracht. Dieses diente dem Anschluss des Gaszählers über einen Entgasungsschlauch. Über das zweite Blasensetzgerät wurde mit einer Absperrblase die Rohrleitung abgesperrt. Ein Entweichen von Schleichgas über die Absperrung mittels Absperrblase konnte in einer Vorbetrachtung unter den in **Tabelle 3** aufgeführten Versuchsbedingungen ausgeschlossen werden. Die Versuchsreihe wurde bei einem Sperrdruck von 1 bar durchgeführt. Der Versuchsaufbau für die drei Abschnitte ist in **Bild 11** dargestellt.

3.2.2 Versuchsauswertung

Rückformungsverhalten

Der Verlauf der Rückformungsgeschwindigkeit deckt sich mit den Ergebnissen aus dem MD-Bereich. Innerhalb der ersten 5 min ist die Rückformungsgeschwindigkeit besonders hoch. Ab 30 min nach Öffnung der Rohrpresse formen sich die Rohre nur noch geringfügig zurück. In **Bild 12** sind die relativen Verhältnisse der Durchmesser der gemessenen Rohrleitungen im HD-Bereich dargestellt. Die PE-Xa Rohrleitung mit PE-Schutzschicht und die PE-Xa Rohrleitung mit EVOH-Schutzschicht weisen ein ähnliches Rückformungsverhalten auf. Die Abweichung der Durchmesser beträgt eine Stunde nach Öffnung 10,3 % (D1) und 6,1 % (D2). Eine geringfügig schlechtere Rückformung konnte bei der PE100-RC Rohrleitung nachgewiesen werden. Die Abweichung der Durchmesser beträgt eine Stunde nach Öffnung 13,9 % (D1) und 10,8 % (D2). Im direkten Vergleich mit den Versuchen aus dem MD-Bereich kann im HD-Bereich ein besseres Rückformungsverhalten der Rohrleitungen verzeichnet werden. Aufgrund der größeren Durchmesser der Rohrleitungen und entsprechend den Ergebnissen ist das Betreiben der Rohrleitung, ohne zusätzliche manuelle Rückrundung, unbedenklich. Ein zusätzlicher Arbeitsschritt zur Rückrundung der Rohrleitungen ist nicht notwendig.

Permeationsmessung

Die Permeationsmessung erfolgte jeweils an der durch die Rohrpresse beschädigten Stelle und an einer unbeschädigten Stelle desselben Abschnittes. Die Messung am VN6 in **Bild 13** zeigt, dass eine Beschädigung der Rohrleitung nachgewiesen werden konnte. Das permeierte Volumen von ca. 190 cm^3 nach etwa 330 h ist dennoch sicherheitstechnisch unbedenklich.

Die Mesergebnisse der beiden Abschnitte VN7 und VN8 zeigen, dass jeweils das permeierte Volumen an der beschädigten Stelle und an der unbeschädigten Stelle nahezu identisch ist. Demnach kann keine Beschädigung der Rohrleitung durch Abquetschen nachgewiesen werden (**Bild 14** und **15**).

Dichtheitsuntersuchung und Leckagemengenmessung

Die Mittelwerte der Leckagemengenmessung der Absperrtechnologien sind in **Bild 16** dargestellt. Es erfolgten jeweils drei Messungen über 10 min. Die Ergebnisse zeigen, dass die Absperrtechnologie Blasensetzen unter den beschriebenen Versuchsbedingungen für den Einsatz in Wasserstoffinfrastrukturen geeignet ist.

Die Absperrtechnologie Abquetschen übersteigt den in der DGUV-Regel 100-500 festgelegten Grenzwert von 30 l/h = 0,5 dm³/min [4]. Die Absperrung am VN6 liegt dabei nur geringfügig über dem Grenzwert. Die Abschnitte VN7 und VN8 liegen deutlich darüber. Die Versuchsergebnisse zeigen, dass die Absperrtechnolgie Abquetschen unter den beschriebenen Versuchsbedingungen für den Einsatz in Wasserstoffinfrastrukturen nicht geeignet ist.

4. Fazit

Zusammenfassend zeigen die Versuche, dass die Absperrtechnologie Abquetschen für die getesteten Kunststoffrohrleitungen der Wasserstoffinfrastruktur nicht geeignet ist. Wenngleich bei kongruenten Bedingungen die PE-Xa Leitungen im Gegensatz zur PE 100-RC Leitung eine niedrigere Leckagerate aufweist, übersteigen die gemessenen Raten jedoch die zulässigen Grenzwerte der DGUV-Regel 100-500. Im Havariefall kann mittels Abquetschen in kurzer Zeit der Gasfluss unterbrochen werden, um die Gefahrenquelle zu beseitigen. Damit die Technologie im Bereich Wasserstoff einsetzbar ist, gilt es die spezifische Anpassungsentwicklungen voranzutreiben.

Die Absperrtechnologie Blasensetzen kann im Gegensatz dazu unter Berücksichtigung der zulässigen Betriebsdrücke uneingeschränkt für den Betrieb von Wasserstoffnetzen verwendet werden. Unter den beschriebenen Versuchsbedingungen konnte eine vollständige Eignung in Bezug auf Wasserstoff nachgewiesen werden.

Das dieser Veröffentlichung zugrunde liegende Vorhaben wurde mit Mitteln des Bundesministeriums für Bildung und Forschung im Rahmen der Fördermaßnahme „Zwanzig20 – Partnerschaft für Innovation" unter dem Förderkennzeichen 03ZZ0708A-E gefördert.

GEFÖRDERT VOM

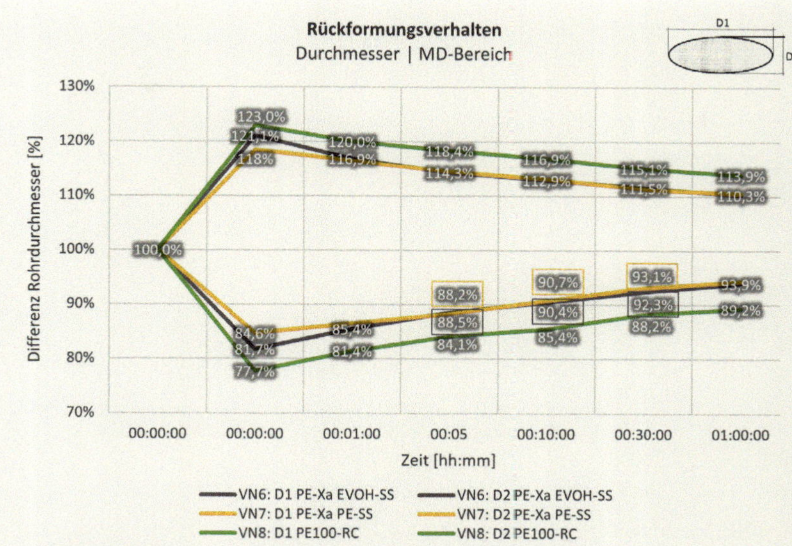

Bild 12: Rückformungsverhalten – Durchmesser im HD-Bereich

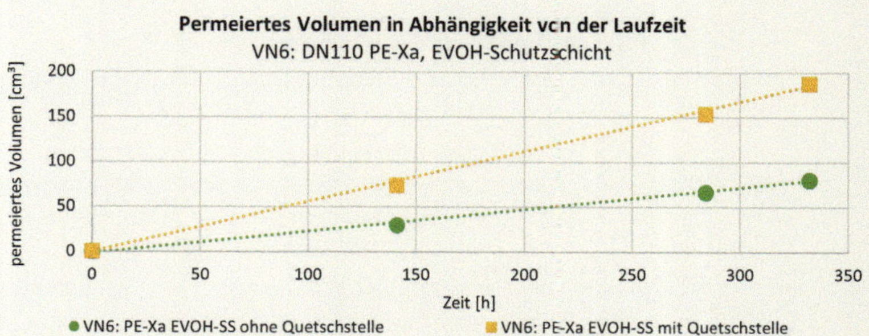

Bild 13: Vergleich des permeierten Volumens zwischen durch Abquetschen beschädigtem Rohrabschnitt und unbeschädigtem Rohrabschnitt VN6

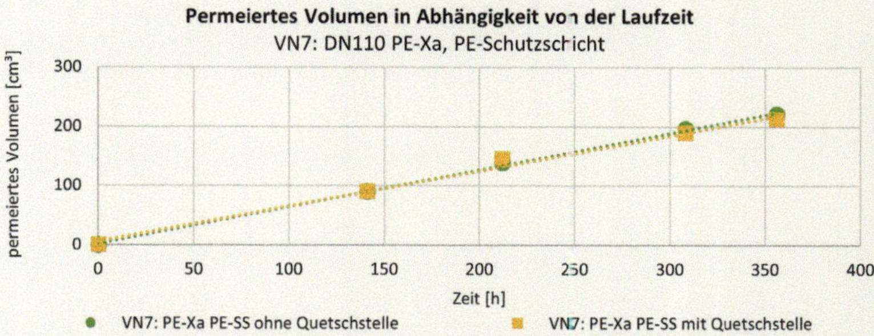

Bild 14: Vergleich des permeierten Volumens zwischen durch Abquetschen beschädigtem Rohrabschnitt und unbeschädigtem Rohrabschnitt VN7

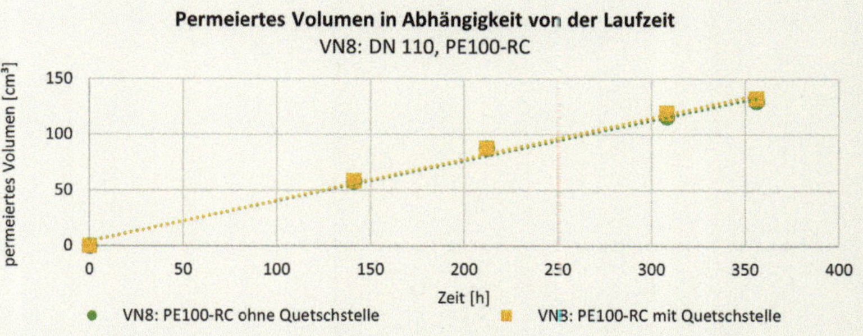

Bild 15: Vergleich des permeierten Volumens zwischen durch Abquetschen beschädigtem Rohrabschnitt und unbeschädigtem Rohrabschnitt VN8

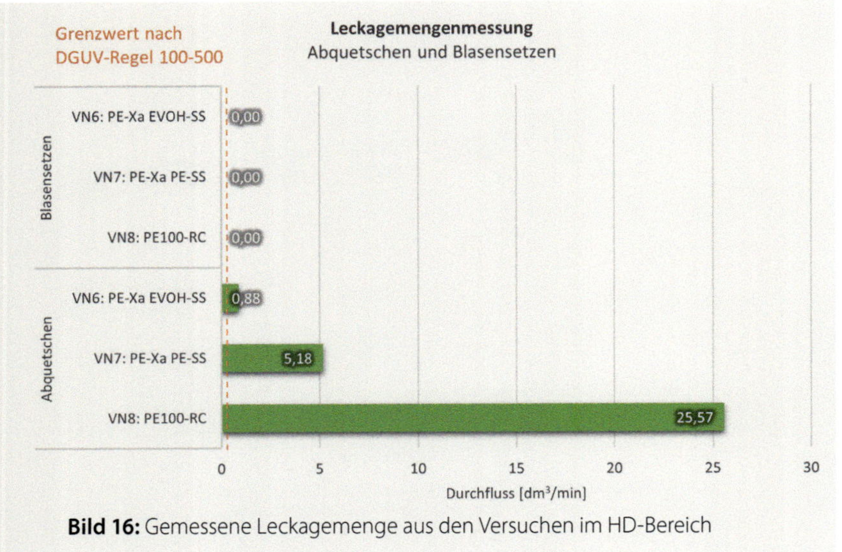

Bild 16: Gemessene Leckagemenge aus den Versuchen im HD-Bereich

Literatur

[1] Bundesministerium für Wirtschaft und Energie (BMWi): Die Nationale Wasserstoffstrategie; Juni 2020

[2] *Bilsing, A.; Wenzel, M.* und *Postma, P.:* Abquetschen und Rückrunden von Kunststoffrohren – Untersuchung und Bewertung der Erweiterung der Anwendung auf Betriebsdrücke > 1 bar und neue Materialien; DVGW; März 2017

[3] DVGW-Merkblatt GW 332; September 2001: Abquetschen von Rohrleitungen aus Polyethylen in der Gas- und Wasserverteilung

[4] Hütz+Baumgarten GmbH & Co. KG: Original-Gebrauchsanleitung Anbohren und Blasensetzen mit dem Einzelblasensetzgerät mit Vordruckmessung DN 80 – 200 bis max. 4 bar Leitungsdruck; https://www.huetz-baumgarten.de/assets/Uploads/Downloads-und-PDFs/BA-360-500.pdf; abgerufen am 16.07.2021

[5] Deutsche Gesetzliche Unfallversicherung e.V. (DGUV): DGUV-Regel 100-500: Betreiben von Arbeitsmitteln, Kapitel 2.31: Arbeit an Gasleitungen; März 2007

Autoren

M.Eng. **Robin Pischko**
Hochschule für Technik Wirtschaft und Kultur Leipzig, DBI Gas- und Umwelttechnik GmbH |
Leipzig |
Tel: +49 341 2457-125 |
robin.pischko@dbi-gruppe.de

Prof. Dr.-Ing. **Robert Huhn**
Hochschule für Technik Wirtschaft und Kultur Leipzig |
Tel: +49 341 3076 4123 |
robert.huhn@htwk-leipzig.de

Dipl.-Ing. (FH) **Marco Henel**
DBI Gas und Umwelttechnik GmbH |
Leipzig |
Tel.: +49 341-2457124 |
marco.henel@dbi-gruppe.de

Wasserstoff aus Verteilnetzsicht – Beimischung oder 100 %?

Jörg Heinen, Stefan Stollenwerk und Martin Wiggering

Gasnetz, Verteilnetz, Wasserstoff, Wasserstoffgemisch

Anhand öffentlich zugänglicher Daten und relevanter technischer Parameter wird der aktuelle Stand der Wasserstoffintegration in öffentliche Gasnetze auf deutscher und europäischer Ebene untersucht. Die Ergebnisse werden diskutiert und um Kapazitätsanalysen zur Umstellung von Erdgas-Verteilnetzen auf eine Wasserstoff-Infrastruktur ergänzt. Diese Untersuchungen behandeln die technischen Auswirkungen einer Wasserstoffbeimischung in Erdgasnetze sowie einer vollständigen Substitution des Energieträgers Erdgas durch Wasserstoff auf Verteilnetzebene. Daran schließt sich die Vorstellung eines in der Planung befindliches Wasserstoff-Inselnetzes an. Neben der Beschreibung der geplanten Infrastruktur werden anhand von Speichersimulationen an diesem konkreten Beispiel auch die Potenziale einer wasserstoffbasierten Energieversorgung beleuchtet.

Hydrogen from the DSO's perspective – Admixture or 100 %?

Based on publicly accessible data and relevant technical parameters, the current status of integration of hydrogen into public gas grids in Germany and in Europe is investigated. The results are discussed and completed by capacity analyses treating the conversion of natural gas grids to hydrogen. These investigations deal with the implications of hydrogen addition to the natural gas grids as well as with the complete substitution on the distribution level. This is followed by the portrayal of a currently planned specific hydrogen microgrid. The potentials of a hydrogen based energy supply are outlined by simulations of the relevant storage capacities.

1. Status der Wasserstoffeinspeisung in das europäische Erdgasnetz

Eine Abfrage der europäischen Organisation der Regulierungsbehörden ACER in 2019 bei Gastransportnetzbetreibern ergab, dass die erlaubte Bandbreite der Einspeisung in Erdgastransportnetze derzeit zwischen 0,1 und 10 Vol.-% Wasserstoff liegt. In vielen Ländern der EU ist eine H_2-Einspeisung in allgemeine Versorgungsnetze grundsätzlich untersagt. Das europäische Komitee für Standardisierung (CEN) empfiehlt aufgrund fehlender gemeinsamer Regelungen daher bei Einspeisebegehren eine Einzelfallprüfung und warnt vor einer Fragmentierung des Gasmarktes [1]. Dies ist insbesondere bei einer weiteren Zunahme der Einspeisung aus Power-to-Gas-Anlagen (Elektrolyseure) zu erwarten, wenn keine gemeinsamen, grenzüberschreitenden Regelungen gefunden werden. In diesen sollen z. B. verbindliche Wobbewerte für die Gasbeschaffenheiten der zu erwartenden Mischgase festgelegt werden, die anschließend über die nationalen Gremien in das technische Regelwerk Eingang finden.

Dieser Status ist eine erhebliche Markteintrittshürde für den weiteren Ausbau der Einspeisung und steht im Gegensatz zu den auch von der gesamten Gasbranche gestützten Wasserstoffausbauszenarien in der existierenden Gasinfrastruktur in Europa [2].

Die größten Hindernisse sind fehlende Regelwerke aufgrund nicht gelöster Sicherheitsfragen und aktuelle Limitierungen bei Anwendern, die nur eine geringe Wasserstofftoleranz ausweisen und dadurch die Netzbetreiber zwingen, Einspeisebegehren abschlägig zu bewerten.

Die für die europäische Regelsetzung maßgebliche CEN/CENELEC (Working Group Hydrogen) hat 2016 in einer Stellungnahme die maßgeblichen sicherheitstechnischen Aspekte von Wasserstoff adressiert und die daraus abzuleitenden Maßnahmen zusammen mit Forschungsprogrammen wie Horizon 2020 und jetzt Horizon Europe vorgeschlagen [3].

Dabei werden vor allem folgende Bereiche priorisiert:

1. **Pipeline-Integrität**, d. h. der nachhaltig sichere Betrieb mit Wasserstoff-/Erdgasmischungen in allen Netzbetriebsmitteln.
2. **Mess- und Regeltechnik.** Die Einführung wasserstofftauglicher Messgeräte (z. B. PGCs) und Brennwertrekonstruktionssysteme, die eine eichrechtlich konforme Messung und Berechnung der abrechnungsrelevanten Parameter in allen Einspeisezuständen des Netzes erlauben.
3. **Reinigungs- und Trenntechnologien**, zur bedarfsgerechten Trennung der Erdgas/Wasserstoffmischungen, wie Membranverfahren. Hierbei sollen überwiegend die Grenzbereiche der möglichen Mischungen betrachtet werden, also wasserstoffarme/erdgasreiche und wasserstoffreiche/erdgasarme Mischungsverhältnisse, die vor Ort aufgereinigt werden können. Dies betrifft z. B. Sondervertragskunden, die produktionsseitig besondere Anforderungen an die Gasbeschaffenheit haben.

Die größte sicherheitstechnische Aufgabe entsteht bei Stahlleitungen, die durch Wasserstoff wesentlich stärker als im Regelbetrieb verspröden und korrodieren können [4]. Wasserstoff tritt insbesondere bei hohen Drücken und längeren Zeiträumen in unbehandelten Stahl ein und dissoziiert dabei. Dadurch wird er chemisch aktiv und kann neue Verbindungen eingehen, die die Stahlstruktur nachhaltig verändern und schließlich schwächen und abbauen. Dies führt zu sicherheitstechnisch relevanter Lochkorrosion oder möglichen Materialbrüchen. Verfügt das Material über eine ‚native Oxidschicht', wird das Eintreten verlangsamt. Es ist also notwendig, alle Stahlkomponenten im Netz auf Wasserstoffkompatibilität zu bewerten.

Es gibt dazu erste Projekte, die systematische Messungen der Materialien unter den neuen Praxisbedingungen durchführen. Daraus sollen Maßnahmen wie veränderte Wartung und Überwachung zum Schutz der Pipelines und Armaturen erarbeitet werden (z. B. im HIGGS-Projekt [5]). Die höhere Permeabilität, also die Diffusion von Wasserstoff durch Pipelines, ist auch relevant, da die physikalischen Eigenschaften diesbezüglich ungünstiger als bei Erdgas sind.

Anwendungstechnische Limitierungen können z. B. bei Gasturbinen, Porenspeichern, CNG Tanks in Erdgasfahrzeugen vorliegen und müssen bei Einspeiseanliegen netzspezifisch geprüft werden. Bei industriellen thermischen Prozessen, die ein konstantes Flammenbild bzw. eine konstante Wärmeleistung benötigen, muss Wasserstoff entfernt werden. Mischgase aus Erdgas und Wasserstoff sind aufgrund deutlich unterschiedlicher Gaseigenschaften (Dichte, Brennwert, Flammgeschwindigkeiten) anwendungstechnisch problematisch. Brennstoffzellensysteme sind daher entweder auf einen Erdgasbetrieb oder einen Wasserstoffbetrieb ausgelegt. Deshalb sind auch die zuvor erwähnten Membrantechnologien notwendig, z. B. um die erforderliche Wasserstoffreinheit für Brennstoffzellen beim Anwender sicherzustellen.

Aus den genannten Hindernissen heraus akzeptieren Netzbetreiber die Wasserstoffeinspeisung in Transportnetze und teilweise auch in anderen Hochdrucknetzen nur in geringen Mengen als Zusatzgas bis etwa 2 %, bei fehlender wasserstofffähiger Messtechnik nur unter 0,2 %.

Verteilnetze umfassen in Deutschland auch Hochdrucknetze, dieser Begriff wird in Europa sehr unterschiedlich genutzt. In Verteilnetzen mit geringer Druckstufe und überwiegenden Wärmemarktanwendungen liegt i. d. R. eine geringere Abnahme und ein stärker temperaturabhängiges Absatzprofil vor. Die dort verwendeten Materialien sind Kunststoffe oder niedriglegierte Stähle, so dass die Sicherheitseinschränkungen deutlich geringer sind.

In diesen Netzen sind jedoch auch höhere Beimischgrenzen in verbrauchsschwachen Sommermonaten schnell erreicht und damit ebenso das Erdgassubstitutionspotenzial, welches die CO_2-Reduktion der Einspeisemaßnahme bestimmt. Eine ganzjährige Sektorenkopplung ist damit nur begrenzt möglich, sodass eine Erhöhung und Vereinheitlichung der Einspeisemengen auf der Hochdrucknetzebene ein wichtiger Hebel zur Erhöhung der Einspeisemengen bleibt.

2. Status der Wasserstoffeinspeisung in Deutschland

Deutschland hat in Europa derzeit die höchste technisch mögliche Beimischquote mit bis zu 10 Vol.-% (bei Einhaltung der Gasbeschaffenheitsanforderung der DVGW G 260). Von den etwa 35 Power-to-Gas-Anlagen, die in Betrieb sind, speisen nur wenige in Transportnetze ein. OGE beispielsweise hat 2020 die erste Anlage in Betrieb genommen, Ontras verfügt über zwei Anlagen. Die übergeordneten Gründe hierfür sind bereits oben erläutert worden, bezogen auf das deutsche Regelwerk gilt: Existiert keine wasserstofftaugliche Gasmessung, liegt die Einspeisegrenze bei 0,1 % [6]. Hier gibt es erhebliche Anstrengungen der gesamten Branche, weitere Netzgebiete mit wasserstofftauglichen PGCs auszustatten und bei Bedarf Brennwertrekonstruktionssysteme nachzurüsten [7].

Einzelne Anlagen auf Transportebene speisen als Zielwert 2 % Wasserstoff als Zusatzgas ein. Damit erfüllt man auch die Anforderungen an CNG Tankstellen und die europäischen Werte der meisten Nachbarn an eine grenzüberschreitende Interoperabilität der Netze.

Zitat des FNB Gas e.V. aus der letzten Marktkonsultation der Bundesnetzagentur: „Beimischungen oberhalb der heute gültigen Restriktionen von 2 % Wasserstoff sehen wir als Ansatz für den Verteilernetzbereich sowie in Teilnetzen auf der Fernleitungsnetzebene" [8]. Diese Teilnetze werden auch als geschlossene Verteilnetze interpretiert [9].

In der Stellungnahme des DVGW vom 4. September 2020 zur Marktkonsultation der Bundesnetzagentur zur Regulierung von Wasserstoffnetzen wird ebenfalls zwischen Transport- und Verteilnetzebene unterschieden. Es werden zwar die gleichen Beimischquoten sowohl für das Regelwerk als auch im Ausbauziel formuliert, in der Kommentierung der Ausbauszenarien zeigt sich, dass der Bereich zwischen 20 % und 100 % Wasserstoff anders gesehen wird.

Ziel ist zunächst die Erhöhung der Beimischquote von 10 % auf 20 % und für eine Übergangsperiode eine zur Erdgasinfrastruktur parallele Infrastruktur mit reinen, neu zu errichtenden Wasserstoffnetzen. Im Erdgasnetz gilt dann die geringe Quote, weitere Klimaziele sollen dann mit synthetischen, erneuerbaren Gasen erreicht werden, die keine Regelwerkanpassung erfordern. Die neuen H_2-Inselnetze sollen entweder an das europäische Backbonenetz der Transportnetzbetreiber angeschlossen werden oder dezentral über Power-to-Gas-Anlagen aufgespeist werden. Eine schrittweise und kontinuierliche Erhöhung der Beimischquote über 20 Vol.-% H_2 hinaus wird nicht gefordert. Nachteilig an diesem Szenario ist jedoch die nur aus technischen, d. h. Regelwerkgründen, geforderte SNG-Einspeisung. Netzbetreiber können nach heutigem Rollenverständnis dessen Produktion nicht selber umsetzen und -im Gegensatz zu Wasserstoff- gibt es keine eigene Nachfrage nach SNG.

Im gleichen Papier wird richtigerweise angemerkt, dass fast 80 % des Erdgasabsatzes über das Verteilnetz an Letztverbraucher geliefert wird und dass der Wärmemarkt in den Ausbauszenarien nur ungenügend adressiert wird.

Neben den hier diskutierten Herausforderungen auf der Netzseite erfordert die Umstellung auf Wasserstoff die gleichen Überlegungen auf der Anwendungsseite. Wenn Verteilnetze zukünftig als reine H_2-Netze betrieben werden, müssen dafür sichere und effiziente Wärmetechnologien entwickelt werden. Die Brennstoffzellenentwicklung der letzten Jahrzehnte basierte im Wesentlichen auf erdgasbasierten Systemen, die nun durch wasserstoffbetriebene Systeme abgelöst werden. Konventionelle Brennersysteme, die in Industrie und Gewerbe Standard sind, haben derzeit nur eine geringe Wasserstofftoleranz. Es ist daher erforderlich, die netzseitigen Umstellungsszenarien zu konkretisieren und mit Herstelleraktivitäten zu synchronisieren.

3. Kapazitätsanalysen zur Umstellung von Erdgas-Verteilnetzen auf eine Wasserstoff-Infrastruktur

Im Rahmen einer Masterarbeit (Westnetz GmbH/FH Münster) ist untersucht worden, inwiefern die Gasverteilnetze der Westnetz GmbH unter dem Aspekt der Netzkapazität auf eine Wasserstoffinfrastruktur umgestellt werden können.

Kernthema der Untersuchungen sind die technischen Auswirkungen einer Wasserstoffbeimischung in Erdgasnetze sowie einer vollständigen Substitution des Energieträgers Erdgas durch Wasserstoff auf Verteilnetzebene mit dem Fokus möglicher Veränderungen der über die Netze übertragbaren Leistungen. Die zentrale Fragestellung besteht darin, ob mit Wasserstoff als Energieträger nach wie vor die Bereitstellung derselben thermischen Leistungen über die bestehende Infrastruktur möglich ist bzw. an welchen Stellen es zu Engpässen kommt.

Hierzu wird ein theoretischer Vergleich stationärer, kompressibler Fluidströmungen von Erdgas-H und Wasserstoff für die beiden Szenarien konstanter Netzdrücke und konstanter Leistungen vorgenommen.

Weiterhin werden praktische Untersuchungen in zuvor ausgewählten Verteilnetzen (DP1 bis DP16) in der Region Ems-Vechte über Netzsimulationen auf Basis realer Netzkenndaten durchgeführt. Einzelne Betriebsmittel in der Verteilnetzebene werden hinsichtlich einer Wassereinspeisung bewertet.

Da Wasserstoff nur ca. ein Drittel des Brennwertes von Erdgas aufweist, ist zur Übertragung der gleichen thermischen Leistung ein ca. dreimal größerer Volumenstrom erforderlich. Je höher der Brennwert des zu substituierenden Gases ist, desto größer wird dieses Verhältnis. Bei stationärer Betrachtung entspricht das Verhältnis der Normvolumenströme bei gleichen Leitungsgeometrien mithilfe der Kontinuitätsgleichung dem reziproken Verhältnis der Brennwerte gemäß Gl. (1).

$$\begin{aligned} P_{therm} &= \dot{V}_n \cdot H_s = c_n \cdot A \cdot H_s = const. \\ P_A = P_B &= c_{n,A} \cdot A \cdot H_{s,A} = c_{n,B} \cdot A \cdot H_{s,B} \\ \frac{\dot{V}_{n,B}}{\dot{V}_{n,A}} &= \frac{c_{n,B}}{c_{n,A}} = \frac{H_{s,A}}{H_{s,B}} = f \end{aligned} \tag{1}$$

hier:

$A \triangleq$ Erdgas – H (H_s = 11,4 kWh/m³)

$B \triangleq$ Wasserstoff (H_s = 3,54 kWh/m³)

f = 3,22

Gleichzeitig ist die Normdichte von Wasserstoff wesentlich geringer als die Normdichte von Erdgas. Auch die dynamische Viskosität von Wasserstoff ist niedriger als die von Erdgasen. Je größer der Wert der dynamischen Viskosität, desto schlechter ist die Fließfähigkeit des Gases.

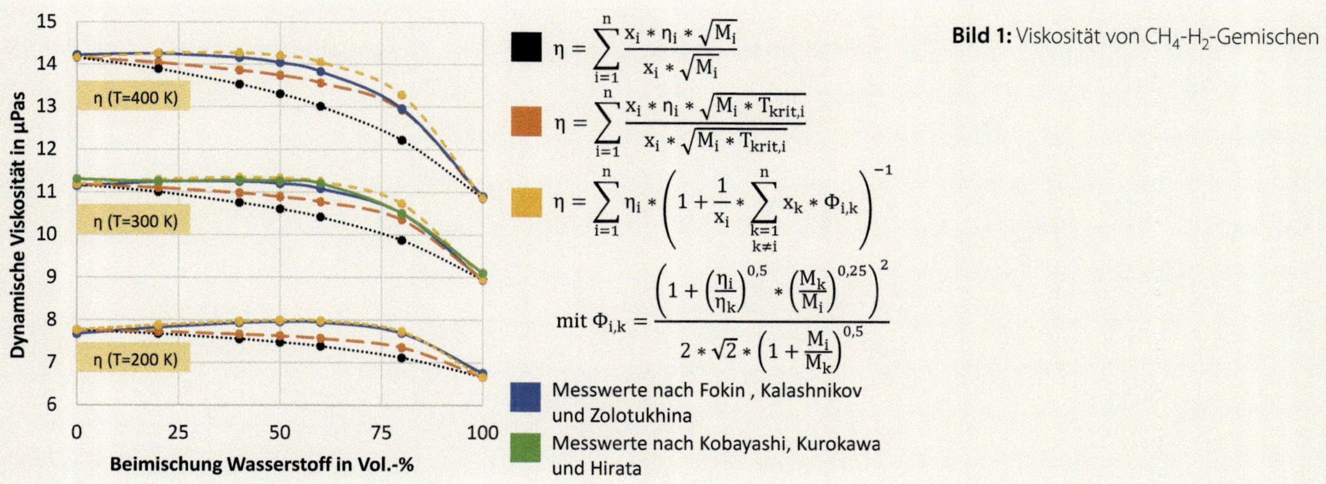

Bild 1: Viskosität von CH_4-H_2-Gemischen

Entgegen der Viskosität von Flüssigkeiten steigt die Viskosität von Gasen mit höheren Temperaturen an [10]. Über eine sukzessive Beimischung von Wasserstoff zum Erdgas fällt sowohl der Brennwert als auch die Dichte proportional ab. Die Viskosität hingegen verhält sich nicht linear zur Zusammensetzung, sondern ist oftmals größer als die der mittleren molaren Masse entsprechenden Viskosität [11]. Diese nimmt einen überproportionalen Verlauf an und fällt, wie in **Bild 1** dargestellt, erst ab Wasserstoffkonzentrationen größer 50 Vol.-% signifikant ab. Die Mischungsregel nach Wilke liefert hierbei die beste Approximation an reale Messwerte [12-14]. Somit verändern sich die strömungsrelevanten Parameter mit einer zunehmenden Beimischung von Wasserstoff grundlegend, was zu veränderten Druckverlusten bei einer Gasfortleitung führt.

Ein Vorteil von Erdgas gegenüber Wasserstoff ist die bessere Kompressibilität und einem damit verbundenen, geringeren Druckverlust aufgrund geringerer Strömungsgeschwindigkeiten bei realem Gasverhalten. Dieser Effekt wirkt sich vor allem bei hohen Drücken im überregionalen Transport (Fernleitungsnetze/HD-Netze auf Verteilnetzebene) aus. Die Druckverlustberechnungen sind unter Anwendung der Berechnungsgrundsätze der Westnetz GmbH als isotherme Expansionsströmung gemäß Gl. (2) angenommen worden [15].

$$p_2 = p_1 \cdot \sqrt{1 - \lambda \cdot \left(\frac{1}{d}\right) \cdot \left(\frac{\rho_{1,i}}{p_1}\right) \cdot c_{1,i}^2 \cdot K_m}$$
$$= p_1 \cdot \sqrt{1 - \lambda \cdot \left(\frac{1}{d}\right) \cdot \left(\frac{\rho_n}{p_n}\right) \cdot c_n^2 \cdot \left(\frac{T_1}{T_n}\right) \cdot K_m} \quad (2)$$

Auf Grundlage der zwei Szenarien der Druck- sowie Leistungskonstanz ist eine theoretische Druckverlustbetrachtung mit den in der Praxis angewandten, hydraulischen Berechnungsgleichungen durchgeführt worden. Hierbei ist eine Unterteilung der laminaren und turbulenten Strömungsverhalten nach *Hagen-Poiseuille, Blasius, Prandtl-Kármán, Prandtl-Colebrook* sowie *Nikuradse* vorgenommen worden. Die Gleichungen nach *Prandtl-Kármán* sowie *Nikuradse* für hydraulisch glatte und raue Rohre ergeben sich durch die Gewichtung der Einflüsse des Mediums und der relativen Rohrrauhigkeit automatisch als Grenzzustände der Formel nach *Prandtl-Colebrook* [10]. Bei einer Substitution der definierten Erdgas-H-Beschaffenheit durch reinen Wasserstoff ergibt sich für das Szenario der Druckkonstanz eine potenzielle, thermische Leistung von 38 % bei laminarem Strömungsverhalten, 81 % im hydraulisch glatten Rohr nach Blasius sowie 92 % im hydraulisch rauen Rohr nach *Nikuradse*.

Für das zweite Szenario der Leistungskonstanz ergeben sich große Unterschiede hinsichtlich der Veränderung der Druckverluste in Abhängigkeit der Netztopologien und Netzbelastungen. Pauschale Aussagen zur Veränderung des Netzdrucks sind daher nicht möglich. Die Abweichung des Absolutdrucks ist abhängig von den jeweiligen Anfangsbedingungen und netzspezifisch zu ermitteln. Grundsätzlich sind mit Wasserstoff gegenüber Erdgas-H qualitativ größere Druckverluste zu erwarten.

Hieraus lässt sich ableiten, dass eine Umstellung von Erdgas-H-Beschaffenheiten auf Wasserstoff mit Restriktionen verbunden ist. Bei gleichem Druckniveau sinkt das Potenzial der Leistungsübertragung ab. Bei gleicher Leistung sinkt andersherum das Druckniveau in den Netzen ab.

Die Beimischung von Wasserstoff in die jeweiligen Versorgungsnetze ist mithilfe von Netzsimulationen in 10 Vol.-%-Schritten durchgeführt worden. Zur Validierung der Ergebnisse wurden zusätzliche Vergleichsrechnungen mithilfe unterschiedlicher, in der Praxis angewandter Simulationsprogramme durchgeführt. Unter Annahme

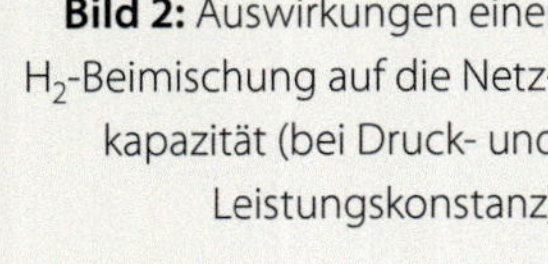

Bild 2: Auswirkungen einer H_2-Beimischung auf die Netzkapazität (bei Druck- und Leistungskonstanz)

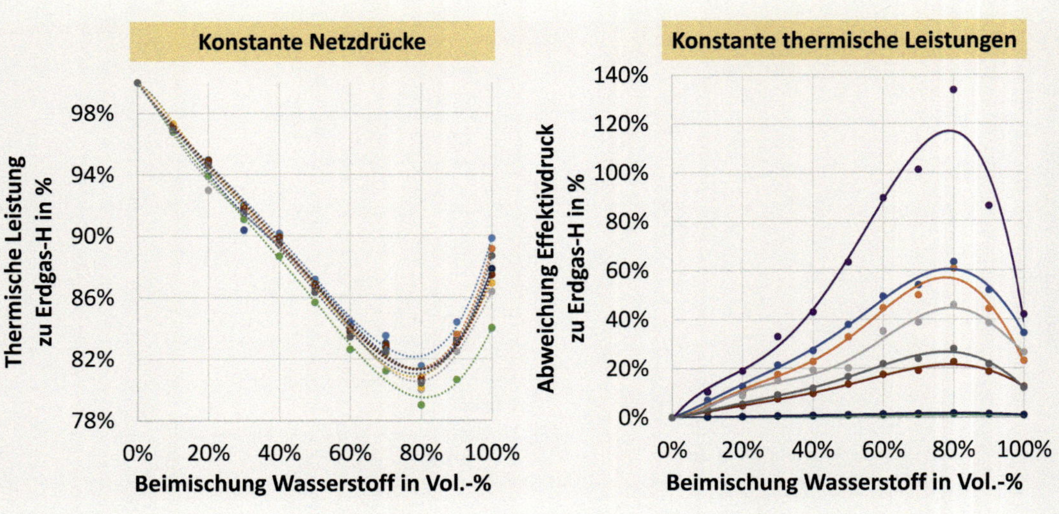

Bild 3: Leistungsspektrum bei Druckkonstanz (Gasbeschaffenheiten nach DVGW G 260)

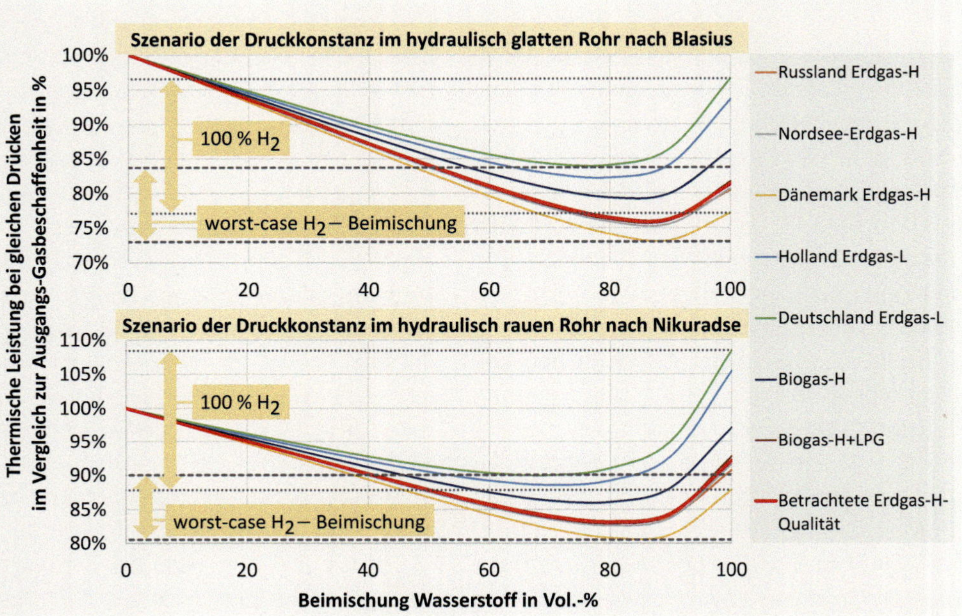

gleicher Rahmenbedingungen sind die Ergebnisse vergleichbar, es ergeben sich keine relevanten Unterschiede für die Ergebnisse in der Praxis.

Basierend auf einer linearen Regression der Stundenmesswerte der Volumenströme in den GDRM- Anlagen (Zeitraum Februar 2017-Februar 2020) über der jeweiligen Außentemperatur sind die maximalen Netzlasten für eine Mindesttemperatur von ϑ = -14 °C als worst-case-Abschätzung ermittelt worden. Mithilfe dieser Netzlasten sind die Netzmodelle nach einer Validierung für die beiden Szenarien der Druck- und Leistungskonstanz berechnet worden.

In Netzen, die bisher mit Erdgas-L betrieben werden, lässt sich mit reinem Wasserstoff gemäß Simulationsergebnissen sogar ein höheres Druckniveau erzielen, ein vollständiger Erhalt der übertragenen thermischen Leistungen ist demnach möglich. In Netzen, die mit Erdgas-H betrieben werden, liegt das Druck- bzw. Leistungsniveau in Abhängigkeit der Wasserstoffbeimischung hingegen immer unterhalb des Ausgangsniveaus.

Bei Druckkonstanz ergibt sich für 100 % H_2 über alle Netze eine thermische Leistungsfähigkeit von 84-90 % im Vergleich zum Ausgangszustand mit Erdgas-H, welche erwartungsgemäß innerhalb des theoretisch möglichen Leistungsbereichs turbulenter Strömungen von 81-92 % liegt.

Bei Leistungskonstanz sind die absoluten Druckdifferenzen je Netz sehr unterschiedlich. Während sich der Druck in schwach ausgelasteten Netzen kaum verändert, sinkt dieser in bereits stark ausgelasteten Netzen sehr stark ab. Die Sensitivität der Netze ist somit sehr unterschiedlich zu bewerten (siehe **Bild 2**).

Eine wichtige Erkenntnis der Veränderungen infolge von Wasserstoffeinspeisungen ist das Durchlaufen eines Druck- bzw. Leistungsminimums in bestimmten Wasserstoffkonzentrationsbereichen. Für den Betrachtungsfall der angenommenen Erdgas-H-Beschaffenheit liegt das Minimum bei einer Beimischung von ca. 80 Vol.-% Wasserstoff. Begründet durch die Proportionalität $\Delta p \sim \rho \cdot c^2$ sinkt je Szenario der Druck bzw. die Leistung zunächst ab und steigt oberhalb einer kritischen H_2-Beimischung erneut an.

Das Szenario der Druckkonstanz ist zusätzlich auf alle im DVGW-Arbeitsblatt G 260 aufgeführten Gasbeschaffenheiten ausgeweitet worden. Die kritische Wasserstoffkonzentration liegt, wie in **Bild 3** zu sehen, über alle Gasbeschaffenheiten in einem Bereich von ca. 70-85 Vol.-%. Mit Dänemark Erdgas-H als Referenzzustand, welches aufgrund seines hohen Brennwertes den worst-case-Fall zur Substitution darstellt, liegt bei einer kritischen Wasserstoffbeimischung von ca. 85 Vol.-% die thermische Leistungsfähigkeit (bei Druckkonstanz) im Bereich von 73-81 %. Bei 100 Vol.-% H_2 erhöht sich die Leistungsfähigkeit auf 77-88 % im Vergleich zum Ausgangsniveau.

In allen betrachteten Verteilnetzen kann bei einer Versorgung mit reinem Wasserstoff ein ausreichender Netzdruck gewährleistet werden, der allerdings unterhalb des Referenzniveaus mit Erdgas-H liegt und durch die jeweils zuständige Netzbetriebsführung in der Praxis bewertet werden muss. Der Weg dorthin – über eine schrittweise Beimischung von Wasserstoff in das Erdgasnetz – kann aufgrund des ausgeprägten Minimums über einer Beimischung jedoch netzspezifisch zu Versorgungsengpässen führen.

Um gleichbleibende Ausspeisedrücke bei gleichen thermischen Leistungen zu erreichen, sind die Eingangsdrücke an den einspeisenden GDRM-Anlagen anzuheben. Bei reinem Wasserstoff ist dies in allen betrachteten GDRM-Stationen möglich, ohne die jeweiligen Grenzen der Druckstufen zu verletzen. Im worst-case-Fall (hier: Beimischung 80 Vol.-% H_2) hingegen ist eine höhere Druckanhebung notwendig, die teilweise nicht mehr innerhalb der Druckstufen der betrachteten Netze realisierbar ist.

Zusätzlich zur Druckverlustbetrachtung ergibt die Bewertung einzelner Betriebsmittel in Gasverteilnetzen (vor allem Komponenten in GDRM-Anlagen) unterschiedliche Einschätzungen zur strömungsmechanischen Wasserstofftauglichkeit.

Im Bereich der **Rohrleitungen** ist qualitativ eine höhere Mobilisation von Fremdpartikeln für den Anwendungsfall Wasserstoff zu erwarten. Die Limitierung der Strömungsgeschwindigkeiten auf maximal 20 m/s (Richtwert für den Anwendungsfall Erdgas) ist mit Wasserstoff aufgrund der wesentlich höheren Volumenströme bei ähnlichen Leistungen nicht mehr einzuhalten. Hierbei ist zu überprüfen, ob mit dem neuen Medium Wasserstoff nicht auch wesentlich höhere Strömungsgeschwindigkeiten zulässig wären.

In Abhängigkeit eines über der *Reynoldszahl* variablen Widerstandsbeiwertes [16] erzeugen **Armaturen** als Strömungswiderstand qualitativ einen höheren Druckverlust mit Wasserstoff als mit Erdgas-H. Dieser wird in der Regel empirisch über Versuchsanordnungen ermittelt und von den Herstellern über Druckverlustdiagramme ausgegeben. Eine Quantifizierung der Verlusthöhen ist mangels empirischer Untersuchungen von Widerstandsbeiwerten mit Wasserstoff nur schwer abzuschätzen.

Staubfilter sind, ähnlich wie Armaturen, über einen Widerstandsbeiwert zu beurteilen. Der Druckverlust am Filter steigt demnach qualitativ an.

Die Abscheideleistung von **Flüssigkeitsabscheidern** ist abhängig vom angewandten Funktionsprinzip. In einer zukünftigen Wasserstoff-Infrastruktur werden Trägheitsabscheider empfohlen, die aufgrund der höheren Strömungsgeschwindigkeiten und damit größeren Massenkräfte der Partikel tendenziell höhere Abscheideleistungen erzielen können. Die Abscheideleistung von Schwerkraftabscheidern hingegen wird durch die größeren Kräfte infolge der höheren Strömungsgeschwindigkeiten tendenziell verschlechtert.

Gasvorwärmer werden aufgrund des gering negativen *Joule-Thomson*-Koeffizienten für den Wasserstofftransport nicht mehr benötigt (H_2 erwärmt sich geringfügig bei einer Druckminderung).

Ventile (wie Gasdruckregel- oder Sicherheitsabsperrventile) sind anhand ihres K_G-Wertes großenteils ausreichend dimensioniert. Bei einer Substitution der angenommenen Erdgas-H-Beschaffenheit durch Wasserstoff ergibt sich eine Leistungsfähigkeit von 93 %. Die potenziell höhere Schallgeschwindigkeit von Wasserstoff gleicht den erhöhten Volumenstrom durch die Drosselstelle nahezu aus. Da die Auslegung und Dimensionierung von Ventilen i. d. R. mit Reserven erfolgt, ergeben sich auf diesem Gebiet erwartungsgemäß keine Restriktionen.

Im Bereich der **Gaszähler** entsteht aufgrund der Abhängigkeit des Funktionsprinzips vom Betriebsvolumenstrom ein großer Handlungsbedarf. Mit Wasserstoff werden erwartungsgemäß nahezu sämtliche Messbereiche überschritten. Die Messbereiche der Zähler müssen – soweit möglich – entsprechend angepasst bzw. die Zähler insgesamt gegen größere Baugrößen ausgetauscht werden.

Für den Bereich der **Odorierung** werden derzeit neue Odormittel für Wasserstoff in Forschungsprojekten getestet. Die Größe der Vorratsbehälter, die Leistung der Odorpumpen sowie die Verdampfungsleistungen der Odorimpfdüsen sind in Abhängigkeit vom Betriebsvolumenstrom zu überprüfen. Bei einer leistungstechnischen Auslegung auf den Anwendungsfall Erdgas sind die jetzigen Odoranlagen erwartungsgemäß für den Anwendungsfall Wasserstoff nicht ausreichend dimensioniert und müssen entsprechend erweitert oder getauscht werden.

Akustische Veränderungen sind nicht pauschal zu beantworten. Die Beimischung von Wasserstoff bewirkt eine Verschiebung der akustischen Eigenfrequenz hin zu höheren Frequenzen. Die sich neu ergebenden Frequenzbereiche sind anlagenspezifisch mit den Struktureigenfrequenzen der einzelnen Betriebsmittel hinsichtlich Resonanz zu vergleichen und erfordern experimentelle Versuchsanordnungen [17].

Eine wesentliche Restriktion stellen derzeit die **Regelwerke** dar. Wasserstoffbeimischungen sind gemäß Regelwerk DVGW G 260 durch die Einhaltung des *Wobbe*index, des Brennwerts sowie der relativen Dichte begrenzt. Je nach Erdgasbeschaffenheit liegt die Beimischgrenze in unterschiedlich niedrigen Prozentbereichen (siehe **Bild 4**). Weiterhin kann reiner Wasserstoff gemäß DVGW-Regelwerk bisher keiner Gasfamilie als Gasbeschaffenheit der öffentlichen Gasversorgung zugeordnet werden. Dieser Punkt wird in den Gremien bereits diskutiert und bearbeitet. Auch die Tatsache, dass viele thermische Prozesse in der Industrie eine möglichst konstante Gasbeschaffenheit erfordern, schränkt die Möglichkeit einer Beimischung stark ein [18].

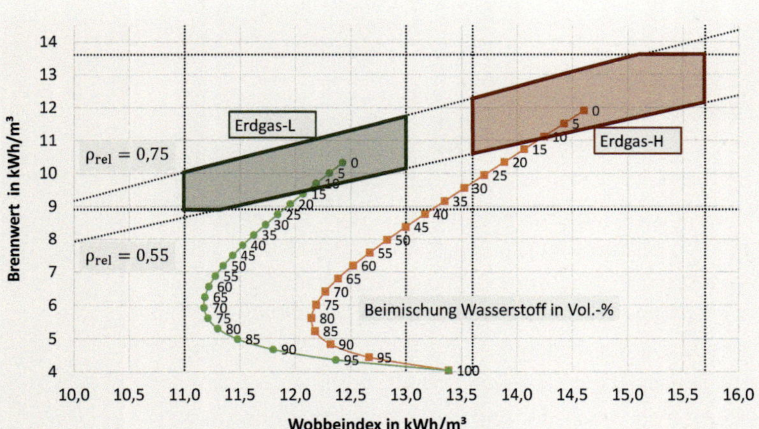

Bild 4: Zulässige H_2-Beimischung nach DVGW G 260 anhand zwei exemplarischer Gasbeschaffenheiten

Tabelle 1: Leistungsspektren bei Druckkonstanz (Gasbeschaffenheiten nach DVGW G 260)

Erdgas-H (verwendete Gasbeschaffenheit)	81 – 92 %	Holland Erdgas-L	94 – 105 %
Russland Erdgas-H	80 – 91 %	Deutschland Erdgas-L	97 – 108 %
Nordsee Erdgas-H	81 – 92 %	Biogas-H	86 – 97 %
Dänemark Erdgas-H	77 – 88 %	Biogas-H + LPG	82 – 93 %

Zusammenfassend lässt sich festhalten, dass eine Umstellung von Erdgasverteilnetzen auf Wasserstoff nicht grundsätzlich ohne Restriktionen möglich ist. Es ist im Einzelfall zu überprüfen, welche Gasbeschaffenheit als Ausgangssituation zur Beimischung bzw. Substitution durch Wasserstoff betrachtet wird. Unter der Prämisse gleichbleibender Ein- und Ausspeisedrücke sind gemäß den angewandten hydraulischen Berechnungsgleichungen die in **Tabelle 1** aufgelisteten thermischen Leistungsübertragungen in Nieder- und Mitteldrucknetzen möglich (Kompressibilitätsfaktoren vernachlässigt).

In Hochdrucknetzen reduzieren sich die Leistungsspektren aufgrund der besseren Transporteigenschaften von Erdgasen gegenüber Wasserstoff infolge der Kompressibilitätsfaktoren.

Falls auch mit Wasserstoff zukünftig die gleichen Leistungen übertragen werden sollen, muss zwingend eine Einzelfallbetrachtung des jeweiligen Versorgungsnetzes erfolgen, da je nach Netztopologie und Netzbelastung die Sensitivität hinsichtlich der Druckverluste sehr unterschiedlich ausfällt. Für die betrachteten Hoch- und Mitteldrucknetze konnte im Rahmen der Masterarbeit nachgewiesen werden, dass eine vollständige Wasserstoffversorgung mit gleichen Leistungen und Ausspeisedrücken mithilfe zulässiger Druckanhebungen an den einspeisenden GDRM-Anlagen erzielt werden kann. Dies ist aufgrund der zuvor genannten Punkte allerdings nicht in allen betrachteten Netzen über eine schrittweise Wasserstoffbeimischung zu bewältigen. Eine direkte Umstellung von Erdgasnetzen auf eine reine Wasserstoffinfrastruktur zu einem definierten Zeitpunkt ist aus Verteilnetzsicht daher die sinnvollere Alternative.

Eine sukzessive Steigerung der Wasserstoffbeimischung kann auch anwendungsseitig bei Heizungsanlagen und thermischen Industrieprozessen aufgrund von Gasbeschaffenheitsschwankungen zu Problemen führen. Um Netzanschlussnehmern definierte Gasbeschaffenheiten gewährleisten zu können (und ebenso aus Sicht der Druckhaltung im Versorgungsnetz), ist die Idee einer zukünftigen Auftrennung in reine Methannetze (mit eventuell geringen Beimischungen) und reine Wasserstoffnetze zu präferieren.

4. Das H_2-Microgrid in Kaisersesch

An diesem Punkt setzt das im Folgenden beschriebene Projekt an. In Kaisersesch, Rheinland-Pfalz, wird derzeit ein Wasserstoff-Microgrid zur Demonstration der gesamten Wertschöpfungskette von der Grünstromerzeugung und der Produktion von Wasserstoff über Speicherung, Transport und Verteilung bis hin zu hochinnovativen An-

Bild 5: Übersicht Wasserstoffinfrastruktur in Kaisersesch

wendungen in unterschiedlichen Sektoren geplant. Ziel der Aktivitäten in Kaisersesch ist der Aufbau von Know-how hinsichtlich Planung, Genehmigung, Bau und Betrieb eines wasserstoffbasierten Inselnetzes unter realen Betriebsbedingungen.

Wie **Bild 5** illustriert, wird erneuerbarer Strom in einer Power-to-Gas-Anlage in grünen Wasserstoff umgewandelt, gespeichert und an Anwender verteilt, die den grünen Wasserstoff vor Ort im Mobilitäts-, Wärme- und Industriesektor nutzen. Die dazu notwendige Infrastruktur soll bis Ende 2022 errichtet werden, ab 2023 folgen zwei Jahre Testbetrieb unter realen Bedingungen. Durch die damit demonstrierte Sektorenkopplung wird das Potenzial von Wasserstoff für die Energiewende aufgezeigt.

Ziel ist es, regenerative Erzeugungsanlagen in räumlicher Nähe einzubinden, um die Wertschöpfung in der Region zu halten und gegebenenfalls Überschussstrom nutzen zu können. Derzeit werden daher verschiedene Strombezugsoptionen geprüft. Die Überlegungen gehen von der Entwicklung eigener PV-Freiflächen bis hin zum Bezug von Börsenstrom mit geeigneten Herkunftsnachweisen. Dieses Modell könnte ergänzt werden durch bestehende PV-Dachanlagen im Gebiet der Verbandsgemeinde, die in den nächsten Jahren sukzessive aus der EEG-Förderung fallen.

Der erneuerbare Strom wird den Elektrolyseur als essenzielles Bauteil der Wasserstoffinfrastruktur speisen. Die Power-to-Gas-Anlage wird mit einer Stromanschlussleistung von 1 MW eine Wasserstoffproduktionsrate von etwa 200 m_n^3/h erzielen, welches einer Tagesproduktion von rund 400 kg entspricht.

Der erzeugte Wasserstoff wird eine Transportleitung befüllen, die die verschiedenen Endverbraucher im Gebiet der Verbandsgemeinde erreicht. Die Pipeline wird in Stahl ausgeführt, einen Nenndurchmesser von 250 mm haben und auf eine Druckstufe von 70 bar ausgelegt. Damit soll eine Speicherfunktion geschaffen werden, die eine lückenlose Versorgung von Wasserstoff auch bei einer möglichen Dunkelflaute garantiert und damit als Blaupause für künftige Wasserstoffinfrastrukturen dienen kann.

Am südlichen Ende der Pipeline unmittelbar an der Ausfahrt der A48 nach Kaisersesch wird derzeit ein Autohof mit einer Wasserstofftankstelle geplant, die von der Hauptleitung versorgt werden kann. Seitens des Landkreises Cochem-Zell, der den ÖPNV in der Region organisiert, ist die Umrüstung der Buslinie 713 auf Wasserstoff angedacht und könnte damit für eine Grundauslastung der H_2-Tankstelle sorgen.

Weitere Planungen zielen auf eine wasserstoffbasierte Notstromversorgung des benachbarten Klärwerks ab. Hierzu könnte ein schwarzstartfähiges Brennstoffzellensystem eingesetzt werden, das außerdem die Wärmeversorgung der Betriebsgebäude sicherstellt.

Das Rathaus der Verbandsgemeinde am nordöstlichen Ende der Transportleitung wird vom Projektpartner Viessmann mit Brennstoffzellen zur Bereitstellung der Grundlast-Wärmeversorgung sowie einer Brennwerttherme zur Abdeckung von Spitzenlasten ausgerüstet. Entsprechende Prototypen werden derzeit auf den Prüfständen bei Viessmann in Allendorf getestet.

Ein in unmittelbarer Nachbarschaft des Rathauses gelegener lokaler BHKW-Hersteller bereitet ein grünes Nahwärmenetz zur Versorgung benachbarter Handwerksbetriebe und Handelsunternehmen auf Basis eines Wasserstoff-BHKW vor. Dazu muss ein bestehendes Erdgas-BHKW auf Wasserstoffbetrieb umgerüstet werden.

Zur weiteren Kopplung des Industriesektors werden derzeit mögliche Partner ermittelt, bei denen ein Potenzial zur Umrüstung von (Not-) Stromversorgung, Heiz- und/ oder Produktionsprozessen auf Wasserstoff besteht.

Zur Versorgung der Endverbraucher sind Niederdruck-Anschlussleitungen geplant. Diese sollen sowohl in PE als auch in PA12 ausgeführt werden, um die Eignung verschiedener Materialien und Verbindungstechniken zu testen.

Der Einsatz der LOHC-Technologie des Projektpartners Hydrogenious wird darüber hinaus die Möglichkeit schaffen, den grün produzierten Wasserstoff fernab der Erreichbarkeit der Transportleitung einzusetzen. Hydrogenious hat ein Verfahren entwickelt, mit dem Wasserstoff chemisch in einem Öl gespeichert werden kann und wird in Kaisersesch eine solche Speicheranlage bauen. Per Trailer kann der gebundene Wasserstoff dann zu einer entfernten ReleaseBox transportiert werden, mit der der Wasserstoff wieder freigesetzt werden kann. Für eine mögliche Einsatzoption unterstützt E.ON eine Studie, die der zuständige Zweckverband Schienenpersonennahverkehr Rheinland-Pfalz Nord in Auftrag gegeben hat, um die Umrüstung einer Zugstrecke auf Wasserstoff zu prüfen.

5. Speichersimulation

Für die Auslegung der Transportleitung und zur Bestimmung möglicher Lastprofile der Power-to-Gas-Anlage wurden Simulationen des Micrograds auf Basis verschiedener Abnahmeszenarien erstellt. Dazu wurden reale Betriebsdaten, Standardlastprofile und vereinfachende Annahmen für die potenziellen Verbraucher herangezogen. Je nach Abnahmeszenario ergeben sich unterschiedliche Auswirkungen auf Speicherstand und Füllgrad der Pipeline im Jahresverlauf.

Zur Untersuchung der Auswirkungen unterschiedlicher Abnahmestrukturen wurden verschiedene Szenarien untersucht:

1. Rathaus + Nahwärmenetz + LOHC (Basisszenario)
2. Basisszenario + BZ Klärwerk
3. Basisszenario + Industrieabnehmer
4. Basisszenario + Tankstelle
5. Basisszenario + Tankstelle + BZ Klärwerk
6. Basisszenario + Tankstelle + BZ Klärwerk + Industrieabnehmer
7. Szenario 6 mit erhöhtem Grundverbrauch zur optimalen Auslastung der Speicherkapazität

Das Rathaus der Verbandsgemeinde Kaisersesch wird derzeit mithilfe einer Wärmepumpe beheizt, welche Erdwärmekollektoren als Wärmequelle nutzt. Die Wärmepumpe verfügt über einen eigenen Stromzähler, von dem über einen Zeitraum von etwa zwei Jahren täglich notierte Zählerdaten vorliegen. Somit kann der tägliche Verbrauch identifiziert werden und mithilfe des Tagesmitteltemperaturverfahren gemäß VDI 3807 können diese Verbrauchsdaten witterungsbereinigt werden. Hierzu werden die Temperaturdaten einer nahegelegenen Wetterstation des Deutschen Wetterdienstes in Büchel genutzt.

Neben dem Rathaus soll auch der Wärmebedarf von drei gewerblichen Betrieben aus dem Wasserstoffnetz gedeckt werden. Bei dem ersten Betrieb handelt es sich um den oben genannten lokalen BHKW-Hersteller selbst, der zweite ist ein Handwerksbetrieb, in dem seit kurzem zusätzliche Räume genutzt werden, welche bisher nicht beheizt wurden. Ein weiterer Handelsbetrieb hat sich kürzlich bereit erklärt, sich ebenfalls mit dem durch das geplante H_2-BHKW gespeisten Wärmenetz versorgen zu lassen. Zur Simulation wurden geeignete Standard-Heizprofile des BDEW herangezogen, die mit den Jahresverbrauchswerten der jeweiligen Betriebe skaliert wurden. Der gesamte zu deckende Energieverbrauch beträgt hier etwa 200 MWh pro Jahr inklusive des Verlusts des zu installierenden Nahwärmenetzes.

Die Abnahme des LOHC-Terminals wird als über den Tag konstant angenommen. Die derzeit geplante Abgabemenge hat allerdings keinen signifikanten Einfluss auf den Speicherstand der Hauptleitung.

Das physikalische Volumen einer Leitung DN 250 mit einer Länge von etwa 1,3 km beträgt 65 m^3. Bei einem Druckniveau von 70 bar ergibt sich eine Speicherkapazität von 4.570 m_n^3. Dies entspricht einem Energieinhalt von knapp 13.700 kWh bezogen auf den unteren Heizwert von Wasserstoff.

Zur Berücksichtigung des elektrischen Energiebedarfs des Klärwerks konnten reale Verbrauchsdaten des Jahres 2020 herangezogen werden.

Zur Abschätzung des Verbrauchs eines möglichen größeren Industrieabnehmers wurde eine jährliche Nutzwärmeerzeugung von etwa 800 MWh in Kombination mit einem generischen Lastprofil angesetzt.

Neben der Deckung der modellierten Wärmebedarfe wird der Wasserstoff auch als Treibstoff für drei Brennstoffzellenbusse genutzt. Mit diesen Bussen soll die Buslinie 713 zwischen Kaisersesch und Cochem bedient werden, wozu die Busse, die derzeit eingesetzt werden, jährlich insgesamt 135.000 km zurücklegen. Zur Ableitung des täglichen Wasserstoffabsatzes durch die Busse wird die jährliche Fahrleistung auf die Anzahl der Fahrten umgelegt und mit dem Verbrauch multipliziert. Für den Verbrauch werden 11 kg/100 km angenommen, was dem oberen Grenzwert der in der Literatur beschriebenen Werte entspricht. Auf diese Weise wird der große Höhenunterschied berücksichtigt, den die Busse auf der Linie 713 überwinden müssen. Die Wasserstoffabnahme durch FCEV-PKW ist dagegen schwer zu prognostizieren. Im

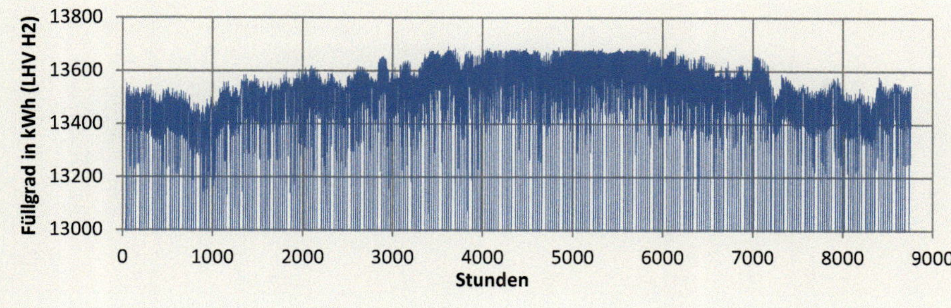

Bild 6: Jahresverlauf des Füllgrads der Pipeline (Szenario 3)

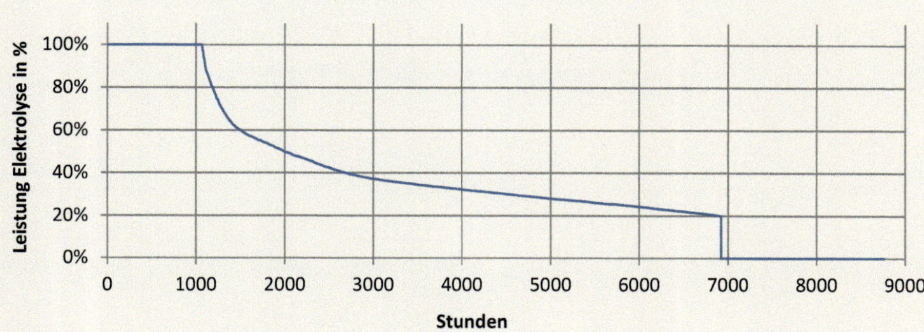

Bild 7: Geordnete Jahresdauerlinie der Elektrolyseleistung (Szenario 3)

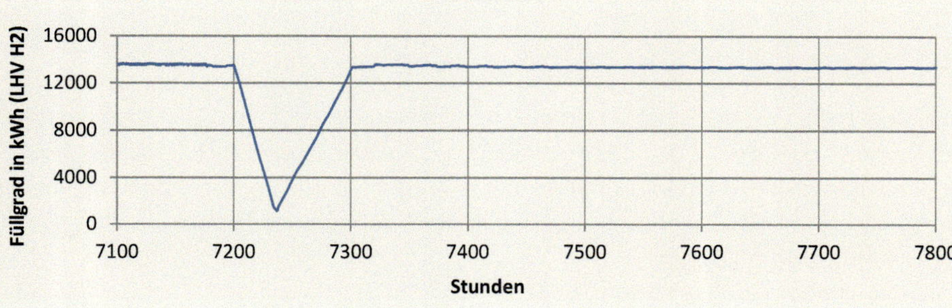

Bild 8: Füllgrad der Pipeline von Ende Oktober bis Ende November bei Ausfall der Wasserstoffproduktion für 1,5 Tage (Szenario 3)

Gegensatz zu dem Betrieb von Bussen liegen keine konkreten Aussagen dazu vor, wie viele PKW die Tankstelle nutzen werden und wie hoch deren Wasserstoffabnahme sein wird. Die Abnahme hängt von vielen unterschiedlichen Faktoren ab, wozu unter anderem der Anteil der FCEV an den in Deutschland zugelassenen und in Zukunft erwartbaren Fahrzeugen zählt. Zusätzlich ist ausschlaggebend, welche Fahrtstrecke diese Fahrzeuge zurücklegen, wie hoch der Verbrauch ist und, ob es weitere Wasserstofftankstellen in der Umgebung gibt, welche alternativ angefahren werden können. Um eine Aussage zum Wasserstoffabsatz durch FCEV-PKW an der Tankstelle treffen zu können, müssen daher vereinfachende Annahmen getroffen werden. Zur Darstellung eines jährlichen Abnahmeprofils durch die Tankstelle wurden einzelne Abnahmeprofile für die Nachfrage der PKW sowie der geplanten Busse erstellt und zusammengeführt.

Der Algorithmus, der der Speichersimulation zugrunde liegt, betrachtet zunächst den vorliegenden Speicherstand, berücksichtigt danach die jedes Szenario definierenden Verbraucher und berechnet darauf basierend den Bedarf der Leistung des Elektrolyseurs.

Die Simulation der Speicherkapazität der Transportleitung ergibt für die Szenarien 1, 2 und 3 ein relativ einheitliches Bild. Lediglich in der Jahresdauerlinie des Elektrolyseurs zeigt sich eine entsprechend höhere Auslastung. Daher wird in **Bild 6** und **7** exemplarisch Szenario 3 dargestellt.

Bild 6 zeigt eine leichte saisonale Schwankung des Füllgrads. Nachdem die Leitung zu Beginn des Jahres erst noch gefüllt werden muss, sind hier die Einflüsse der kalten Winterperiode erkennbar. Im Sommer befindet sich der Füllstand abgesehen von kleineren Tagesschwankungen fast durchgehend auf Maximalniveau. Die Speicherkapazität im Winter wird in diesem Szenario nur zu ca. 3 % ausgenutzt.

Hinsichtlich der Speicherfunktion der Transportleitung stellt sich die Frage, wie lange im Winter die Nahwärmeversorgung auch bei einer Dunkelflaute bzw. bei Ausfall des Elektrolyseurs aufrechterhalten werden kann. **Bild 8** verdeutlicht, dass die Speicherkapazität für Szenario 3 im Winter für 1,5 Tage ausreicht.

Die Versorgung einer Tankstelle führt für die Szenarien 4, 5 und 6 zu einem vergleichbaren Ergebnis. Daher wird

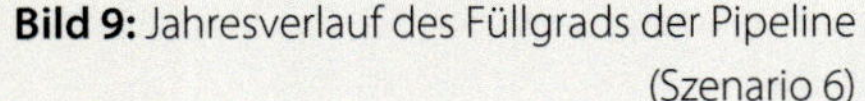

Bild 9: Jahresverlauf des Füllgrads der Pipeline (Szenario 6)

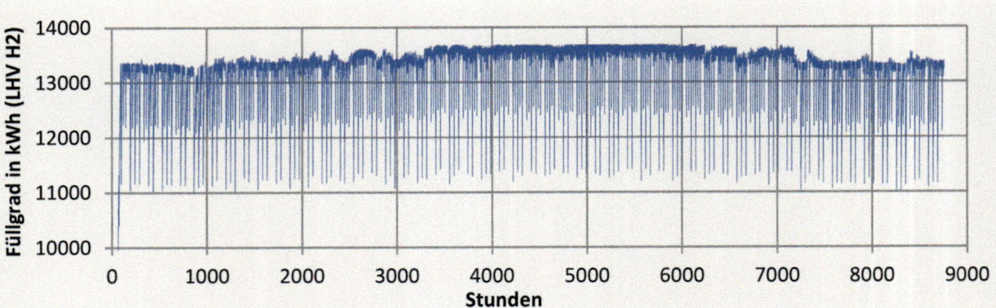

Bild 10: Jahresverlauf des Füllgrads der Pipeline (Szenario 7)

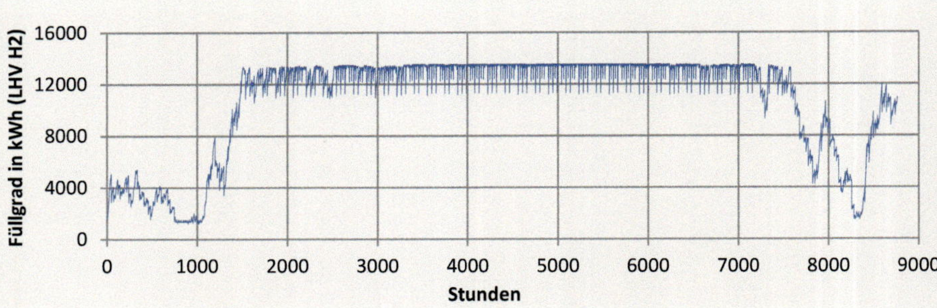

in **Bild 9** exemplarisch Szenario 6 dargestellt. Der deutlich stärker schwankende Verlauf des Füllgrads der Pipeline ist vor allem auf die über den Tagesverlauf verteilten Busbetankungen zurückzuführen, durch die in relativ kurzer Zeit Wasserstoffmengen abgenommen werden, die weit über der Produktionsrate des Elektrolyseurs liegen. Durch die geplante Pipeline könnte somit auf einen großen zusätzlichen Tankstellenspeicherbehälter verzichtet werden.

Bild 10 illustriert den Füllgrad analog zu Szenario 6, aber mit einem um 100 kg erhöhten konstanten Grundabsatz pro Tag. Sowohl im Sommer- als auch im Winterübergang wird die Speicherkapazität der Pipeline zeitweise voll ausgeschöpft. Die PtG-Anlage würde in diesem Fall ungefähr ein halbes Jahr bei Volllast betrieben und niemals stillstehen.

Betrachtet man eine Dunkelflaute bzw. den Ausfall des Elektrolyseurs über einen Zeitraum von 4 Tagen im Sommer bei Szenario 6, so zeigt **Bild 11**, dass die Speicherkapazität der Leitung ausreicht, um dies zu kompensieren.

Wenn die Wasserstoffproduktion allerdings in einem erhöhten Absatzszenario noch dazu in den Wintermonaten ausfällt, zeigt sich, dass sich hier nur kürzere Ausfallzeiten kompensieren lassen. **Bild 12** illustriert, dass die Speicherkapazität der Leitung bei einem Produktionsausfall von 24 Stunden in der Heizperiode Anfang März dem Mindestfüllgrad bereits sehr nahekommt.

Falls die Speicherkapazität der Leitung längerfristig den vereinbarten Mindestfüllgrad erreicht, obwohl der Elektrolyseur unter Volllast betrieben wird, muss eine Priorisierung der Belieferung erfolgen. Da alle potenziellen Wärmekunden über eine bestehende Energieversorgung über Erdgas verfügen, wäre die Versorgungssicherheit dennoch zu keinem Zeitpunkt gefährdet.

6. Fazit

Anhand öffentlich zugänglicher Daten und für den sicheren Betrieb relevanter technischer Parameter wurde der aktuelle Stand der Wasserstoffintegration in öffentliche Gasnetze untersucht. Für europäische Transportnetze ist es derzeit nicht absehbar, dass der aktuelle Einspeisegrad von etwa 2 % signifikant erhöht wird. So wirbt der DVGW dafür, dass die Transportnetze sukzessive bis zum Jahr 2040 für den Transport von reinem Wasserstoff ertüchtigt oder neu errichtet werden (H_2-Backbone). Darüber könnten dann auch größere Mengen Wasserstoff importiert werden. Auf der Verteilnetzebene zeigt sich ein heterogenes Bild: Auf der einen Seite gibt es bereits höhere, erlaubte Beimischquoten und – in Abhängigkeit von der Druckstufe – weniger Materialprobleme. In Deutschland ermöglicht das Regelwerk eine Einspeisung von 10 % und eine Erhöhung auf 20 % wird vorangetrieben.

Im Zuge der vorgelegten Untersuchung zu betrieblichen Aspekten einer erhöhten Beimischung zeigt sich, dass eine Beimischung von 10 % bereits heute nicht überall regelkonform umsetzbar ist. Eine schrittweise weitere Anhebung dieser Quote führt zu erheblichem Anpassungsbedarf in der gesamten Netzinfrastruktur und bei den Anwendern. Beliebige Erdgas- und Wasserstoffbeimischverhältnisse sind kaum realisierbar. Somit

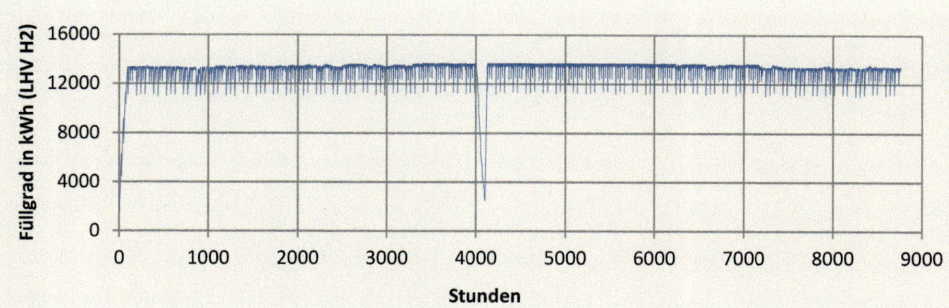

Bild 11: Jahresverlauf des Füllgrads der Pipeline bei Ausfall der Wasserstoffproduktion Anfang Juli für 4 Tage (Szenario 6)

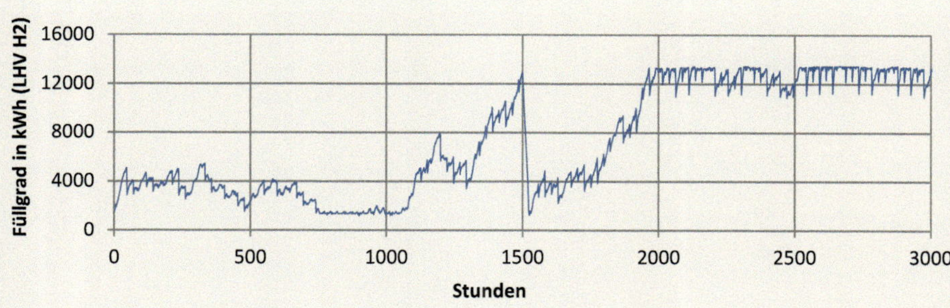

Bild 12: Verlauf des Füllgrads der Pipeline von Anfang Januar bis Anfang Mai bei Ausfall der Wasserstoffproduktion für 24 Stunden (Szenario 7)

bleibt das aktuell realisierbare Einspeisepotenzial in Verteilnetze begrenzt und muss im Einzelfall geprüft werden. Eine direkte Umstellung der Versorgung auf reine Wasserstoffnetze ist daher technisch zu bevorzugen.

In einem geplanten Wasserstoff-Microgrid in Kaisersesch sollen neben der Machbarkeit auch die Potenziale einer wasserstoffbasierten Versorgung verdeutlicht werden. Es konnte gezeigt werden, dass die sektorenübergreifende Nutzung eine Erhöhung der Grünstromnutzungt bedeutet und durch den flexiblen Betrieb Potenziale für eine Lastverschiebung entstehen. Für die Umstellung von erdgasbasierten Verteilnetzen besteht noch weiterer Forschungsbedarf, der in zahlreichen Infrastrukturprojekten adressiert wird. Mit diesen Projektergebnissen und den Erfahrungen aus neuen Wasserstoffverteilnetzen werden dann konkrete Umstellungsszenarien abgeleitet.

Formelzeichen & Indizes

A	m^2	Fläche
c	m/s	Strömungsgeschwindigkeit
d	m	Durchmesser
f	/	Verhältnisfaktor
H_s	kWh/m^3	Brennwert
K	/	Kompressibilitätsfaktor
l	m	Länge
M	kg/kmol	Molare Masse
P	W	Leistung
p	N/m^2	Druck
T	K	Temperatur
x	%	Stoffmengenanteil
η	Pa · s	Dynamische Viskosität
ϑ	°C	Temperatur
λ	/	Rohrreibungszahl
ρ	kg/m^3	Dichte
$\square_i$		Ideal
$\square_m$		Mittlere (Kompressibilität)
$\square_n$		Norm-(Zustand)
$\square_{rel}$		relativ
$\square_{therm}$		Thermische (Leistung)

Gasbeschaffenheit Erdgas-H gemäß PGC-Analyse vom 19.02.2020			
Brennwert in kWh/m^3	11,402	Ethan in mol-%	5,460
Heizwert in kWh/m^3	10,296	Propan in mol-%	0,600
Normdichte in kg/m^3	0,79	i-Butan in mol-%	0,095
Wobbeindex in kWh/m^3	14,582	n-Butan in mol-%	0,077
Methan in mol-%	91,11	i-Pentan in mol-%	0,019
Kohlenstoffdioxid in mol-%	1,660	n-Pentan in mol-%	0,015
Stickstoff in mol-%	0,910	Hexan	0,030

Literatur

[1] „DIN EN 16726: Gasinfrastruktur - Beschaffenheit von Gas - Gruppe H; Deutsche Fassung EN 16726:2015+A1:2018," 11/2019

[2] *Weidner, E.; Honselaar, M.; Ortiz Cebolla, R.; Gindroz, B.* und *De Jong, F.*: CEN - CENELEC Sector Forum Energy Management/ Working Group Hydrogen: Final Report, Publications Office of the European Union, 2016

[3] *Briottet, L.* und *Moro, I.*: „Quantifying the hydrogen embrittlement of pipeline steels for safety considerations," International Journal of Hydrogen Energy, Volume 37, Issue 22, pp. 17616-17623, 11 2012

[4] DVGW Forschungsbericht: Einfluss von Wasserstoff auf die Energiemessung und Abrechnung,DVGW Förderkennzeichen G3-02-12, 2014

[5] Fundación para el Desarrollo de las Nuevas Tecnolo, Deutscher Verein des Gas- und Wasserfaches e.V., Redexis Gas, Eastern Switzerland University of Applied Sciences, Tecnalia und European Research Institut for Gas and Energy Inno, „HIGGS project," Hydrogen in Gas Grids, [Online]. Available: https://www.higgsproject.eu/. [Zugriff am 21 01 2021].

[6] Physikalisch Technische Bundesanstalt: PTB TR G 19, 12/2014

[7] Enagás, Energinet, Fluxys Belgium, Gasunie, GRTgaz, NET4GAS, OGE, ONTRAS, Snam, Swedegas und Teréga: European Hydrogen Backbone: How a Dedicated Hydrogen Infrastructure can be created, Guidehouse, Utrecht, 07/2020

[8] Bundesnetzagentur: Rückläufer Online-Formular - Marktkonsultation Regulierung von Wasserstoffnetzen, 11 11 2020. [Online]. Available: https://www.bundesnetzagentur.de/_tools/609/Liste/node.html?loadDB=1599209199751#dynForm. [Zugriff am 21 01 2021]

[9] European Commission: A hydrogen strategy for a climate-neutral Europe, 97 2020. [Online]. Available: https://ec.europa.eu/commission/presscorner/api/files/attachment/865942/EU_Hydrogen_Strategy.pdf . [Zugriff am 18 01 2021]

[10] *Bohl, W.* und *Elmendorf, W.*: Technische Strömungslehre, Vogel Buchverlag, Würzburg, 2009

[11] Kernforschungsanlage Jülich GmbH: Die physikalischen Eigenschaften von Gasgemischen mit H_2, CH4, H_2O, N2, CO und CO_2, [Online]. Available: https://juser.fz-juelich.de/record/835183/files/J%C3%BCl_0847_H%C3%B6hlein.pdf. [Zugriff am 05 04 2020]

[12] *Stephan, P.; Kabelac, S.; Kind, M.; Mewes, D.; Schaber, K.* und *Wetzel, T.*: VDI-Wärmeatlas.12 Auflage., Berlin Heidelberg: Springer Vieweg, 2019

[13] Fokin, *L. R.; Kalashnikov, A. N.* und *Zolotukhina, A. F.*: Transport Properties of Mixtures of Rarefied Gases. Hydrogen-Methane System, Journal of Engineering Physics and Thermophysics Vol. 84, 2011

[14] *Kobayashi, Y.; Kurokawa, A.* und *Hirata, M.*: Viscosity Measurement of Hydrogen-Methane Mixed Gas for Future Energy Systems, Journal of Thermal Science and Technology Vol. 2, No. 2, 2007. [Online]. Available: https://www.jstage.jst.go.jp/article/jtst/2/2/2_2_236/_pdf/-char/en. [Zugriff am 17 06 2020]

[15] *Cerbe, G.*: Grundlagen der Gastechnik. 6., vollständig neu bearbeitete Auflage, München: Carl-Hanser-Verlag, 2004

[16] *Zhuravlev, M.; Mischner, J.; Stang, R.* und *Weigelt, M.*: Widerstandsbeiwerte von Kegelhutsieben, gwf-Gas, 12 2013

[17] *Lenz, J.* und *Hilbring, J.*: Wasserstoff in Erdgasanlagen: Schwingungstechnische Aspekte und Lösungen zum Betrieb, gwf Gas+Energie, 04 2020

[18] DVGW: G 262: Nutzung von Gasen aus regenerativen Quellen in der öffentlichen Gasversorgung, 2011 Autoren

Autoren

Dr. rer. nat. **Jörg Heinen**
E.ON SE |
Essen |
Tel.: +49 201 12 29395 |
joerg.heinen@eon.com

Dr.-Ing. Dipl.-Wirt.-Ing. **Stefan Stollenwerk**
Westnetz GmbH |
Essen |
Tel.: +49 201 12-44883 |
stefan.stollenwerk@westnetz.de

Martin Wiggering, M. Eng.
Westnetz GmbH |
Dortmund |
Tel.: +49 231 438-2343 |
martin.wiggering@westnetz.de

Erneuerbare Gase im Gas-Verteilnetz

Eine Herausforderung für Gasverteilnetzbetreiber und Anwendungstechnik

Petra Nitschke-Kowsky und Werner Weßing

Biomethan, Wasserstoff, reines Wasserstoffnetz, Gasbeschaffenheit

Bis 2050 sollen in Deutschland nur noch regenerative Gase – Biomethan und Wasserstoff – zur Verteilung kommen. Die Gaswirtschaft und der DVGW unterstützten dieses Ziel ausdrücklich und bereiten die Anpassung von Technik und Regelwerk vor. Technischen Bedingungen der Biomethaneinspeisung werden anhand eines Beispiels erläutert. Abgeschlossene und laufende Projekte zur Einspeisung von Wasserstoff in Verteilnetze bzgl. Netzbauteilen und der Verwendungstechnik und ihre bisherigen Ergebnisse werden vorgestellt. Anforderungen an Regelwerk und Gasgeräte werden formuliert.

Renewable gases in gas distribution grids – A challenge for distribution grid operators and utilization

By 2050 only Renewable gases – biomethane and hydrogen – are supposed to be distributed in the German gas grids. The gas industry and the DVGW support this goal expressively and prepare the adaptation of technology and rules and standards. The technical conditions of biomethane injection are explained by means of an example. Completed and ongoing projects for hydrogen injection into the gas distribution grid considering grid components and utilization are presented as well as their previous result. Requirements on rules and standards and on appliance technology are formulated.

1. Einleitung

Die Gasinfrastruktur unterliegt bis 2050 einer starken Veränderung und muss sich im zukünftigen Energiemix neu erfinden. Das zur Verteilung anstehende Gas soll bis dahin zu 100 % regenerativ und CO_2-frei sein. Die Biomethaneinspeisung ist bereits heute ein wichtiger Schritt auf diesem Weg. Zukünftig wird es nach und nach zu einer Umstellung der Gasinfrastruktur von Erdgas bzw. Biomethan auf Gasgemische mit Wasserstoff bis hin zu reinem Wasserstoff kommen. Die technischen Anforderungen im Netz, wie z. B. Material, Komponenten und Bauteile und im Bereich der Gerätetechnik bei Endkunden sind darauf auszurichten. Das Regelwerk ist so auszuweiten, dass ein schrittweiser Übergang möglich ist. Aber auch regulatorische Vorgaben des Gesetzgebers sind zu überarbeiten und anzupassen.

Im vorliegenden Artikel werden technische Maßnahmen und Projekte der Verteilnetzbetreiber und deren Zwischenergebnisse vorgestellt. Weitere notwendige Schritte und Anforderungen werden herausgearbeitet.

2. Biogaseinspeisung in Deutschland

In Deutschland werden mit Stand 2018 191 einspeisende Biogasanlagen mit einer durchschnittlichen Einspeiseleistung von ca. 600 Nm^3/h betrieben. Auch sehr große Anlagen mit fast 2.000 Nm^3/h wurden bereits realisiert. Insgesamt konnten 2018 schon fast 10 Mrd. kWh/a , das sind fast 0,9 Mrd. m^3, regenerativ erzeugtes Gas in die öffentliche Versorgung eingebracht werden, siehe **Bild 1**, [1]. In einigen Regionen ist damit bereits heute eine überwiegend regenerative Energieversorgung der Endkunden möglich. Je nach aktuellem Verbrauch, der sowohl jahreszeitlich als auch wöchentlich und täglich schwankt, variiert der Anteil des regenerativen Gases an der momentanen Versorgung. In Schwachlastzeiten werden teilweise Biomethanmengen rückverdichtet nach DVGW-Merkblatt G 290 Dezember 2019 [2] und so weiteren Regionen zur Verfügung gestellt.

Gasbeschaffenheit des Biomethans

Rohbiogas besteht in Abhängigkeit vom Substrat zu etwa 50-85 Vol.-% aus Methan und zu 15-50 Vol.-% aus Kohlenstoffdioxid, sowie geringen Anteilen an Wasserdampf, Stickstoff, Schwefelverbindungen und ggf. Sauerstoff. Zur Einspeisung ins öffentliche Gasnetz trennt der Betreiber der Biogasanlage das Kohlendioxid zum größten Teil ab, sodass der Methananteil mindestens 95 Mol-% bei Einspeisung ins H-Gas-Netz und mindestens 90 Mol-% bei Einspeisung in L-Gas-Netze beträgt. Weiterhin wird das Gas vor Einspeisung getrocknet und entschwefelt. Durch veränderliche Substratzusammensetzung und bedingt durch das Verfahren der CO_2-Abtrennung ergeben sich schwankende CO_2-Anteile im Biomethan, so dass ebenfalls Brennwert und Wobbe-Index vor der Konditionierung über das Jahr um ca. ±1,5-2,5 % schwanken, siehe **Bild 2**.

Die Einspeisung ins Gasnetz erfolgt als Austauschgas, da die Kennwerte von Biomethan innerhalb der Grenzen der DVGW G 260 liegen. Für die Einspeisung ist der lokale Netzbetreiber zuständig, ebenso wie für die Ermittlung des Abrechnungsbrennwertes. Anhand eines praktischen Beispiels soll erläutert werden, wie dabei vorgegangen wird und welche Einflüsse sich auf die Kenngrößen der Gase ergeben.

2.1 Konditionierung von Biomethan auf den lokalen Brennwert.

Eine Möglichkeit zur regelgerechten Ermittlung des Abrechnungsbrennwertes in H-Gas-Netzen ist es, das anste-

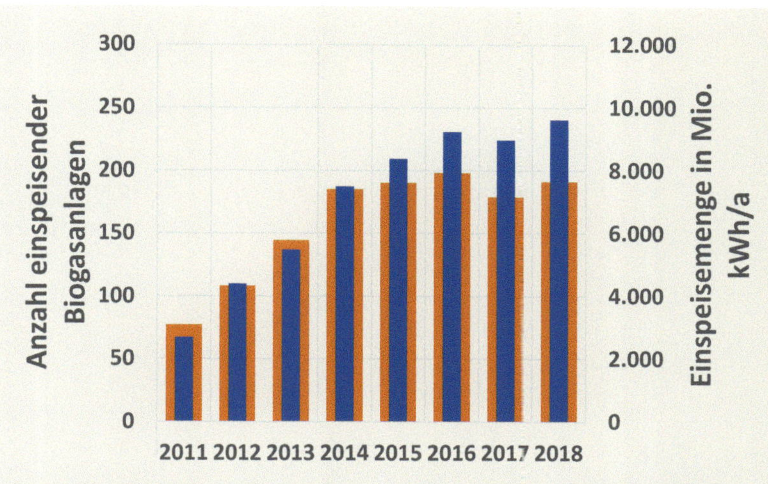

Bild 1: Einspeisende Biogasanlagen in Deutschland, Anzahl und Einspeisemenge
Quelle: Daten: Monitoringberichte 2015 bis 2019 der BNetzA, grafische Darstellung: Nitschke-Kowsky

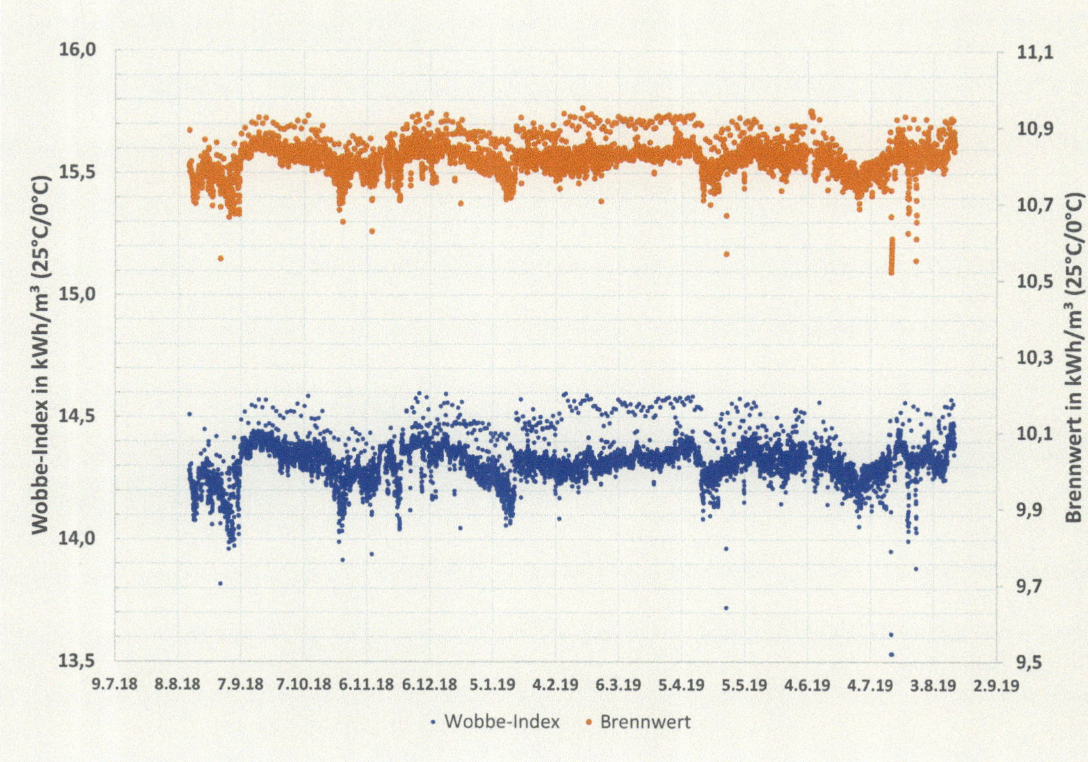

	Mittelw.
Brennwert (kWh/m³)	10,8
Wobbe-Imdex (kWh/m³)	14,3
Zusammensetzung	
Methan (Vol.-%)	95-99
Kohlendioxid (Vol.-%)	1,1 - 4,2
Stickstoff (Vol.-%)	0,5 - 2,6

Bild 2: Brennwert und Wobbe-Index eines beispielhaften Biomethans zur Einspeisung in eine H-Gas-Netz im Verlauf eines Jahres und durchschnittliche Zusammensetzung.
Quelle: Erfahrungsaustausch der Chemiker und Ingenieure des Gasfaches 2019, Vortrag Nitschke-Kowsky/Weßing

hende Biomethan mithilfe einer Zumischung von Flüssiggas auf den jeweiligen Brennwert des Erdgases zu konditionieren. Hierzu muss dem regenerativen Biomethan fossiles Propan/Butan zugemischt werden.

Dabei ist zu beachten, dass das Erdgas (Leitungsgas) je nach Netzsituation und Erdgasversorgung ebenfalls gewissen Schwankungen in der Zusammensetzung und damit in den Kennwerten unterliegt.

Für eine beispielhafte Situation sind alle Stundenmesswerte eines Jahres von Brennwert und Wobbe-Index eines Erdgases H und des unkonditionierten Biomethans in **Bild 3** dargestellt. Diese Kennwerte, wie auch die relative Dichte, liegen stets innerhalb der vorgegebenen Grenzwerte der DVGW G 260 | März 2013 [3]. Der Brennwert des Biomethans liegt im Mittel ca. 0,4 kWh/m^3 unterhalb des Erdgases, der mittlere Wobbe-Index ist etwa 0,2 kWh/m^3 geringer.

Für die Einstellung des Brennwertes wird dem Biomethan Flüssiggas – hier Propan – zugegeben. Rechnerische Ergebnisse für verschieden Beschaffenheiten des Erdgases (1 bis 3: niedrig, mittel, hoch) und des Biomethans (A bis C, hoch, mittel, niedrig) sind in **Tabelle 1**

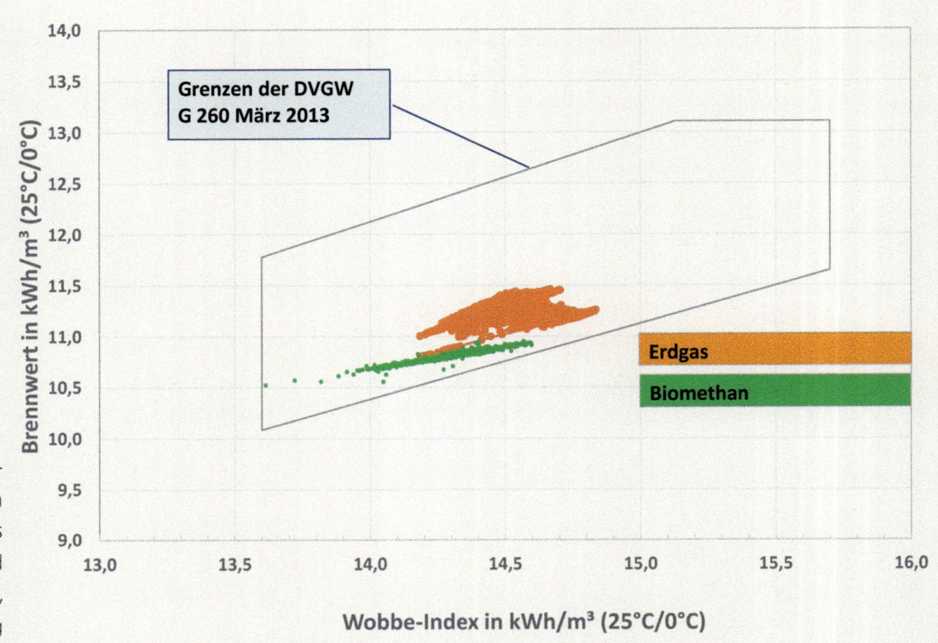

Bild 3: Brennwert und Wobbe-Index von Leitungsgas und unkonditioniertem Biomethan innerhalb eines Jahres
Quelle: Erfahrungsaustausch der Chemiker und Ingenieure des Gasfaches 2019, Vortrag Nitschke-Kowsky/Weßing

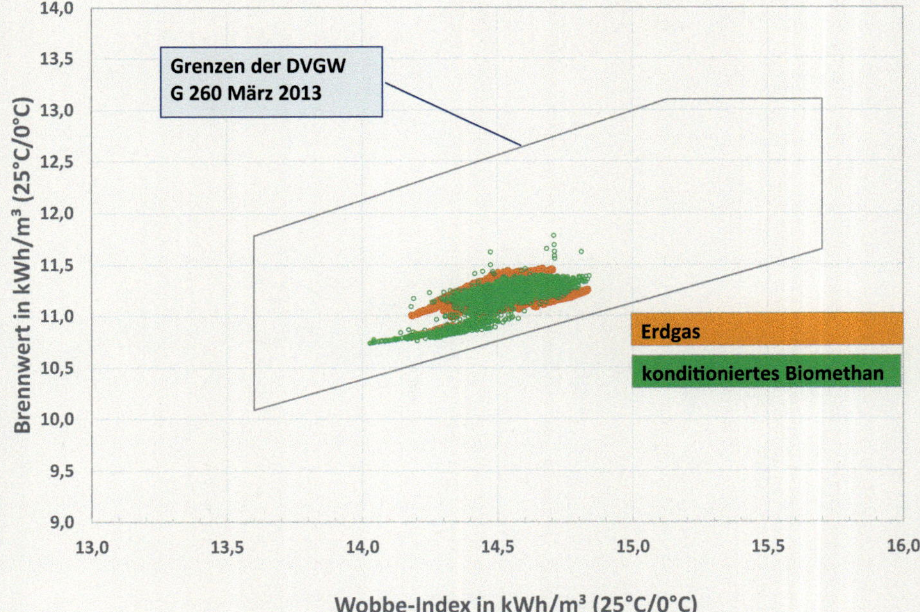

Bild 4: Kennwerte von Leitungsgas (gelb) und konditioniertem Biomethan (grün) für den betrachteten Beispielfall. Dargestellt sind Stundenwerte des installierten PGC über ein Jahr.
Quelle: Erfahrungsaustausch der Chemiker und Ingenieure des Gasfaches 2019, Vortrag Nitschke-Kowsky/Weßing

zusammengestellt. Die Übereinstimmung des Brennwertes kann mit Zumischung von fossilem Propan sehr gut erreicht werden. Bei mittleren Brennwerten von Erdgas (2) und Biogas (B) passen ebenfalls die Wobbe-Indizes sehr gut zusammen. Wird jedoch im Extremfall ein Biomethan mit höherem Brennwert (Beispiel A) auf ein niedriges Erdgas (1) oder umgekehrt ein niederkalorisches Biomethan (C) auf ein höherkalorisches Erdgas (3) konditioniert, weichen die sich ergebenden Wobbe-Indizes von Erdgas und konditioniertem Biomethan zwangsläufig voneinander ab. Die Abweichungen im betrachteten Beispielfall betragen etwa – 5 %/+3 %vom Wobbe-Index des Erdgases.

Betrachtet man nun jedoch die Stundenmesswerte von Brennwert und Wobbe-Index eines Jahres von Erdgas und konditioniertem Biomethan in **Bild 4**, so wird

Tabelle 1: Berechnung der Zumischrate für verschiedene Beschaffenheiten von Biomethan und Erdgas. Die sich ergebenden Brennwerte stimmen überein, durch die unterschiedliche Zusammensetzung der Gase ergeben sich zwangsläufig Abweichungen im Wobbe-Index

Gasbeschaffenheit	Symbol	Einheit	Leitungsgas			Biomethan			konditioniertes Biomethan		
			Beispiel 1	Beispiel 2	Beispiel 3	Beispiel A	Beispiel B	Beispiel C	A auf 1	B auf 2	C auf 3
methane	CH4	mol%	95,012	93,93	96,60	99,00	97,69	95,07	99,00	95,74	91,08
nitrogen	N2	mol%	3,27	1,759	0,63	0,75	0,55	0,53	0,75	0,54	0,51
carbon dioxide	CO2	mol%	0,279	0,786	0,21	0,25	0,82	3,85	0,25	0,80	3,69
ethane	C2H6	mol%	1,325	2,95	2,06						
propane	C3H8	mol%	0,067	0,35	0,37					2,00	4,20
n-butane	n-C4H10	mol%	0,011	0,05	0,05						
2-Methyl-butane	i-C4H10	mol%	0,023	0,11	0,07						
n-pentane	n-C5H12	mol%	0,005	0,013	0,01						
2-Methyl-butane	i-C5H12	mol%	0,006	0,021	0,01						
n-hexane	n-C6H14	mol%	0,002	0,038	0,01						
n-heptane	n-C7H16	mol%									
n-octane	n-C8H18	mol%									
n-nonane	n-C9H20	mol%									
n-decane	n-C10H22	mol%									
helium	He	mol%									
argon	Ar	mol%									
hydrogen	H2	mol%									
oxygen	O2	mol%									
Brennwert 25/0	H_{SV}	kWh/m³	10,81	11,15	11,24	10,95	10,81	10,52	10,95	11,15	11,24
relative Dichte	d	–	0,579	0,592	0,575	0,560	0,570	0,597	0,560	0,590	0,637
Wobbe-Index 25/0	W_S	kWh/m³	14,20	14,50	14,82	14,63	14,31	13,61	14,36	14,52	14,09

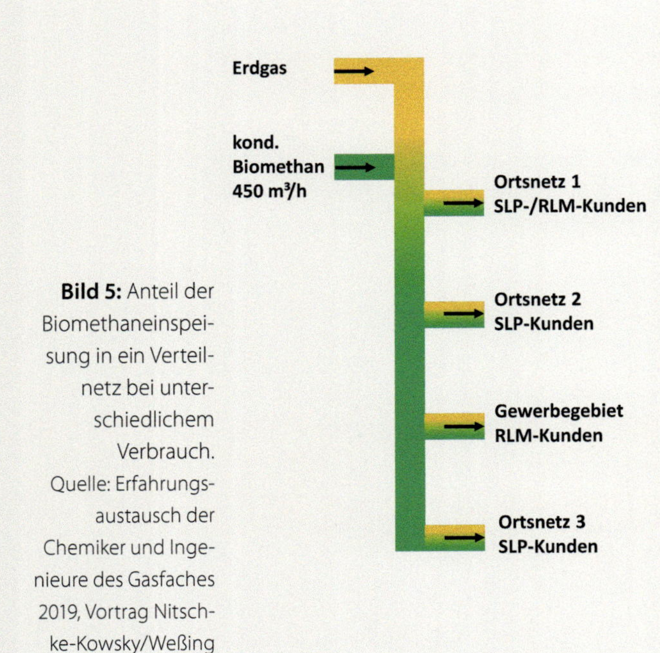

m³/h	-15°C	-15°C WE	10°C	10°C WE
Ortsnetz 1	420	245	360	70
Ortsnetz 2	385	385	130	130
Gewerbeg.	510	355	410	200
Ortsnetz 3	460	460	175	175
Summe	1775	1445	1075	575
Anteil Biomethan	25%	31%	42%	78%

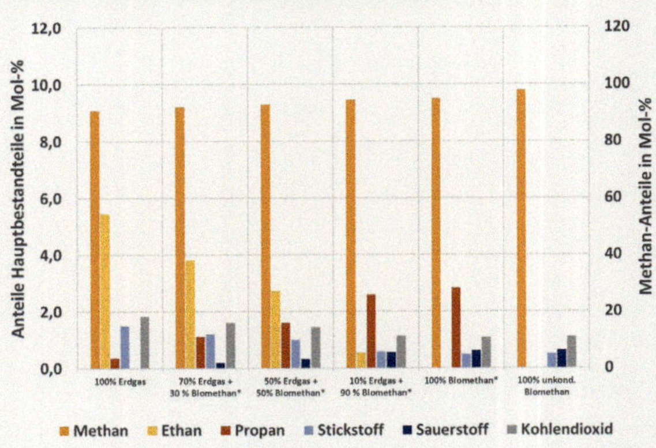

Bild 5: Anteil der Biomethaneinspeisung in ein Verteilnetz bei unterschiedlichem Verbrauch.
Quelle: Erfahrungsaustausch der Chemiker und Ingenieure des Gasfaches 2019, Vortrag Nitsch-ke-Kowsky/Weßing

deutlich, dass die gesamte Verteilung der Kennwerte etwa übereinstimmt. Die sich ergebende Schwankungsbreite des Wobbe-Index ist gegenüber reinem Erdgas nur geringfügig erhöht.

In der Praxis kommt nun ein weiterer Aspekt hinzu: Das regenerative Biomethan wird stets vollständig eingespeist, denn die erneuerbaren Gase sollen vorrangig genutzt werden, bevor Erdgas zum Einsatz kommt. Im Idealfall kann die Biogasanlage den Verbrauch vollständig decken. Häufig muss jedoch, insbesondere an kalten Wintertagen, Erdgas zugemischt werden, um die Bedarfsspitze zu decken. Je nach Bedarf der Gesamtheit der angeschlossenen Verbraucher stehen so unterschiedliche Mischungsverhältnisse von Erdgas und Biomethan an.

Beispielhaft sind drei verschiedene Verteilgasnetze und ein Gewerbegebiet an eine Versorgungsleitung mit Biomethaneinspeisung angeschlossen, siehe **Bild 5**. In Abhängigkeit von der Außentemperatur variieren die Heizgasverbräuche deutlich. Darüber hinaus reduziert sich der Bedarf im Gewerbegebiet an den Wochenenden. Da die Biomethaneinspeisung stets bei 450 m³/h bleibt, variiert der Anteil im Mischgas von 25 Vol.-% bis fast 80 Vol.-%. Entsprechend verändert sich auch die Beschaffenheit des Mischgases. In unserem Beispielfall steigt der Methananteil mit steigender Biomethannutzung, aber auch der Propananteil im niedrigen Prozentbereich. Der Ethananteil sinkt gleichzeitig deutlich. Der Brennwert bleibt konstant, da abrechnungsbedingt brennwertgleich konditioniert wird. Der Wobbe-Index kann, wie oben gezeigt, schwanken.

Der momentane Wert des Wobbe-Index kann nicht angegeben werden, da die momentanen Verbräuche und damit das momentane Mischungsverhältnis nicht bekannt sind.

Die Schwankungsbreite des Wobbe-Index über einen bestimmten Zeitraum kann jedoch angegeben werden, wenn die Schwankungsbreite des Erdgases über diesen Zeitraum bekannt ist.

2.2 Einführung einer Brennwertverfolgung im Verteilnetz

Eine innovative Möglichkeit zur Bereitstellung des Abrechnungsbrennwertes in einem Verteilnetz mit Biomethan-Einspeisung ist die Einführung eines Brennwertverfolgungssystems, z. B. SmartSim®. In diesem System werden alle Einspeisungen und Ausspeisungen erfasst und die Gasflüsse und die Mischungsverhältnisse im Verteilnetz berechnet. Dieses ermöglicht auch bei Mehrseiteneinspeisung eine genaue Bestimmung des Brennwertes an den Ausspeisepunkten. Das System wird Standortspezifisch von den Eichbehörden geprüft und für die Abrechnung zugelassen. Wenn die vollständigen Gasanalyse der eingespeisten Gase erfasst werden, ist auch eine vollständige Bestimmung der aktuellen Gasbeschaffenheit und damit zum Beispiel des Wobbe-Index an Ausspeisepunkten möglich.

Nach Installation dieses Erfassungssystems ist eine Konditionierung des Biomethans nicht mehr nötig. Dieses regenerative Gas wird nicht mehr zusätzlich mit fossilen Bestandteilen belastet. Damit können Betriebskosten

Mehr Wasserstoff technisch sicher verankern.
Zielgröße 20 Vol.-% H_2 bei weitgehend unveränderter Infrastruktur.

Bis 2030 soll 10 Vol.-% H_2 ohne Einschränkungen regelwerksseitig verbindlich gelten.

Integration einer neuen Gasfamilie in die DVGW G 260 für 100 Vol.-% H_2

Bild 6: Ziele des DVGW und der Gaswirtschaft zur Integration von Wasserstoff
Quelle: Erfahrungsaustausch der Chemiker und Ingenieure des Gasfaches 2019, Vortrag Nitschke-Kowsky/Weßing

und bei Neubau auch Investitionskosten eingespart werden.

Im Verteilnetz wird sich mit dieser Betriebsweise der Brennwert und der Wobbe-Index innerhalb der Grenzen der DVGW G 260 | März 2013 [3] nach unten verschieben. Daraus ergibt sich bei gleichem Energiebedarf der Bedarf eines im Verhältnis der Brennwerte erhöhten Gas-Volumenstromes im Verteilnetz und an Brennern. Verteilnetze sind auf Schwankungen innerhalb der Grenzen der DVGW G 260 ausgelegt. Gewerbe- und Industriebetriebe, die Ihre Brenner bereits heute an der oberen Belastungsgrenze fahren, sollten ggf. die Einstellung ihrer Brenner überprüfen.

Die Schwankungen im Brennwert und im Wobbe-Index sind gegenüber dem Betrieb mit Konditionierung geringfügig höher, maximal entsprechen sie im hier angeführten Beispiel den Randwerten aus **Bild 3** und sind damit etwa

Hs = 10,6 kWh/m^3 bis11,5 kWh/m^3 (± ca. 4,0 % bez. auf den Mittelwert)

und

Ws= 13,9 kWh/m^3 bis 14,8 kWh/m^3 ((± ca. 3,1 % bez. auf den Mittelwert).

Nur in wenigen Stunden werden noch niedrigere Kennwerte beim Biomethan erreicht.

In verschiedenen Verteilnetzen wurde eine Brennwertverfolgung bereits erfolgreich umgesetzt und die Konditionierung des Biomethans mit fossilem Flüssiggas eingestellt.

Im Allgemeinen arbeiten die nachgeschalteten Gasgeräte nach Einführung der Brennwertverfolgung und Abschaltung der Konditionierung ohne Funktionsstörungen und waren für den Anwender unauffällig. Damit ist diese Vorgehensweise eine innovative Möglichkeit, erneuerbare Gase umweltschonend ohne zusätzliche Belastung mit fossilen Anteilen zu nutzen und gleichzeitig von der Möglichkeit einer besseren Kenntnis der lokalen Gasbeschaffenheit zu profitieren. Aus Sicht der Netzbetreiber lassen sich zusätzlich die Betriebskosten reduzieren.

3. Wasserstoffeinspeisung in Deutschland

Wasserstoff in der Gasinfrastruktur ist eine weitere hervorragende Möglichkeit die CO_2-Emissionen zu reduzieren, den regenerativen Anteil in der Gasverteilung zu steigern und damit die Einspeisung von Biomethan zu ergänzen.

Darüber hinaus kann das Überangebot an regenerativer elektrischer Energie genutzt und die Energie in der Gasinfrastruktur gespeichert und zur Verwendung gebracht werden. Die Abregelung der Erzeugungsanlagen von regenerativem Strom (Windkraftanlagen, Photovoltaikanlagen) kann dann reduziert oder sogar vermieden werden.

Die Gaswirtschaft arbeitet gemeinsam mit dem DVGW intensiv auf den Ebenen Gastransport, Gasverteilung und Gasanwendung an der Gestaltung und technischen Umsetzung der Wasserstoffeinführung.

Die Ziele des DVGW und der Gaswirtschaft

„Die Gasbranche und der DVGW haben sich daher das Ziel gesetzt, die bestehende Gasinfrastruktur für eine schrittweise Erhöhung des Wasserstoffanteils in einem klimafreundlichen Energiesystem fit zu machen" [4] Dabei bekennt sich der DVGW zu einem zügigen Aufbau einer Wasserstoffinfrastruktur und zwar sowohl von Mischnetzen aus (Bio-)Methan mit Wasserstoffanteilen, als auch von reinen Wasserstoffnetzen für die Nutzung gerade auch im Wärmesektor. 50 % der deutschen Haushalte sind an Gasnetzen angeschlossen und können somit in einfacher Form und ohne technischen Umbau mit regenerativer Energie beliefert werden.

Ein Ziel ist es, mehr Wasserstoff technisch sicher zu verankern. Im zukünftigen Regelwerk wird zunächst eine Zumischung bis 20 Vol.-% Wasserstoff angestrebt. Keinverbraucher im Bestand sind voraussichtlich in den allermeisten Fällen auf diesen Wert adaptierbar. Dies ist Gegenstand der aktuellen Forschung. Möglicherweise sind in einzelnen Netzen auch höhere Wasserstoffanteile erreichbar.

Heute ermöglicht das bestehende DVGW-Regelwerk überall dort, wo es keine Einschränkungen durch spezifische Anwendungen gibt, eine Zumischung von 10 Vol.-% H_2. Bis 2030 soll dieser Wert im vorhandenen Gasnetz regelseitig verbindlich festgelegt werden.

Für die reine Wasserstoffversorgung ist im Gelbdruck der neuen DVGW G 260 bereits eine neue Gasfamilie definiert, siehe **Bild 6**.

Mit Wasserstoffnutzung den Wärmemarkt dekarbonisieren

Die Dekarbonisierung des Wärmemarktes stellt eine besondere Herausforderung bei der Erreichung der Klimaschutzziel dar. Auch in der Politik setzt sich mehr und mehr die Überzeugung durch, dass eine vollelektrische Wärmeversorgung nicht zu realisieren ist. Wasserstoff als Energieträger sollte auch für den Wärmemarkt zur Verfügung gestellt werden. Mit Zumischraten von 10 Vol.-% oder 20 Vol.-% ist so für Endkunden ohne weitere Maßnahmen eine CO_2-Reduzierung von 3-7 % einfach umsetzbar, so dass auch Mieter in Wohnungen einen Beitrag leisten können. Gemeinsam mit weiteren Maßnahmen an der Heizungstechnik durch den Hausbesitzer oder Vermieter sind Einsparungen bis zu 52 % möglich, siehe **Bild 7** [5]. Dämmmaßnahmen und Arbeiten am Gebäude können dann zusätzlich erfolgen.

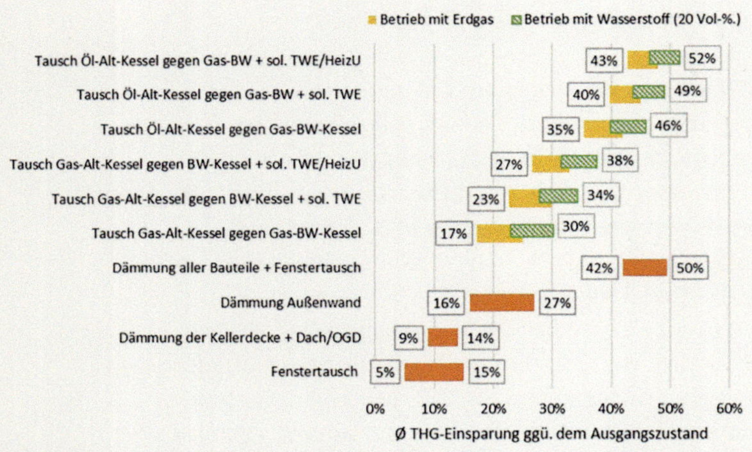

Bild 7: Durchschnittliche THG-Einsparung für verschiedene Einsparmaßnahmen nach Quelle: Oschatz, Winiewska, Nitschke-Kowsky, Weßing, „CO_2-Einsparung im Gebäudebereich durch den Einsatz von Wasserstoff", energie | wasser praxis10/2020,

Mit mehr als 19 Mio. Wohngebäuden in Deutschland ergibt sich mit diesen Maßnahmen ein sehr hohes CO_2-Einsparpotenzial.

3.1 Wasserstoffverträglichkeit von Verteilnetzbauteilen

Im Gegensatz zu Methan und Kohlendioxid, den Hauptbestandteilen von Biomethan, ist Wasserstoff kein natürlicher Bestandteil von Erdgasen. Damit eröffnen sich einige grundlegende Materialfragen bzgl. Korrosion, Versprödung und Alterung von Kunststoffen in Bauteilen und Dichtungen, etc. Umfangreiche Erfahrungen aus der Zeit der Stadtgasversorgung, welches einen Anteil von 40-60 Mol-% Wasserstoff enthielt, können genutzt werden. Diese Gasfamilie war noch bis Anfang 2013 Bestandteil der dann noch gültigen DVGW G 260 Mai 2008 [6] und damit auch Prüfgrundlage für zahlreiche Bauteile der öffentlichen Gasversorgung. Darüber hinaus gibt es aktuell weltweit noch einige Stadtgas-versorgte Gebiete, deren Erfahrungen genutzt werden können.

Mehr als 500.000 km an bestehenden Gasleitungen im Druckbereich von > 25 mbar bis < 100 bar in Deutschland sind hinsichtlich ihrer technischen Eignung hinsichtlich Rohrmaterial, Komponenten und Bauteile zu bewerten und durch die Netzbetreiber freizugeben. Zahlreiche Forschungsprojekte auf nationaler und internationaler Ebene sind hierzu angelaufen. Der DVGW trägt mit umfangreichen Forschungsgeldern über die einzelnen technischen Komitees den Prozess mit. Mit den gewonnenen Ergebnissen werden schrittweise die DVGW-Arbeitsblätter/ -Merkblätter angepasst oder je nach Bedarf neue Arbeitsblätter aufgesetzt. Als ein Beispiel kann der Technische Hinweis „Umstellung von Gashochdruckleitungen aus Stahlrohren mit einem Auslegedruck von mehr als 16 bar für den Transport von Wasserstoff" [7] genannt werden. Zwei vergleichbare Merkblätter sind im Druckbereich < 16 bar für Rohrleitungen aus Stahl und Kunststoff aus dem TK Gasverteilung in Vorbereitung. Auch in der durch das Bundesministerium für Wirtschaft getragenen „Gasstrategie 2030" (2019) und in der „Nationalen Wasserstoffstrategie" (2020) ist der erforderliche Transformationsprozess für die Transport- und Verteilnetzinfrastruktur ausgewiesen. Im Allgemeinen kann heute davon ausgegangen werden, dass eine Wasserstoffzumischung, nur noch mit wenigen Einschränkungen, bis < 10 Vol.-% an Wasserstoff ins Erdgas in ein Gasverteilnetz lokal möglich ist. Bei Zumischungen < 20 Vol.-% werden in Gasverteilnetzen möglicherweise geringfügige Anpassungen erforderlich sein. Gemeinsam mit Herstellern wurden diesbezüglich Untersuchungen angestoßen. Folgerichtig wären 30 Vol.-% das nächste Ziel. Hierzu werden oder sind bereits entsprechende Forschungsprojekte bei Netzbetreiber in Vorbereitung. Auf europäischer Ebene tragen

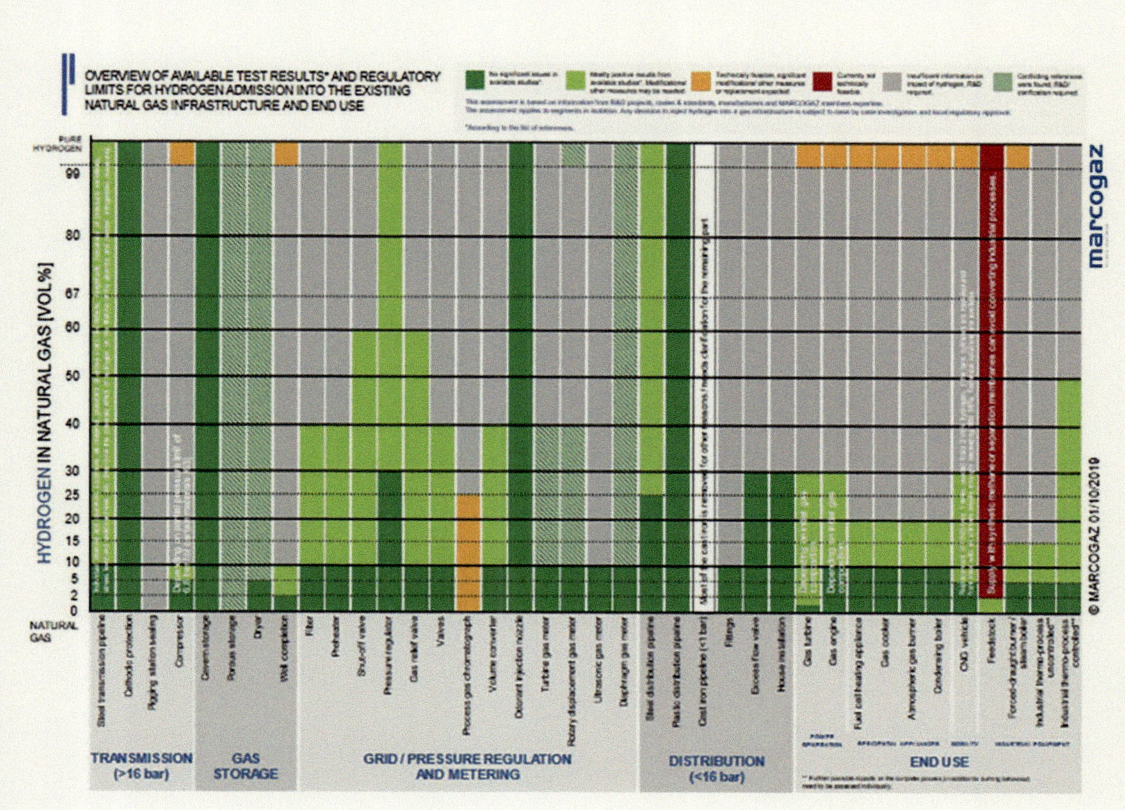

Bild 8: Grenzen der Wasserstoffzumischung der Bauteile in der Versorgungskette
Quelle: [12]

die Netzbetreiber bei der MARCOGAZ ihre Ergebnisse zusammen und zeigen einen ersten Überblick über den Stand, siehe **Bild 8**, [12]. Diese Arbeiten werden dort fortgesetzt.

In Deutschland lässt derzeit ein Konsortium aus Verteilnetzbetreibern diese Bauteilfragen durch das DBI intensiv untersuchen. Herstellererfahrungen und Bauteilspezifische Bewertungen werden zusammengetragen und offene Fragen bearbeitet.

Auf der Transportebene werden dagegen zurzeit verstärkt Untersuchungen zur Umstellung von ganzen Netzen auf 100 Vol.-% Wasserstoff durchgeführt.

3.2 Zumischung von Wasserstoff unter Berücksichtigung von Gasbeschaffenheit und Verbrennungseigenschaften

Letztendlich kann eine wasserstoffbasierte Energieversorgung nur aufgebaut werden, wenn es zeitgleich gelingt, klare Aussagen zu den Bestands- und Neugeräten im Endkundenbereich zu haben. Je nach Zumischrate an Wasserstoff ins Erdgas sollten so wenig als möglich Endgeräte angepasst oder ausgetauscht werden müssen.

Praktische Umsetzung – Wo stehen wir heute?

Bereits heute gibt es eine Vielzahl verschiedener Projekte zur Wasserstofferzeugung durch regenerative Energie (Power-to-Gas). Einen guten Überblick erhält man auf den Internetseiten des DVGW [8]. Neun Projekte speisen bereits Wasserstoff ein und sechs weitere sind in Planung. Häufig muss eine Grenze von 2 Vol.-% H_2 eingehalten werden, da Erdgastankstellen am Netz angeschlossen sind.

2016 wurde erstmalig in Deutschland und Europa in einem Gemeinschaftsprojekt von E.ON, E.ON Netzbetreiber Schleswig-Holstein Netz AG und DVGW eine Einspeisung von 10 Vol.-% Wasserstoff in ein Bestandsnetz mit einem unveränderten Gerätebestand bei 177 Kunden in Haushalt und Kleingewerbe erfolgreich realisiert [9]. In diesem in den Orten Klanxbüll und Neukirchen umgesetzten Projekt wurden viele Aufgaben der Netzbetreiber beispielhaft gelöst, u. a. die eichrechtlich genehmigte Abrechnung der Kunden. Die Gerätetechnik wurde vor, während und nach Abschluss der Einspeisung messtechnisch untersucht und die Ergebnisse intensiv im Projektbegleitkreis unter Einbindung von Herstellern diskutiert. Nicht zuletzt dieses Projekt trug dazu bei, dass inzwischen eine Einspeisung von bis zu 10 Vol.-% von den Geräteherstellern gegenüber dem BMWi im Rahmen der Gasstrategie 2030 allgemein akzeptiert wurde.

Im nächsten Schritt arbeiten der Netzbetreiber der E.ON, Avacon und der DVGW an der Vorbereitung und Umsetzung einer Einspeisung von 20 Vol.-% Wasserstoff

Tabelle 2: Messergebnisse an fünf bei Kunden installierten Brennwertkessel mit Erdgas und dem Prüfgas G 222 während der testweisen Durchführung einer Vor-Ort-Messung. Quelle: TK 2-2 vom 4.6.2020 Nitschke-Kowsky (SHNG), Kronenberger (GWI)

Gerät		Kategorie		BWK 1	BWK 2	BWK 3	BWK 4	BWK 5
				I2ELL	I2N	I2ELL	I2N	I2ELL
		Brenner		Überstöchiometrisch vormischende Brenner				
Erdgas	Volllast	NOx	mg/kWh	56	27	29	17	35
		CO	mg/kWh	17	92	94	55	111
		O2	%	4,3	4,8	4,8	5,6	4,4
		CO2	%	9,4	9,1	9,2	8,7	9,3
		Lambda	–	1,23	1,27	1,26	1,33	1,24
	Kleinlast	NOx	mg/kWh	60	3	17	23	12
		CO	mg/kWh	40	6	4	2	3
		O2	%	0,8	5,4	5,8	5,1	4
		CO2	%	11,3	8,7	8,6	8,9	4,9
		Lambda	–	1,04	1,31	1,34	1,29	1,21
Prüfgas G 222	Volllast	NOx	mg/kWh	19	21	19	12	19
		CO	mg/kWh	12	1	45	19	53
		O2	%	5,5	5,7	5,5	6,5	5,5
		CO2	%	8,7	8,6	8,7	8,1	8,7
		Lambda	–	1,32	1,34	1,32	1,4	1,32
	Kleinlast	NOx	mg/kWh	27	10	10	19	8
		CO	mg/kWh	3	36	1	3	0
		O2	%	2,9	6,6	6,5	5,5	6,2
		CO2	%	10,2	8,1	8,2	8,7	8,3
		Lambda	–	1,14	1,41	1,4	1,32	1,38
Gebauchsfähigkeit			l/h	✓	0,0	0,0	0,1	0,0

in ein Bestandsnetz. Dieses Projekt stellt eine deutlich größere Herausforderung dar. In diesem zweiten Pilotprojekt wird mit steigender Zumischung die untere Dichtegrenze unterschritten, siehe **Bild 9**. Die Grenzen des Wobbe-Index werden eingehalten. Darüber hinaus wurde ein etwa doppelt so großes Verteilnetz mit 340 Endkunden ausgewählt. Mit dieser größeren Anzahl an Kunden und damit verschiedenen Gerätetypen, Installations- und Betriebsweisen und Variationen im Nutzerverhalten wird eine noch bessere Übertragbarkeit der Untersuchungsergebnisse erreicht.

Wie im Vorgängerprojekt sind die Gerätehersteller im Projektbegleitkreis intensiv eingebunden. Im ersten Schritt werden im Projekt bestehende Laboruntersuchungen analysiert und für das Projekt bewertet. Darüber hinaus ist vorgesehen, vor dem Start der Wasserstoff-Einspeisung, alle Endgeräte im Projektgebiet bei den Kunden einer Prüfung mit dem Prüfgas G 222 (23 Vol.-% H_2, 76 Vol.-% CH_4) zu unterziehen. Dieses Prüfgas wird seit 1996 bei der Zulassung aller Gasgeräte eingesetzt. Alle Gerätetypen, die nicht älter sind, haben bereits eine derartige Prüfung bei der Zulassung im Neuzustand bestanden.

Das Verfahren zur Vor-Ort-Prüfung wurde testweise bei fünf Kunden erfolgreich erprobt, siehe **Bild 10**. Wie bereits bei umfangreichen Laboruntersuchungen nachgewiesen, zeigte sich auch in der Praxis, dass alle Geräte mit dem Prüfgas G 222 sicher und zuverlässig betrieben

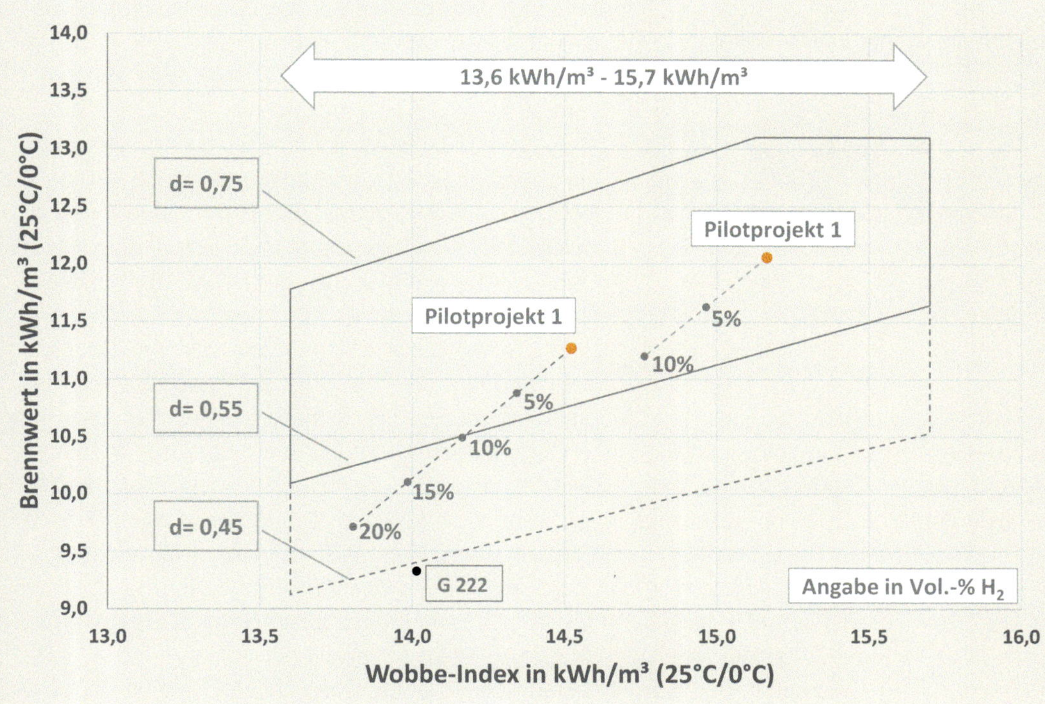

Bild 9: Kenndaten der Gasbeschaffenheit bei Wasserstoffzumischung in den beiden Pilotprojekten von DVGW und E.ON Netzbetreibern Schleswig-Holstein Netz AG (abgeschlossenes Pilotprojekt 1) und Avacon Netz GmbH (gestartetes Pilotprojekt 2). Hinzugefügt sind die Kenndaten des Prüfgases G 222 mit 23 Vol.-% H_2, mit dem Geräte bei der Zulassung geprüft werden.
Quelle: Erfahrungsaustausch der Chemiker und Ingenieure des Gasfaches 2019, Vortrag Nitschke-Kowsky/Weßing

und gestartet werden konnten. Dabei nimmt die Luftzahl aufgrund des kleineren Luftbedarfes von Wasserstoff etwas zu. Die Emissionen an CO und NO_x sinken; ein weiterer Vorteil für die Wasserstoffzumischung, siehe **Tabelle 2**.

Nach der Prüfung aller Geräte im Projektgebiet und vor der ersten Einspeisung erfolgt eine sorgfältige Bewertung der Ergebnisse durch alle Projektbeteiligten.

Mit dem zunehmenden Interesse an Wasserstoff sind weitere Projekte anderer Netzbetreiber in Planung und Vorbereitung. Gemeinsam ist allen Projekten das Ziel, eine sichere wissenschaftliche Basis für eine mögliche Anhebung der Zumischgrenze im Bestand zu legen.

Für neue und neu entwickelte Gasgeräte ist durchaus eine weitere Anhebung der Zumischgrenze auf 30 Vol.-% möglich und heute bereits von einigen Herstellern angestrebt. Intensive Laboruntersuchungen an zwei Seriengeräten der Fa. Viessmann wurden von Dr. Manfred Dzubiella auf der GAT 2019 vorgestellt. Nachgewiesen werden konnte, dass die „Gerätesicherheit in vollem Umfang gewährleistet" (Folie 5) ist und „keine essentiellen Nachteile zu erwarten" (Folie 6) sind. Andere Hersteller geben an, dass sämtliche neue Geräte für 30 Vol.-% Wasserstoffzumischung geeignet sind.

Eine Einspeisung bis zu 30 Vol.-% H_2 ist in der zweiten Phase der „Öhringer Wasserstoff-Insel" der EnBW geplant. [10].

An einer vorläufigen Prüfgrundlage wird im DVGW derzeit intensiv gearbeitet.

Eine weitere kontinuierliche Steigerung der Zumischung von Wasserstoff wird im Allgemeinen nicht erwartet, da ab einer bestimmten, technisch bedingten Grenze, die Gerätetechnik deutlich angepasst bzw. umgebaut werden müsste. Sinnvoller und wirtschaftlicher ist es dann voraussichtlich auf reine Wasserstoffnetze umzustellen.

3.3 Reine Wasserstoffnetze erfordern neue Gerätetechnik

Neben der Wasserstoffzumischung sind Inselnetze mit einer reinen Wasserstoffversorgung zur Nutzung in der Industrie aber auch und gerade in der Wärmeverwendung für private Nutzung Ziel des DVGW und der Gaswirtschaft. Bei steigendem Angebot an Wasserstoff können diese Inselnetze nach und nach zusammenwachsen und so die Entwicklung hin zu einem CO_2-armen Wärmemarkt unterstützen.

Neben der Ertüchtigung und Umwidmung der Netze sind wesentlich Schritte bei der Geräteentwicklung notwendig.

Brennwertkessel für den reinen Wasserstoffbetrieb werden in zentralen Bestandteilen von heutigen Geräten abweichen. Eine Ionisationsüberwachung ist beispielsweise nicht mehr möglich. Für heute übliche Flächenbrenner müssen voraussichtlich andere Materialien eingesetzt, ggf. neue Brennertypen entwickelt werden, die für die deutlich höhere Flammengeschwindigkeit und die heißere Verbrennung von reinem Wasserstoff bei

Bild 10: Prüfung installierter Bestandsgeräte beim Kunden mit Prüfgas G 222 mit 23 Vol.-% H_2. Quelle: TK 2-2 vom 4.6.2020 Nitschke-Kowsky (SHNG), Kronenberger (GWI)

gleichzeitig niedrigem Emissionsniveau geeignet sind. Die äußere Bauform der Geräte wird ähnlich bleiben können, so dass die Verbraucher keine große Veränderung bemerken werden. Viele deutsche Gerätehersteller sind bereits intensiv mit Entwicklungsarbeiten beschäftigt.

Erste Modellprojekte für Wasserstoff-Inselnetze sind bereits in Vorbereitung. Im Projekt SmartQuart soll in Kaisersesch ein wasserstoffbasiertes Microgrid aufgebaut werden [11]. U. a. sollen in diesem Projekt Haushalte mit grünem Wasserstoff zur Wärmeerzeugung versorgt werden.

Die Gasversorgung Vorpommern plant die Errichtung und den Betrieb eines kleinen Gasnetzes mit ca. 20-30 Haushaltskunden, welches dauerhaft mit reinem Wasserstoff versorgt werden soll. Erzeugung und Vermarktung des Wasserstoffes werden von einem externen Unternehmen übernommen.

4. Zusammenfassung und Fazit

Biomethaneinspeisung ist heute Stand der Technik und ermöglicht in den entsprechenden Regionen eine Belieferung der Kunden mit überwiegend erneuerbarer Energie. Durch die Einführung eines Brennwertverfolgungs-Systems kann und wird an vielen Anlagen die abrechnungsbedingte Konditionierung beendet und damit die Belastung mit fossilen Anteilen vermieden.

Mit der Einspeisung von regenerativem Wasserstoff kann der Anteil erneuerbarer Energien zukünftig weiter gesteigert werden. Hierzu werden die Netzbauteile auf ihre Wasserstoff-Tauglichkeit untersucht.

Im Bereich der Gerätetechnik bei Endkunden ist aktuell von den Geräteherstellern eine Grenze von 10 Vol.-% gegenüber dem BMWi im Rahmen der Gasstrategie 2030 akzeptiert. Es gibt jedoch noch spezifische Ausnahmen, wie z. B. u. a. Erdgastankstellen.

Die Anhebung dieser Grenze auf 20 Vol.-% H_2 wird aktuell in laufenden Projekten untersucht. 30 Vol.-% H_2 wird möglicherweise für Neugeräte erreichbar sein.

Grundsätzlich reduzieren sich durch die Nutzung erneuerbarer Gase Brennwert und Wobbe-Index des Gases innerhalb der Grenzen der DVGW G 260 und häufig erhöht sich die lokale Schwankungsbreite im aufnehmenden Verteilnetz. Wie aufgezeigt, ist diese Schwankung bei Biomethaneinspeisung grundsätzlich nicht zu verhindern.

Für eine Einspeisung der regenerativen Gase ist daher die zulässige Schwankungsbreite des Wobbe-Index im Netz nach DVGW G 260 möglichst nicht weiter zu reduzieren. Eine Aufweitung der unteren Grenze der relativen Dichte wird u. a. im Rahmen des DVGW Projektes Roadmap 2050 untersucht.

Die Gerätetechnik ist darauf abzustimmen. Mit 'Smarten Lösungen', wie z. B. einer selbstadaptierenden Verbrennungsregelung für Brennwertkessel, sind schon erste Wege aufgezeichnet. Für die Bestandsgeräte sind in der Übergangszeit klare Aussagen zu den Leistungsgrenzen zwingend erforderlich. Diese können im Rahmen der Pilotvorhaben und ergänzenden Labortests erfolgen.

Inselnetze mit reiner Wasserstoffverteilung werden in Zukunft die Belieferung mit regenerativer Energie ergänzen. Ein erster Schritt ist mit der Aufnahme einer neuen Gasfamilie im Gelbdruck der DVGW G 260 erfolgt. Netzauslegung und ein Teil der Netzbauteile müssen angepasst werden, ebenso wie die Endgeräte der Kunden. Erste Projekte hierzu sind bereits in enger Kooperation mit den Netzbetreibern und dem DVGW angelaufen.

Die Gaswirtschaft steht vor großen Aufgaben, die aber wie schon in der Vergangenheit beim Umstieg von Stadtgas auf Erdgas, mit allen Akteuren im Gasmarkt gemeinsam erfolgreich bestanden werden kann.

Literatur

[1] BNetzA, „Monitoringberichte 2012 bis 2019," Bundes Netz Agentur, Bonn, 2012 bis 2019

[2] „DVGW G 290 (M) Dezember 2019: Rückspeisung von Gase in vorgelagerte Transportleitungen – Gasbeschaffenheitsanpassung," DVGW Deutscher Verein des Gas- und Wasserfaches – technisch-wissenschaftlicher Verein eV.

[3] „DVGW G 260 März 2013: Gasbeschaffenheit," DVGW Deutscher Verein des Gas- und Wasserfaches – technisch-wissenschaftlicher Verein e. V.

[4] DVGW, „Stellungnahme vom 4.September 2020 zur Marktkonsultation des Bundesnetzagentur zur Regluierung von Wasserstoffnetzen," Berlin, 2020

[5] *Oschatz, B.; Winiewska, B.; Nitschke-Kowsky, P.* und *Weßing, W.*: „CO_2-Einsparung im Gebäudebereich durch den Einsatz von Wasserstoff," energie wasser praxis, 10 2020

[6] „DVGW G 260 Mai 2008: Gasbeschaffenheit," DVGW Deutscher Verein des Gas- und Wasserfaches – technisch-wissenschaftlicher Verein e. V.

[7] „DVGW G 409 (M) September 2020: Umstellung von Gashochdruckleitungen aus Stahlrohren für einen Auslegungsdruck von mehr als 16 bar für den Transport von Wasserstoff," DVGW Deutscher Verein des Gas- und Wasserfaches – technisch-wissenschaftlicher Verein e. V.

[8] „Wo aus Wind und Sonne grünes Gas wird...(2020)," [Online]. Available: https://www.dvgw.de/themen/energiewende/power-to-gas/

[9] *Dörr, H.; Kröger, K.; Nitschke-Kowsky, P.* und *Weßing, W.*: Praxiserfahrungen mit der Wasserstofeinspeisung in ein Erdgasverteilnetz, energie wasser-praxis, pp. 20-27, 10 2015

[10] „Die Öhringer Wasserstoff-Insel," 16 09 2020. [Online]. Available: https://www.netze-bw.de/unsernetz/netzinnovationen/wasserstoff-insel

[11] „SmartQuart wird erstes „Reallabor der Energiewende" (2020)," [Online]. Available: https://news.innogy.com/smartquart-wird-erstes-reallabor-der-energiewende/

[12] „Overview of available test results and regulatory limits for hydrogen admission into existing natural gas infrastructure and end use (2020)," [Online]. Available: https://ec.europa.eu/info/sites/info/files/energy_climate_change_environment/events/documents/02.c.03_mf33_background_-_marcogaz_-_info-graphic_hydrogen_admission_-_j_dehaeseleer_g_linke.pdf

[13] *Dzubiella, M.*: Wasserstoff in Gasheizgeräten, in Gasfachliche Aussprache Tagung, Köln, 201

Autoren

Dr. **Petra Nitschke-Kowsky**
bis Juli 2020 Technical Consultant der Schleswig-Holstein Netz AG |
petra.nitschke-kowsky@gmx.de

Dipl.-Ing **Werner Weßing**
bis Juni 2020 Referent der Avacon Netz GmbH |
werner.wessing@web.de

Wertsteigerung für das Gasnetz – Wasserstoff intelligent einbinden

Anja Baschin, Werner Multhaup, Leonid, Kuoza, Walter Verhoeven und Willi Terlau

Gasnetz, Wasserstoff, Transport-, Steuerungs- und Speichertechnologien, IT-Systeme

Das zukünftige Energiesystem ist durch einen hohen Anteil an erneuerbaren Energien und durch sektorenübergreifende Optimierungsanforderungen geprägt. Die Gasinfrastruktur ist dafür von unschätzbarem Wert. Mit ihr kann Energie in Form von Gasen in unterschiedlichsten Qualitäten aufgenommen, transportiert und gespeichert werden. Aus Sicht eines Softwarelieferanten für den Strom- und Gassektor wird aufgezeigt, wie Gasnetzbetreiber Wasserstoff als Brückenelement der beiden Energiewelten in ihr System integrieren können. Dazu gehören das Aufsetzen neuer Liefer-, Transport- und Speichervereinbarungen, der Ausbau der Netze und Stationen, die Anpassung der Fahrweisen der Gasnetze und die Bereitstellung der dafür notwendigen IT-Systeme.

Increase in value of the gas network by hydrogen

The energy system of the future will be characterized by a high proportion of renewable energies as well as cross-sector optimization requirements. The gas infrastructure will be key since it can be used to collect, transport and store energy in gas form having various qualities. From the perspective of a software supplier for the electricity and gas sector, this article describes how gas network operators can integrate hydrogen into their current system to serve as a bridge between the two energy worlds. This includes the drawing up new delivery, transport and storage agreements, the expanding of networks and stations, adapting the way in which gas networks are operated as well as providing the required IT systems.

1. Wasserstoff für die erfolgreiche Energiewende

Die Begrenzung des Ausstoßes von Treibhausgasen und die damit verbundene Eindämmung der globalen Erderwärmung gelten als die wichtigste Herausforderung zum Schutz der Umwelt. Es zeichnet sich ein klarer Trend hin zu einer „grünen" Energiegewinnung aus Wind- und Sonnenkraft und zu einer effizienten Energieverwertung auf allen Ebenen der Nutzungskette ab. Gemäß des Energiekonzepts und des Klimaschutzplans der Bundesregierung soll „zum Jahr 2050 der Energieverbrauch um 50 % gegenüber 2008 sinken, der Anteil der erneuerbaren Energien am Energieverbrauch auf 60 % steigen und die Treibhausgasemissionen um mindestens 80 % gegenüber 1990 sinken". Diese Vorgaben fordern indirekt die Entwicklung und den Einsatz neuer Transport-, Steuerungs- und Speichertechnologien, die den kontinuierlichen Ausgleich von Angebot und Nachfrage an Energie weitestgehend verlustfrei ermöglichen.

Eine technologische Herausforderung besteht in der Einbeziehung der fluktuierenden Eigenschaften der Wind- und Sonnenkraft. Sonnige und windige Tage führen an bewölkten und windstillen Tagen zu einem mangelnden Angebot an Strom. Das witterungsbedingte Angebot und die Nachfrage müssen permanent ausgeglichen werden können. Hinzu kommt, dass die erzeugte regenerative Energie in Deutschland über große Entfernungen transportiert werden muss. Aufgrund der meteorologischen Bedingungen werden die Windkraftanlagen bevorzugt in nördlichen windstarken Gebieten installiert, die Ballungszentren und die wirtschaftlich starken Regionen befinden sich aber eher im Süden und Westen.

Es werden also wirtschaftliche Lösungen gesucht, mit denen erneuerbare Energie langfristig gespeichert und über lange Strecken transportiert werden kann.

Eine der möglichen Lösungen ist der Einsatz von Wasserstoff.

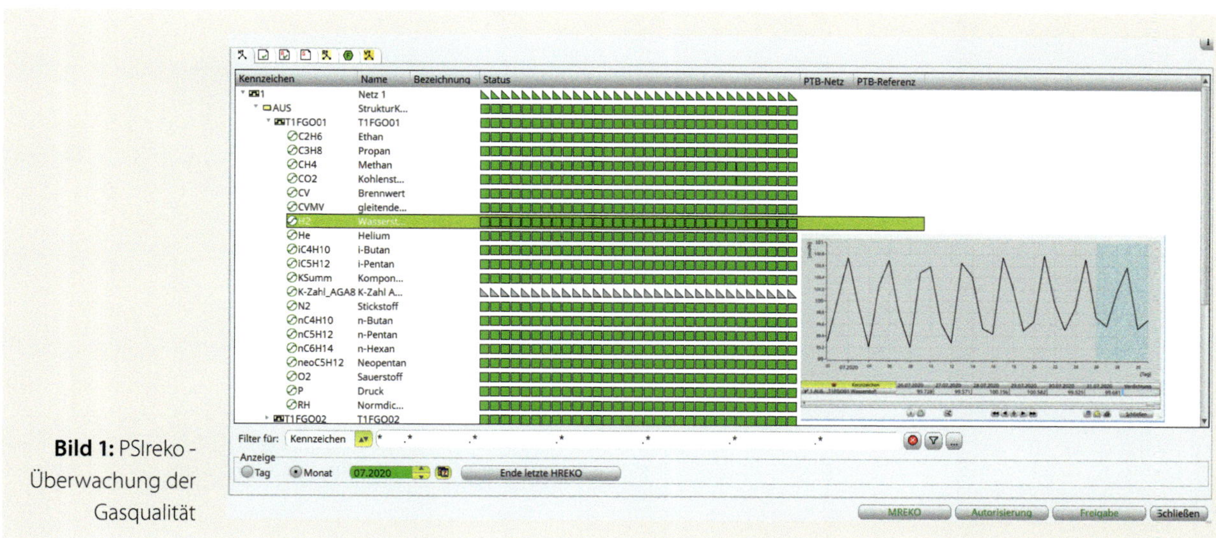

Bild 1: PSIreko - Überwachung der Gasqualität

Wasserstoff kann als Brückenelement zwischen den Energiesektoren genutzt werden. Die Gasinfrastruktur kann große Mengen erneuerbare Energie in Form von Gasen in unterschiedlichsten Qualitäten aufnehmen, transportieren und speichern.

2. Herausforderung Wasserstoff – neues Gas in alten Netzen

Im Folgenden wird aus der Sicht eines der führenden Leitsystemlieferanten ein Überblick über die Handlungsfelder für Gastransporteure gegeben. Dabei wird insbesondere auf Funktionen des Leitsystems eingegangen, die den Umstieg unterstützen und den sicheren und effizienten Betrieb der Netze bei geänderten Gasqualitäten gewährleisten.

Gerade weil aktuell noch nicht alle technischen und wirtschaftlichen Folgen der umfangreichen Einspeisung von Wasserstoff für den Betrieb der Gasnetze und für die Qualität des Gases eingeschätzt werden können, ist eine enge Zusammenarbeit zwischen Netzbetreibern und Lieferanten für beide Seiten wichtig. Mit der Software wird komplexes interdisziplinäres Wissen anwendungsorientiert aufbereitet und für die Nutzung - auch unter Stress-Situationen – sicher zur Verfügung gestellt. Mit einer zuverlässigen Softwareunterstützung können sich Netzbetreiber und neue Marktakteure erfolgreich den Herausforderungen und damit dem Umstieg von der zentralen Energieversorgung auf volatile Energieeinspeisungen sowie dem Zusammenwachsen der Sektoren Strom, Gas, Mobilität und Wärme stellen.

Mit dem Ziel, das Gasnetz für den effizienten Transport und für die Speicherung regenerativer Energie in Form von Wasserstoff zu nutzen, wird die Gasinfrastruktur ausgebaut. Dabei ist die Herausforderung, Gase in den unterschiedlichsten Zusammensetzungen zu transportieren und zu verteilen, für Gastransporteure nicht neu. Vielmehr ist die genaue Kenntnis der Gasbeschaffenheit eine Voraussetzung für die qualitätsgerechte Belieferung der Kunden sowie für den sicheren und effizienten Transport. Die kontinuierliche Überwachung und Gewährleistung der richtigen Gasbeschaffenheit ist eine Kernkompetenz der Gasnetzbetreiber (**Bild 1**).

Jedoch ist die Anforderung „Neues Gas in alten Leitungen" für die Infrastrukturbetreiber ebenso herausfordernd wie „Neuer Wein in alten Schläuchen" für den Winzer. So wie die Gefahr besteht, dass neuer, sprudelnder Wein die alten, brüchigen Weinschläuche zerreißt, besteht auch die Gefahr, dass Wasserstoff Schäden an den bestehenden Leitungen verursacht, durch undichte Leitungen diffundiert oder selbst durch Rückstände verunreinigt wird.

Die Bestimmung des Verhaltens der Gasgemische mit hohem Wasserstoffanteil ist auch eine mathematische Herausforderung. Die sehr unterschiedlichen physikalischen Eigenschaften von Wasserstoff und Erdgas müssen realitätsnah abgebildet werden. PSI hat dafür ihre Rechenkerne erweitert und erforscht im Projekt MathEnergy neue Regelungskonzepte für gekoppelte Energienetze. Die Aufnahme und die Verfolgung von Wasserstoff und Biogasen können in der bestehenden Gasinfrastruktur zuverlässig abgebildet werden. Die Bilanzierung im Simulationskern wurde von der Massenbilanzerhaltung auf die Mengenbilanzerhaltung umgestellt. Bei Einstellung der Mengenbilanzerhaltung wird der Fehler in der Druck- und in der Flussberechnung wesentlich verringert, der durch stark unterschiedliche Gase im Netz verursacht wird. Die Methode der Bilanzerhaltung ist als Parameter im jeweiligen Netzmodell mit entsprechender zeitlicher Gültigkeit hinterlegt. Es werden auch bei zunehmend

Forschungsprojekt MathEnergy (Infokasten 1)

Im F&E-Projekt MathEnergy werden in einem Konsortium von Universitäten und Industriepartnern mathematische Schlüsseltechnologien für Energienetze erforscht. Ziel ist, Regelungskonzepte für Energienetze der Zukunft zu erforschen und Ergebnisse für die Simulation und Optimierung multimodaler Energienetze schneller und genauer bereitzustellen. Dabei werden die sektorenübergreifende Modellierung und Simulation aus Sicht der Gas- und Stromnetze erforscht und in Power-to-Gas-Szenarien analysiert.

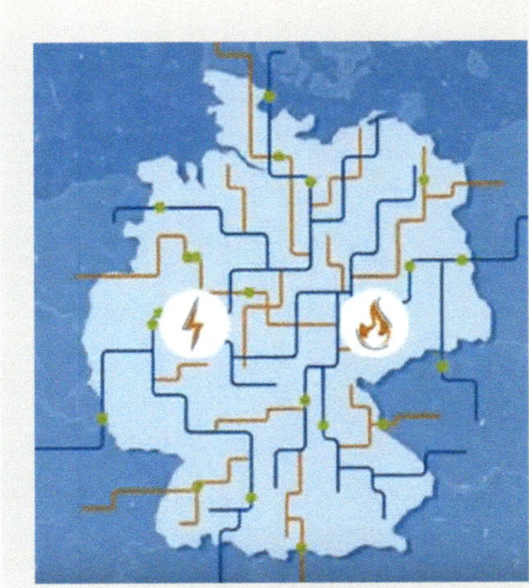

Bild 2: Intelligente Kopplung des Strom- und Gasnetzes, Quelle: dvgw

großen Schwankungen der Normdichte in Folge von Wasserstoff- und Biogas-Einspeisung sehr gute Ergebnisse geliefert (Infokasten 1).

Bisher wird das zu transportierende und zu verteilende Gas überwiegend von Ferngasnetzbetreibern in einer relativ konstanten Zusammensetzung und an einer überschaubaren Anzahl von Einspeisepunkten eingespeist. Das in Deutschland genutzte Gas stammt größtenteils aus traditionellen Erdgasquellen in Russland, Norwegen und den Niederlanden und zum geringen Teil aus Dänemark, Großbritannien und Deutschland selbst. In den letzten Jahren wird zunehmend in Deutschland produziertes Biogas eingespeist. Während Biogas nach einer Aufbereitung die gleichen Eigenschaften wie Erdgas hat, unterscheiden sich die Eigenschaften von Wasserstoff und Erdgas erheblich. Es bedarf deshalb einer sorgfältigen Kompatibilitätsprüfung, um die bestehende Gasinfrastruktur für den Transport und die Speicherung von Gas mit einem steigenden Anteil an Wasserstoff oder sogar für reinen Wasserstoff zu nutzen. Die Gaszusammensetzung hat dabei nicht nur Einfluss auf die Anlagen mit ihrer Instrumentierung und auf die Fahrweisen des Netzes, sondern auch auf Fahrpläne, Nominierungen und die Bilanzierung.

Die Integration von Wasserstoff in das energiewirtschaftliche Gesamtsystem erfordert Expertenwissen und hochspezialisierte Produktlösungen, die sich auf dem Gas- und Strommarkt bewährt haben. Insbesondere ist ein neues spartenübergreifendes Verständnis essenziell (Infokasten 2).

Sektorenübergreifende Leitsysteme (Infokasten 2)

Netzleitsysteme unterstützen im 24/7-Betrieb die zuverlässige Energieversorgung. Mess- und Regelungsanlagen werden fernüberwacht und das operative Dispatching durch Rückmeldungen, Stör- und Warnmeldungen unterstützt.
Sektorenübergreifende Geschäftsprozesse werden unterstützt und Kommunikationsprozesse zu vor- und nachgelagerten Netzbetreibern sichergestellt. Grundlage sind u. a. Netzberechnungsmodule für die Abbildung wichtiger physikalischer Zusammenhänge und darauf aufbauender Simulations- und Prognosemodule. Die Integration neuer dezentraler Erzeugungsanlagen regenerativer Energie wird u. a. durch wetterabhängige Simulations-Modelle unterstützt. KI-basierte Expertensysteme unterstützen die Dispatcher durch die Bereitstellung von Entscheidungsvorschlägen für komplexe Situationen. Die Netzwerkarchitektur unterliegt höchsten Sicherheitsanforderungen, um vor externen Angriffen auf die Infrastruktur zu schützen.

2.1 Wie kommt Wasserstoff ins Netz?

Grüner Wasserstoff kommt durch eine intelligente Verknüpfung der Energiesysteme ins Gasnetz (**Bild 2**).

Kurz- und mittelfristig werden in unseren Gasnetzen neben grünem Wasserstoff, auch grauer, blauer und türkiser Wasserstoff eingespeist werden. Damit sollen die Entwicklung und der Ausbau der Wasserstofftechnologie gefördert werden. Aus Sicht der Netzbetreiber ist die Farbe des Wasserstoffs, die die Herkunft angibt, nicht entscheidend.

Das erklärte Ziel der Netzbetreiber ist, in ihren Netzen die gewünschte Menge grüner Gase dem Erdgas beizumischen und bei Bedarf eine Versorgung mit 100 % Wasserstoff sicherzustellen. Die sich etablierenden lokalen

Lokale Energiezellen (Infokasten 3)

In lokalen Energiezellen wird regenerativer Strom aus Sonne und Wind erzeugt, überschüssigen Strom in Wasserstoff umgewandelt, lokal in Tanks u. a. für Wasserstofftankstellen gespeichert und die verbleibende Menge im Erdgasnetz gespeichert.

Energiezellen sollen dabei ebenso unterstützt werden wie die Speicherung und der Transport von Energie in Form von Wasserstoff (Infokasten 3).
Die Elektrolysekapazität wird aufgrund der Anreize bei der Umsetzung der Wasserstoffstrategie stark ansteigen. Bei der Integration von Wasserstoff in die Gasinfrastruktur bedienen die Gasversorger zwei parallele Handlungsstränge:

- die Einspeisung, den Transport und die Bereitstellung von reinem Wasserstoff
- die Einspeisung, den Transport und die Bereitstellung von (Erd-)Gas mit steigender Wasserstoffbeimischung.

Dabei wird deutlich, dass es auch Kombinationen geben kann. So kann über Elektrolyse Wasserstoff sowohl in ein reines Wasserstoffnetz als auch kontrolliert in das Gasnetz eingespeist werden.

Reiner Wasserstoff ist für den Betrieb in bestehenden Gasnetzen nicht netzkompatibel. Er kann nur eingespeist werden, wenn eine ausreichende Durchmischung mit netzkompatiblem Gas gewährleistet ist. Bei der Erstellung bundesweiter und kommunaler Energiekonzepte und bei den Planungen von Erneuerbaren-Energien-Anlagen spielt die Verfügbarkeit von Netzanschlüssen an das Gasnetz und das Wissen um Voraussetzungen und Beschränkungen für einen Netzanschluss eine wichtige Rolle. Netzbetreiber auf Transport- und Verteilnetzebene werden deshalb sehr früh in die Planung einbezogen und stellen ihrerseits relevante Informationen planungsorientiert bereit. Für jedes Anschlussbegehren prüft der Netzbetreiber die maximal zulässige Einspeisung von Wasserstoff in sein Netz. Im Rahmen dieser Anschlussprüfung wird der maximal zulässige Wasserstoffgehalt sowie die maximal zulässige Einspeisemenge aufgrund der verfügbaren Kapazitäten berechnet. Die begrenzenden Faktoren sind für sein eigenes Netz sowie für die vor- und nachgelagerten Netze zu ermitteln, um die Interoperabilität zu gewährleisten.

Mit dem Ziel, den Wasserstofftransport wirtschaftlich zu gestalten, unterstützt PSI in diesem Zusammenhang die HYPOS-Initiative (Infokasten 4)

Hypos (Infokasten 4)

HYPOS (steht für Hydrogen Power Storage & Solutions East Germany und ist eines der zehn Innovationsprojekte der Förderinitiative „Zwanzig20 – Partnerschaft für Innovation" des Bundesministeriums für Bildung und Forschung. Das Ziel des Vorhabens umfasst die Herstellung, Speicherung, Verteilung und breite Anwendung von grünem Wasserstoff in den Bereichen Chemieindustrie, Raffinerie, Mobilität und Energieversorgung.

Die Anschlussinfrastruktur für die Einspeisung in das Transportnetz besteht aus einer Anschlussleitung, einer Gasdruckregel- und Messanlage sowie einem Verdichter. Diese Anlagen werden vollständig fernüberwacht. Sämtliche Betriebsdaten laufen in der zentralen Netzleitstelle zusammen. Erfüllt der eingespeiste Wasserstoff die Anforderungen an Reinheit und Feuchtigkeit wird er über Verdichter auf den Netzdruck des jeweiligen Netzsegmentes verdichtet und eingespeist. Bei der Einspeisung von Wasserstoff in das Erdgasnetz wird zusätzlich auf die Gasbe-

Checkliste Einspeisung (Infokasten 5)

- Welche Mengen von Wasserstoff sollen eingespeist werden?
- Welche Kapazitäten stehen für Wasserstoff zur Verfügung?
- Wie stabil ist die Einspeisemenge?
  - stabile Einspeisung über Hochleistungselektrolyseure, z. B. aus großen PV- und Offshore-Windparks
  - volatile Einspeisungen über Elektrolyseure unterschiedlichster Leistungsdaten
  - Müssen volatile Wasserstoffeinspeisungen abgepuffert werden? Dimensionierung der Pufferspeicher?
- Welche Verschiebung von der zentralen zur dezentralen Gaseinspeisung wird erwartet?
- Welche Stabilisierungsanforderungen seitens des Stromnetzes durch Aufnahme von Wasserstoff aus überschüssiger Wind- und Sonnenenergie werden erwartet?
- Wo sollen Elektrolyseanlagen mit welcher Leistungsfähigkeit positioniert werden?
- Wo sollen Gaskraftwerke mit welchen Leistungsdaten positioniert werden, um das Stromnetz zu stabilisieren?

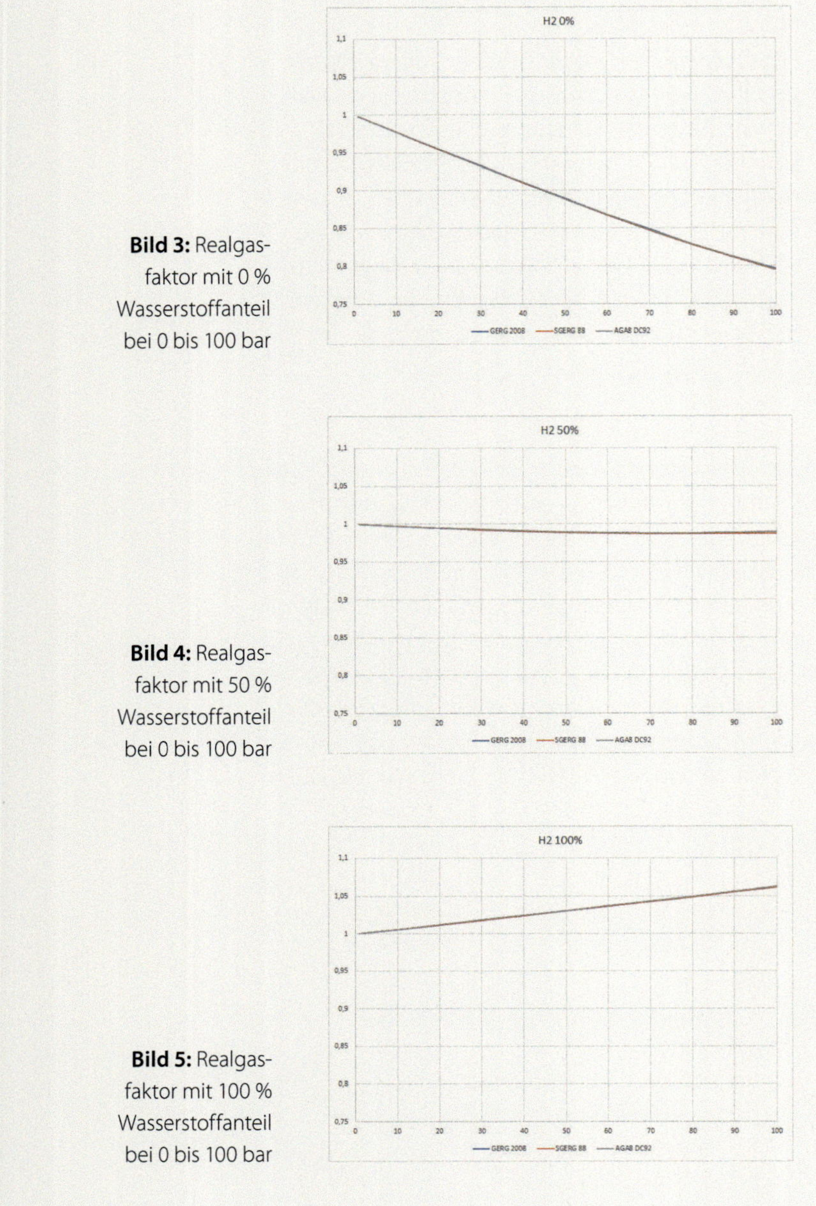

Bild 3: Realgasfaktor mit 0 % Wasserstoffanteil bei 0 bis 100 bar

Bild 4: Realgasfaktor mit 50 % Wasserstoffanteil bei 0 bis 100 bar

Bild 5: Realgasfaktor mit 100 % Wasserstoffanteil bei 0 bis 100 bar

schaffenheit und auf die Brenneigenschaften des resultierenden Gasgemisches geachtet (Infokasten 5).

2.2 Welchen Planungsrestriktionen unterliegt Wasserstoff?

Wird Wasserstoff in das Erdgasnetz eingespeist, unterliegt es den Vorgaben von Biogas (Energiewirtschaftsgesetz, § 3 Nr. 10c), vorausgesetzt es wird überwiegend aus erneuerbarer Energie hergestellt. Damit findet die Gasnetzzugangsverordnung (GasNZV) Anwendung.

Die Gasinfrastruktur und zahlreiche Endanwendungen insbesondere im Wärmemarkt können heute bis zu einem Anteil von 10 Vol.-% H_2 tolerieren (DVGW G 260 und G262). Zukünftig sollen 20 Vol.-% Wasserstoffeinspeisung ermöglicht werden. Der DVGW schätzt, dass in den nächsten Jahren eine Toleranz von 50 Vol.-% Wasserstoff möglich sein wird.

Welchen Sinn haben diese Beschränkungen? Wasserstoff verhält sich wie ein ideales Gas. Die Beschränkungen aus der allgemeinen Gasversorgung sollen die Verbrauchsanlagen der Letztverbraucher, die Speicher sowie die Netze selbst schützen, die nur eine begrenzte Menge an Wasserstoff vertragen. Zudem hat Wasserstoff im Gegensatz zu Erdgas eine wesentlich geringere Dichte und eine deutlich geringere Verbrennungsenergie. Für die gleiche Energie muss eine erheblich größere Menge an Wasserstoff als an Erdgas transportiert werden.

Die **Bilder 3-5** zeigen den Verlauf des Realgasfaktors bei der Zuspeisung von Wasserstoff zu einem typischen Gas für die Berechnungsverfahren nach GERG-2008, SGERG88 und AGA8-DC92.

Erkennbar ist: Je höher der Wasserstoffanteil, desto mehr verhält sich Gas im Netz wie ein ideales Gas.

2.3 Wertsteigerung durch intelligente Systemkopplung

Die intelligente Kopplung der Gas- und Strominfrastruktur mithilfe eines spartenübergreifenden Leitsystems ermöglicht einen netzdienlichen Betrieb des Gasnetzes für das Stromnetz bei Ausnutzung der Stärken der Gasinfrastruktur. Sie ist Grundlage für eine zuverlässige, umweltverträgliche, sichere und bezahlbare Energieversorgung (**Bild 6**).

Gaskraftwerke gelten als Sicherheitsnetz für die Stromversorgung. Sie stehen verlässlich bereit, wenn kein Wind weht, die Sonne nicht scheint oder die Stromspeicher erschöpft sind.

Werden die Anlagen spartenübergreifend gesteuert, kann ein gesamtenergetisches Optimum für Strom- und Gasnetze erreicht werden. Um Machbarkeitsstudien für Gasnetze zu unterstützen, können mit der PSI-Simulationssoftware Einspeisungen von Wasserstoff und Biogasen in bestehende Erdgasnetze simuliert werden. Es können Grenzwerte ermittelt sowie Änderungen der Gaszusammensetzung bei schwankenden Ein- und Ausspeisemengen oder konstante oder schwankende Einspeisemengen unterschiedlicher Gasqualitäten simuliert werden. Für jede Schalthandlung können optimale Prozessparameter ermittelt werden. Pro Netzebene lassen sich spezifische Fragen analysieren.

2.3.1 Transport- und Hochdrucknetz

- Einhaltung der regulativen Grenzwerte für Wasserstoffbeimischungen
- Leistungsfähigkeit und Fahrweisen der Verdichter in Abhängigkeit der Gaszusammensetzung (bis 100 % Wasserstoff)

- Optimale Positionierung und Dimensionierung von Einspeisungen zur Einhaltung der regulativen Vorgaben und der optimalen Fahrweise von Verdichtern.

2.3.2 Verteil- und Mitteldrucknetz

- Einhaltung der regulativen Grenzwerte
- Optimale Positionierung und Dimensionierung von Einspeisungen zur Einhaltung der regulativen Vorgaben
- Dimensionierung von Elektrolyseuren
- Dimensionierung von Wasserstoffpufferspeichern, um volatile EE-Einspeisung und gewünschte Gaszusammensetzungen in Übereinstimmung zu bringen
- Bereitstellen von Wasserstoffkompatibilitätsinfos für vorhandene Instrumentierung
- Dimensionierung von Wasserstoffausspeisemöglichkeiten, z. B. für Wasserstofftankstellen
- Aufzeigen von Wasserstoff-Blasen für kritische Verbraucher

2.3.3 Reine Wasserstoffnetze

- Dimensionierung von Ein- und Ausspeisungen
- Dimensionierung von Elektrolyseuren
- Dimensionierung von Verdichtern
- Dimensionierung von Lang- und Kurzfristspeichern

Topologien für bestehende Gasnetze können mit zugehöriger Instrumentierung, Hintergrundkarten und Adressinformationen importiert werden (**Bild 7**).

Unter Berücksichtigung aller wichtigen strömungsmechanischen und thermodynamischen Parameter bei Wasserstoffbeimischungen werden brennwertbezogene Ausgaben der Energie an Ein- und Ausspeisepunkten bereitgestellt. Dabei können unterschiedliche Gaszusammensetzungen bis zu einer Wasserstoffbeimischung von 100 % simuliert und Warngrenzen bei Überschreitung von Grenzwerten gesetzt werden. Die Wasserstoffkon-

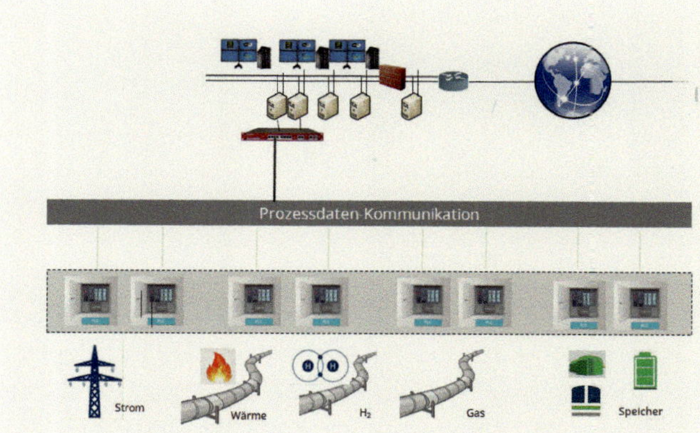

Bild 6: Spartenübergreifendes Energiemanagement

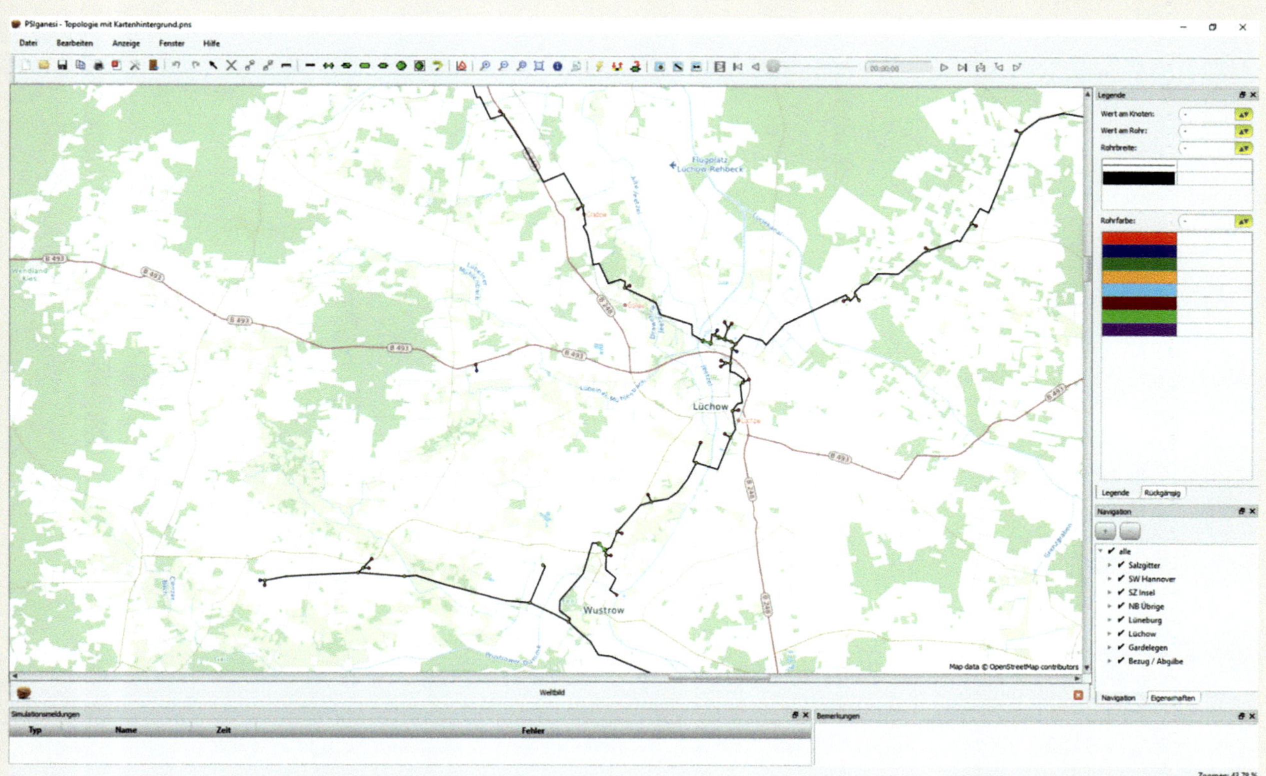

Bild 7: PSIganesi - Planungssicht mit Hintergrundkarte

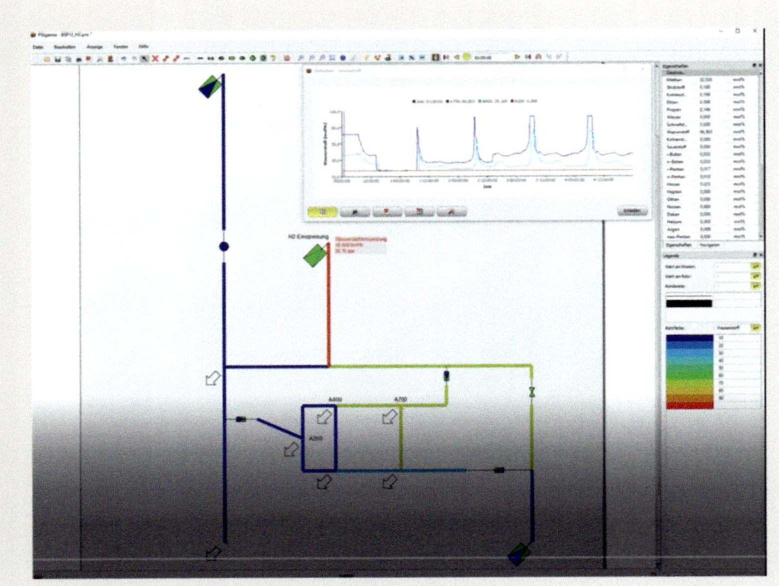

Bild 8: Beispielrechnung Wasserstoff-Einspeisung

zentration kann so an allen ausgewählten Netzpunkten überwacht werden. Für Armaturen, Regler und Verdichter können auf Anforderung die Kompatibilitätsanforderungen zur Wasserstoff- und Biogasverträglichkeit und die bewerteten Kompatibilitätszustände visualisiert werden.

2.3.4 What-If-Simulationen für Wasserstoffeinspeisungen

Für What-If-Simulationen von Wasserstoffeinspeisungen können Netzbetreiber mit der PSI-Software verschiedene Szenarien erstellen und berechnen. Für die Ermittlung der optimalen Einstellungen für zukünftige Fahrweisen bei vorgegebenen Mengenänderungen der Wasserstoffeinspeisung werden kontinuierlich die Auswirkungen der Änderungen geprüft und zukünftige Steuerwerte für das Netz berechnet. Für What-If-Simulationen werden die Ergebnisse der Online-Simulation für geplante Schieberstellungen und Sollwerte genutzt. Dabei können unterschiedliche Lastberechnungen durchgeführt und geprüft werden, um die Versorgungssicherheit zu gewährleisten (**Bild 8**).

Zusätzlich können Kapazitätsänderungen für Verdichter aufgrund von Wasserstoffbeimischungen aufgezeigt werden. Die dafür notwendigen Kennfelder werden entsprechend der Wasserstoffbeimischung angepasst. Damit können auch die Änderungen der Leistung und der benötigten Antriebsleistung der Verdichter ermittelt werden.

2.4 Speicherung von Wasserstoff

Die Speicherung von Wasserstoff ist eine der Herausforderungen für eine zukünftige Wasserstoffwirtschaft. Es werden Speicher- sowie Ein- und Ausspeicherkapazitäten für Wasserstoff gefordert, um Angebots- und Nachfrageschwankungen auszugleichen.

Speicher werden eingesetzt, um eine kontinuierliche Gasversorgung zu gewährleisten. Händler nutzen Speichermöglichkeiten, um ihre Gaslieferungen und Handelsportfolien zu optimieren.

Wasserstoffspeicher können zukünftig weitere Aufgaben übernehmen: Um den Betrieb der Elektrolyseanlagen und die Einspeisung in das Gasnetz voneinander zu entkoppeln, können Wasserstoffspeicher integriert werden. Die Auslegung dieser Speicher ist abhängig vom Bedarf an Pufferfunktionen und von den direkten Absatzmöglichkeiten des produzierten Wasserstoffs für den Industrie- oder Mobilitätssektor.

Um eine zunehmende Wasserstoffnutzung in Speichern sicherzustellen, unterstützt die PSI-Software ein speichergenaues „Umgasen". Für den Betrieb der Speicher können alle bewährten Speichermanagement-Funktionen genutzt werden:

- Verwalten von Buchungen der Speicherkapazitäten
- Management der Speicherbestände
- Optimale Auslastung von Kapazitäten und technischen Anlagen
- Verarbeitung von Geschäftsnachrichten
- Allokation und Energieberechnung zur Abrechnungsvorbereitung
- Verwaltung von historischen Daten und Erstellung von Berichten

Darüber hinaus können auch Speicher verwaltet werden, in denen CO_2 gespeichert wird und für Industrieprozesse genutzt werden kann.

2.5 Planung, Prognose und Bilanzierung

Durch die unabhängige Nominierung von Entry- und Exitpunkten steht den Gas-Transportkunden eine hohe Flexibilität zur Verfügung. Transporteure bewerten die Mengenflüsse im Gastransportnetz im Rahmen des Fahrplanmanagements regelmäßig und stellen sie neu ein. Mit dem PSI-Leitsystem werden in einem Engpassfall mögliche Kapazitätsinstrumente, wie Mengenverlagerungen, Lastflusszusagen und Unterbrechungen für einen konkreten Einsatz vorgeschlagen oder können proaktiv vom Bediener geplant und eingesetzt werden.

Wasserstoff wird derzeit bilanztechnisch als Grüngas behandelt, unabhängig davon, ob Wasserstoff dem Erdgas beigemischt oder ob es in reinen Wasserstoffleitungen transportiert wird. Bei einer separaten Betrachtung kann Wasserstoff als zusätzlicher Kapazitätstyp, wie Biogas, behandelt werden.

Die große Speicherflexibilität des Gasnetzes und die hohe Datenverfügbarkeit von Verbrauchs- und Wetterdaten in Echtzeit bieten neue Chancen für den Energiehandel. Gut eingebunden in die gaswirtschaftlichen Prozesse kann der Gashandel das sektorenübergreifende Gleichgewicht im Energiesystem stützen und von einem hohen Automatisierungsgrad profitieren. Die Prognose der Einspeisemenge von Wasserstoff in das Gasnetz gewinnt für den Gashandel an Bedeutung. Mit der steigenden Anzahl von Kopplungspunkten zum Stromnetz über Elektrolyseure unterschiedlichster Leistungsklassen erfolgt eine zunehmende wetterabhängige Bereitstellung regenerativer Energien in Form von Wasserstoff. Diese zusätzliche Flexibilität geht über die Nominierungen an den Entrypunkten in die Bewertung der Mengenflüsse ein.

Auf Basis von Lastprofilen und Wetterdaten kann zukünftig mit mathematischen Methoden und KI-Unterstützung die volatile Einspeisung von Wasserstoff prognostiziert werden.

Mit der PSI-Transportmanagementsoftware werden die Prozesse des Fahrplan- und Transportmanagements und des Energiehandels mit einem zuverlässigen Prognose-, Kapazitäts- und Nominierungsmanagement, der Optimierung von Handelspositionen, dem Vertragsmanagement sowie der Bilanzierung von Handelspositionen und Portfolios unterstützt. Elektrolyseure werden als zusätzliche Marktelemente abgebildet.

Ein wirtschaftliches Optimum sektorenübergreifend zu erreichen, wird zunehmend wichtiger.

2.6 Optimierung der Fahrweisen

Werden Elektrolyseanlagen so betrieben, dass sie optimal auf den Strommarkt abgestimmt sind, wird der Gasmarkt mit fluktuierenden Einspeisungen von Wasserstoff konfrontiert. Die Auswirkungen werden aus Sicht der Netzbetreiber für den reinen Wasserstofftransport und für den Transport von Gas mit Wasserstoffbeimischung getrennt betrachtet. Eine Anforderung ist, den effizienten und verschleißarmen Betrieb der gastechnischen Anlagen zu gewährleisten. Für den Transport von Gas mit Wasserstoffbeimischung stellt sich zusätzlich die Anforderung, die geforderte Gasqualität zu jedem Zeitpunkt an allen Übergabestellen zu gewährleisten. Gasnetzbetreiber müssen daher schnell und zuverlässig den Netzzustand in ihren Gastransport- und -verteilnetzen erkennen können (**Bild 9**).

Mit dem Leitsystem der PSI kann der aktuelle Prozesszustand unter Berücksichtigung von Druck, Durchfluss, Gaszusammensetzung und Temperatur an jedem Punkt im Gasnetz ermittelt werden. Alle wichtigen Informationen, einschließlich Alarme und Warnmeldungen, werden protokolliert und angezeigt. Simulierte Werte werden mit Realwerten abgeglichen. Mit der darauf aufbauenden vorausschauenden Simulation werden zyklisch im Voraus negative Abweichungen in Richtung unerwünschter Prozesszustände identifiziert und für die proaktive Anpassung der Fahrweisen genutzt.

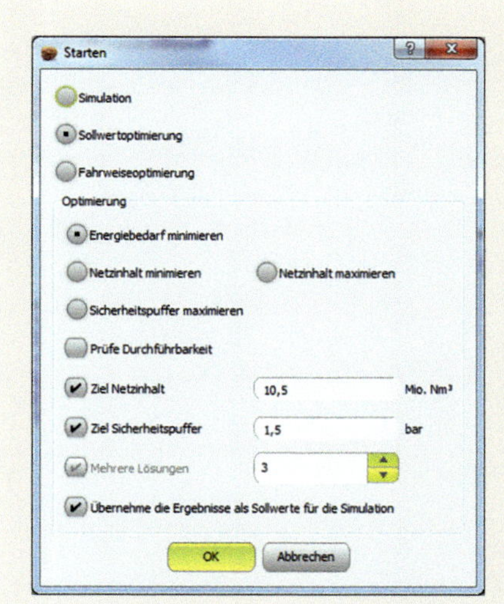

Bild 9: PSIganopt – Ermittlung und Optimierung aktueller und zukünftiger Netzfahrweisen

Da sich das Gas im Netz wie oben gezeigt mit zunehmendem Wasserstoffanteil immer mehr wie ein ideales Gas verhält, wurden die Zustandsgleichungen für Gase in der PSI-Software erweitert. Damit können die bewährten Optimierungen der Verdichter-Fahrweisen und der Verdichter-Sollwerte für die Transportaufgaben von Gas mit zunehmendem Wasserstoffanteil zuverlässig ermittelt und bewertet werden. Auch können unterschiedliche Optimierungsziele, wie die Erhöhung der Energieeffizienz, CO_2-Reduktion und eine reduzierte Anzahl von Verdichtern, als Ziele für die Optimierungsrechnungen ausgewählt werden.

2.6.1 Energieoptimale Fahrweise für Verdichter

Verdichter sind die größten Energieverbraucher beim Gastransport. Ein deutlicher Gewinn bei der Energieeffizienz wird erreicht, wenn man den richtigen Betriebspunkt für jeden Verdichter zu jedem Zeitpunkt kennt und für die Fahrweisen- und Sollwertoptimierungen nutzt. Der richtige Betriebspunkt wird von der PSI-Planungssoftware initial anhand der Kennfelder ermittelt, die von den Anlagenbetreibern bereitgestellt werden. Die heute im Einsatz befindlichen Verdichter sind für den Transport von Erdgas ausgelegt. Die Verdichter – sogenannte Turboverdichter – sind jedoch nicht in der Lage, Wasserstoff mit einem ähnlich hohen Druckverhältnis zu verdichten. Verdichterkennfelder, die für Erdgase bestimmt wurden, werden deshalb für die Simulation von Wasserstofftransport angepasst.

Die Ähnlichkeitsgesetze bei der Umwandlung von Kennfeldern für Erdgase in Kennfelder für Wasserstoff kommen hier an ihre Grenzen. Die Schallgeschwindigkeit von Wasserstoff ist beispielsweise rund dreimal so groß

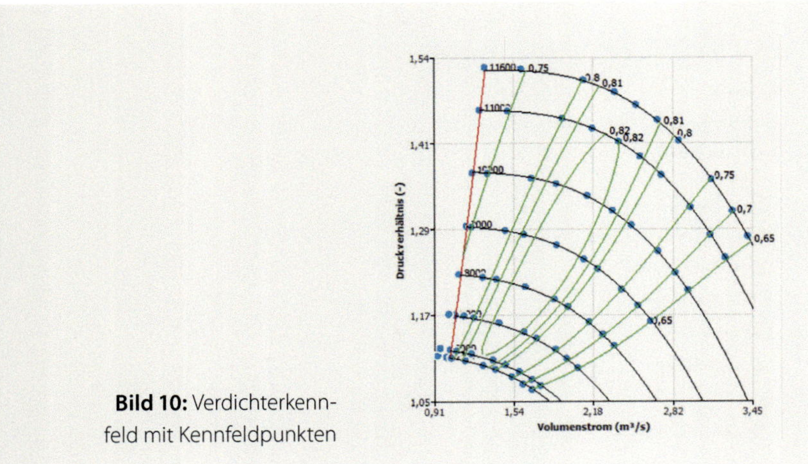

Bild 10: Verdichterkennfeld mit Kennfeldpunkten

wie von Erdgasen und die Normdichte fast zehnmal so klein. Für erste Analysen reicht eine Anpassung aus. Für hohe Wasserstoffanteile sollten die Kennfelder gemessen werden.

2.6.2 Genaue Kennfelddarstellungen

Ein Kennfeld wird auch als Kennlinienfeld bezeichnet und ist die grafische Darstellung mehrerer Kennlinien von veränderlichen Parametern beeinflusster Maschinen in einem Diagramm. Für die Einstellung der optimalen Fahrweise sind diese realitätsnahen Kennfelddarstellungen von großer Bedeutung. In Abhängigkeit von verschiedenen Kenngrößen (Druckverhältnis, Drehzahl und Wirkungsgrad) werden in sogenannten Kennfeldern der Arbeitspunkt und die Arbeitspunkthistorie dargestellt.

Bild 10 zeigt ein Verdichterkennfeld mit Kennfeldpunkten vom Verdichterhersteller (blaue Punkte) und approximierte Kennfeldlinien für konstante Drehzahl (schwarz) und konstanten Wirkungsgrad (grün).

Die vom Verdichterhersteller gelieferten Kennfeldpunkte werden durch Polynomapproximation in mathematische Ausdrücke umgewandelt. Die Struktur der Polynome wurde so erweitert, dass eine möglichst gute Übereinstimmung der Polynome mit den Kennfeldpunkten erreicht wird. Mit den aktualisierten Kennfelddarstellungen wird eine höhere Genauigkeit bei Planungsrechnungen mit Verdichtereinsatz erzielt, so dass optimale Fahrweisen und optimale Sollwerte für Verdichter und Regler im stationären Betrieb ermittelt werden können. Es wurde zusätzlich ein Verfahren entwickelt, mit dem die zunehmende Kennfeldungenauigkeit aufgrund der Anlagenalterung korrigiert werden kann. Die Erfassung genauer Verdichter-Messwerte und das Anfahren von Betriebspunkten im gesamten zulässigen Kennfeldbereich sind mit einem gewissen Aufwand verbunden, jedoch lohnt es sich im Vergleich zu stetig steigenden Energie- und CO_2-Emissionspreisen.

Das Verdichterkennfeld in **Bild 11** zeigt Drehzahlkurven (schwarz), Wirkungsgradkurven (grün), maximale Antriebsleistung (rot), Betriebspunktverlauf (violett) und den aktuellen Betriebspunkt (brauner Punkt). Dabei wird die Begrenzung des Arbeitsbereichs des Verdichters, in der sich der Betriebspunkt bewegen kann, gezeigt.

Die Grundlagen für die verbesserte Kennfelddarstellung werden aktuell auch im Rahmen des Forschungsprojekts MathEnergy intensiv erforscht. Hierbei ist PSI Teil eines Konsortiums von Universitäten und Industriepartnern, die gemeinsam mathematische Schlüsseltechniken für Energienetze erforschen. Ziel ist es, die Ergebnisse für die Simulation und Optimierung multimodaler Energienetze schneller und genauer bereitzustellen.

2.7 Leckerkennung und Explosionsschutz

Wasserstoff ist hochentzündlich. Verdichteter Wasserstoff brennt mit schwer erkennbarer Flamme. Beim Transport über das Gasnetz wird der Wasserstoff nur auf dem für den Transport notwendigen Druck verdichtet. Tritt Wasserstoff im Freien aus, ist er kaum nachweisbar, da er sich sofort nach Austritt verflüchtigt. Über das Leitsystem werden die Gasbeschaffenheit und die Reinheit des Wasserstoffs permanent überwacht. Tritt Wasserstoff in geschlossenen Räumen aus, ist die wichtigste Maßnahme zum Schutz vor einer Explosion das Vermeiden von Zündfunken. Es können Alarme ausgelöst werden, wenn die Wasserstoffkonzentration in geschlossenen Räumen einen kritischen Wert überschreitet.

Für den Anschluss von Wasserstoffleitungen sind die rohrtechnischen Voraussetzungen zu erfüllen, die ein Diffundieren des Wasserstoffs verhindern. Reine Wasserstoffleitungen unterliegen zudem der Technischen Regel für Rohrfernleitungen (TRFL).

Bereits 1997 hat PSI die Lecküberwachung für die Wasserstofftransportleitung von Buna (Schkopau) nach Böhlen erfolgreich in Betrieb gesetzt und seitdem kontinuierlich verbessert. Neben den rohrtechnischen Voraussetzungen für den Anschluss von Wasserstoffleitungen wurden dabei unterschiedliche Regelungsgrundlagen berücksichtigt und in der Software implementiert. Vom ersten Pipeline-Projekt an arbeitet PSI eng mit Sachverständigen und Überwachungsbehörden zusammen. Mit einem jahrzehntelangen Expertenwissen werden Kunden von der Beschaffung der erforderlichen Betriebserlaubnis bis hin zur dauerhaften Erhaltung des Betriebs unterstützt.

2.8 Gasbeschaffenheitsrekonstruktion

Das zukünftige Energiesystem wird über einen längeren Zeitraum eine Kombination aus Erdgas, Wasserstoff, Synthetischem Methan, Biogas und diversen Gasgemischen zuverlässig handhaben müssen. Dabei gewinnt die genaue Berechnung von Brennwerten und Gaseigenschaften weiter an Bedeutung. Die genaue Gasbeschaffenheitsrekonstruktion an jedem Ausspeisepunkt ist Grundlage der Energieberechnung für den regelkonformen Abrechnungsprozess.

Eine besondere Herausforderung ist die oft fehlende Messung der Wasserstoffkonzentration. Mit vielen älteren Prozess-Gas-Chromatographen (PGCs) kann die Wasserstoffkonzentration nicht gemessen werden. Nur geeichte PGCs neueren Baujahrs, die für die Messung des Brennwertes im Rahmen einer korrekten Gasabrechnung dienen, erfassen auch die Wasserstoffkonzentration. Ein flächendeckendes Ausrüsten aller Ausspeisepunkte mit geeichten PGCs ist sehr teuer. Mit der geeichten Gasbeschaffenheitsrekonstruktion der PSI kann die Wasserstoffkonzentration an allen Ausspeisepunkten zuverlässig ermittelt werden.

Anhand genauer Messungen an den Einspeisepunkten, dem Wissen über die Netztoplogie und über das physikalische Verhalten des Gasgemisches kann die Wasserstoffkonzentration an jedem beliebigen Netzpunkt bestimmt werden. Für Abrechnungszwecke erfolgt die Konformitätsbewertung für die Software durch die Physikalisch-Technische Bundesanstalt (BTB) und die Eichung durch die Landeseichbehörden. Die Korrektheit der Netzberechnungen wird dabei anhand von Kontrollmessungen durch geeichte PGCs an festgelegten Referenzpunkten validiert.

Bei einer geeichten Software werden alle Werte von den zuständigen Eichbehörden in Analogie zu zu geeicht gemessenen Werten für die Abrechnung anerkannt.

2.9 Komplexität sicher beherrschen

Die Gasinfrastruktur wird für den Energietransport über einen längeren Zeitraum zweigleisig umgebaut. Es wird eine eigene Infrastruktur für den Transport von reinem Wasserstoff und eine Gasinfrastruktur mit steigendem Wasserstoffanteil geben. Zur Gewährleistung der Grundversorgungsaufgabe werden schon heute große Mengen an Daten erfasst und gespeichert, Tendenz steigend. Mit Software wird aus diesen Daten komplexes interdisziplinäres Wissen. Dieses Wissen wird anwendungsorientiert aufbereitet und für die Nutzung – auch unter Stress-Situationen – zuverlässig zur Verfügung gestellt.

Je komplexer dabei die Einflussgrößen auf die Netzsteuerung werden, umso wichtiger wird die Unterstüt-

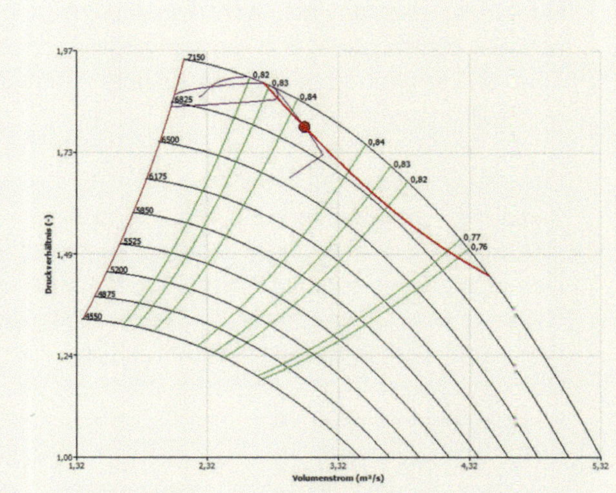

Bild 11: Verdichterkennfeld

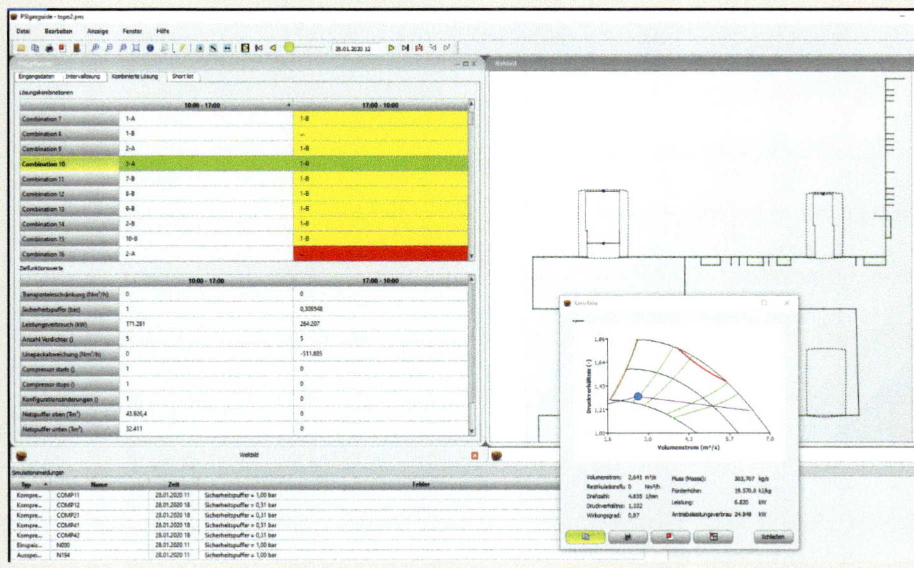

Bild 12: PSIgasguide – Automatische Ermittlung robuster Steuerempfehlungen

zung der Dispatcher die richtige Entscheidung zu treffen. Mit der PSI-Leitsystemsoftware wird eine neue Funktion zur Entscheidungsunterstützung bereitgestellt.

Mögliche Fahrweisen werden anhand von Kriterien, wie Versorgungssicherheit, Arbeitsaufwand oder Kosten für die aktuelle Netzsituation und einem auswählbaren Vorschauhorizont automatisch bewertet. Durch Vorgabe von Zielfunktionen, die sich auch widersprechen können, erhält der Dispatcher bewertete Entscheidungsvorschläge für eine ausgewogene Fahrweise (**Bild 12**).

3. Ausblick

Das zukünftige Energiesystem ist durch einen hohen Anteil an erneuerbaren Energien und durch sektorenübergreifende Optimierungsanforderungen geprägt. Die Gasinfrastruktur ist dafür von unschätzbarem Wert mit ihrer Fähigkeit, die Aufnahme, den Transport und die Speicherung von Energie in Form von Gasen in unterschiedlichsten Qualitäten zu gewährleisten.

Die aktuellen Herausforderungen zur Nutzung der Digitalisierungspotentiale im Energiesektor, der Umstieg zentraler Energieversorgung auf volatile unsichere Energieeinspeisungen und dem damit verbundenen Zusammenwachsen der Sektoren Strom, Gas, Mobilität und Wärme erfordern neue Geschäftsstrategien. Energieversorger und Transporteure können entlang der Wasserstoffwertschöpfungskette durch neue IT-Services zusätzliche professionelle Energiedienstleistungen anbieten.

Die Sicherstellung der Versorgungssicherheit mit tausenden dezentralen und volatil Energie-einspeisenden Erzeugungsanlagen wird durch die Nutzung hochentwickelter Steuerungstechniken und hochgradig automatisierter Prozesse bei Erzeugung, Transport und Nutzung der Energie ermöglicht. Die klassische Energiewirtschaft entwickelt sich weiter zu einer Hightech-Branche.

Mit der PSI-Software profitieren Netzbetreiber von einem umfangreichen und sektorenübergreifenden Expertenwissen, das in Projekten für Energieversorger, Industrieunternehmen und Infrastrukturbetreiber in über 50 Jahren aufgebaut und mit zukunftsweisenden Fachanwendungen für die Integration von grünen Gasen und Wasserstoff ergänzt wird.

Autoren

Anja Baschin
PSI Software AG |
Berlin |
Tel.: +49 30 2801-1579 |
abaschin@psi.de

Werner Multhaup
PSI Software AG |
Essen
Tel.: +49 201 7476-204|
wmulthaup@psi.de

Leonid Kuoza
PSI Software AG |
Essen
Tel.: +49 201 7476-256|
lkuoza@psi.de

Walter Verhoeven
PSI Software AG |
Essen
Tel.: +49 201 7476-180|
wverhoeven@psi.de

Dr. Willi Terlau
PSI Software AG |
Essen
Tel.: +49 201 7476-491|
wterlau@psi.de

4. Regulierung & Recht

Wasserstoff im Tankstellen- und Nutzfahrzeugbereich – Anwendungen und Sicherheitsaspekte

Nicolò Queirazza, Nicole Eull

Regelwerk, Wasserstofftankstellen, Sicherheit, Sektorenkopplung, Wasserstoffeigenschaften, Wasserstoffproduktion, Wasserstoffverteilung, Wasserstoffanwendung

Um das Ziel der Dekarbonisierung in Deutschland und Europa bis 2050 zu erreichen, sind anstelle von fossilen Kraftstoffen andere Möglichkeiten der Produktion und Bereitstellung von CO_2-neutralen Energien nötig. Wasserstoff (H_2) ist ein alternativer Energieträger, der aufgrund seiner vielseitigen Eigenschaften eine wichtige Rolle in der aktuellen Energiewende spielt und als Bindeglied mehrerer Sektoren eingesetzt werden kann.

Hydrogen in the filling station and commercial vehicle sector – applications and safety aspects

To achieve the goal of decarbonisation in Germany and Europe by 2050, other ways of producing and providing CO_2-neutral energy are needed instead of fossil fuels. Hydrogen (H_2) is an alternative energy carrier that plays an important role in the current energy transition due to its versatile properties and can be used as a link between several sectors.

Die Verbindung von Sektoren wird als „Sektorenkopplung" bezeichnet. Dabei werden die Bereiche von Energiewirtschaft, Mobilität und Industrie miteinander verknüpft. Die Kopplung der Sektoren wird mit heute bereits entwickelten Wasserstofftechnologien umgesetzt: So können die Potenziale der erneuerbaren Energien besser ausgeschöpft und gleichzeitig der Verbrauch von fossilen Rohrstoffen verringert werden.

Die Voraussetzung der Sektorenkopplung in Bezug auf die Anwendung von Wasserstoff beinhaltet eine gut ausgebaute Wasserstoffinfrastruktur. Anhand von **Bild 1** erkennt man, dass diese Infrastruktur sich in drei Hauptbereiche aufteilt: Produktion, Verteilung und Anwendung. Zu beachten ist, dass die Art der Speicherung des Wasserstoffes in Abhängigkeit der jeweiligen Verteilung und Verwendung berücksichtigt werden muss.

1. Produktion, Verteilung und Anwendungen von Wasserstoff

Zur Produktion von Wasserstoff stehen verschiedene Verfahren zur Verfügung. Im Vordergrund steht die Nutzung von Strom aus erneuerbaren Energien und die Herstellung von Wasserstoff durch die Elektrolyse. Darüber hinaus gibt es weitere Möglichkeiten der Produktion, beispielsweise durch die thermische Vergasung von Biomasse oder durch die Reformierung aus Biogas bzw. Erdgas oder der Wasserstoff wird aus der chemischen Industrie bezogen, wo Wasserstoff z. B. als Nebenprodukt anfallen kann.

Die Verteilung des Wasserstoffes findet heute typischerweise per LKW-Trailer (dt. Anhänger) statt. Mittel- bis langfristig ist der großskalierte Transport in Pipelines und in speziell für Wasserstoff umgerüsteten Erdgasleitungen zu erwarten. Der Transport mittels Trailer wird nur als

Vortrag auf dem Online-Forum „Wasserstoff in der Praxis", 23.03.2021

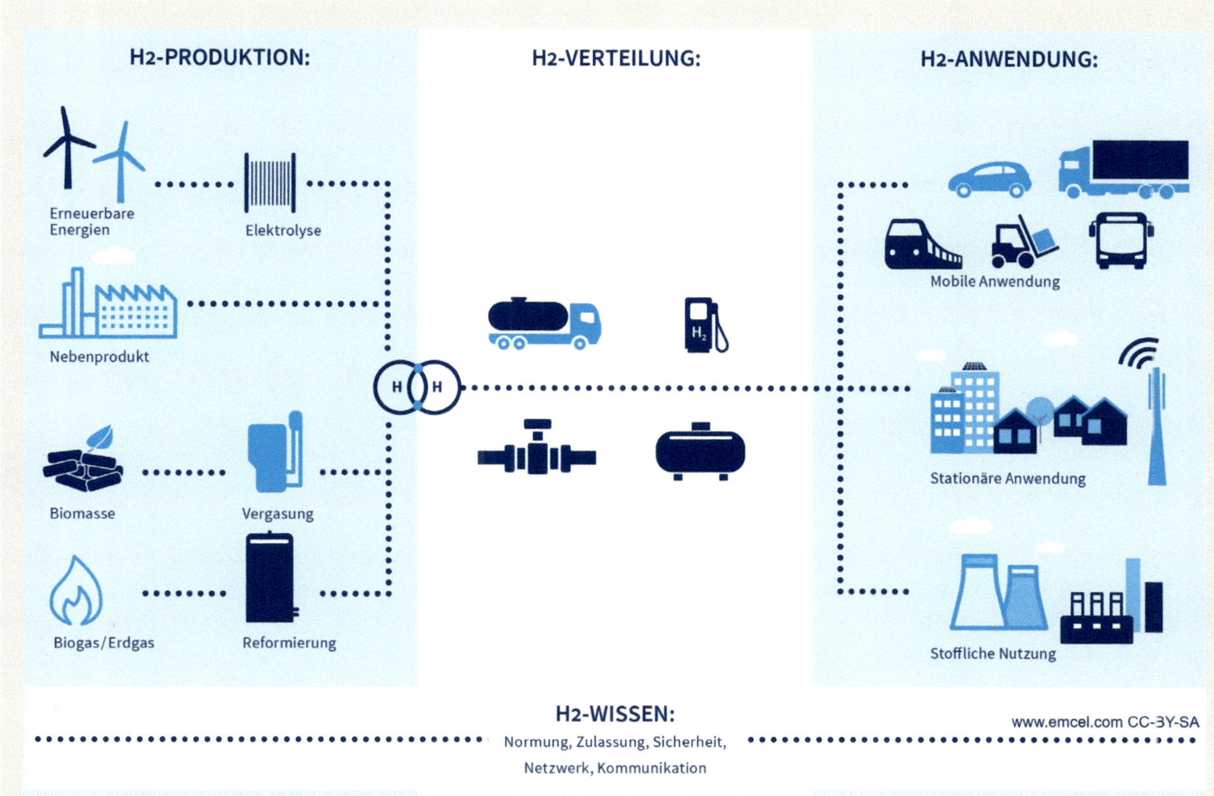

Bild 1: Schematische Darstellung der Sektorenkopplung und der H_2-Infrastruktur (Quelle: EMCEL GmbH)

kurzfristige Lösung angesehen, um einerseits den startenden Markthochlauf zu unterstützen und andererseits die aktuell noch fehlende flächendeckende Infrastruktur auszugleichen.

Es gibt verschiedene Anwendungsbereiche für Wasserstoff: zum einen die stationäre Anwendung, die die Erzeugung von Wärme und Strom durch sogenannte KWK-Anlagen (Kraft-Wärme-Kopplung) beinhaltet, zum anderen die stoffliche Nutzung im Rahmen verschiedener Power-to-X-Technologien im Wärme- und Industriesektor. Zum Bereich der mobilen Anwendungen gehören u. a. Brennstoffzellenfahrzeuge, die an Wasserstofftankstellen betankt werden. Wasserstoff stellt in diesem Fall den Kraftstoff des alternativen elektrischen Antriebsstrangs des Fahrzeugs dar.

Im vorliegenden Artikel wird über die Schnittstelle zwischen Wasserstoffverteilung und (mobilen) Wasserstoffanwendungen hinausgeschaut und die Sicherheitsaspekte von Wasserstoff im Tankstellen- und Nutzfahrzeugbereich näher beschrieben.

2. Eigenschaften von Wasserstoff

In der Mobilität findet heute hauptsächlich gasförmiger Wasserstoff Anwendung. Gasförmiger Wasserstoff ist geruchlos, farblos und nicht giftig. Wie andere gasförmige Kraftstoffe bildet er zusammen mit Sauerstoff ein zündfähiges Gasgemisch. Die untere Konzentrationsgrenze für die Zündung liegt bei diesem Gasgemisch bei ca. 4 %, womit eine große Ähnlichkeit mit den Stoffeigenschaften von Erdgas besteht (die untere Konzentrationsgrenze von Erdgas in der Luft liegt bei ca. 4,1 %). Ähnlich sind auch die Zündungstemperatur (ab ca. 560 °C) und die minimale Zündenergie, welche bei beiden Gasen deutlich unter

Tabelle 1: Stoffdaten von Wasserstoff im direkten Vergleich zu Erdgas (Quelle: EMCEL GmbH)

Stoffdaten	Wasserstoff H_2	Erdgas
Untere und obere Konzentrationsgrenze für die Zündung	4 %...74 %	4,1 %...16,5 %
Zündungstemperatur	560 °C	575...640 °C
Minimale Zündenergie	0,02 mJ	0,28 mJ
Dichte [Luft: 1,225 kg/m³]	0,089 kg/m³	0,83 kg/m³

dem Wert einer durchschnittlichen statischen Entladung liegen. Nicht zuletzt ist Wasserstoff, wie eben Erdgas auch, deutlich leichter als Luft (Dichte der Luft ca. 1,225 kg/ m^3). So steigen beide Gase nach Freisetzung in die Umgebung schnell nach oben auf. Die Stoffeigenschaften von Wasserstoff und Erdgas sind in **Tabelle 1** zusammengefasst und im direkten Vergleich dargestellt.

Die starken Analogien zwischen den zwei Gasen spiegeln sich auch auf der sicherheitstechnischen Ebene wider. So werden bei Wasserstoff ähnliche, mit der Erdgastechnologie vergleichbare Sicherheitsmaßnahmen und -konzepte angewendet. Dies ist auch bei Wasserstofftankstellen der Fall, welche hinsichtlich ihres Sicherheitskonzepts Ähnlichkeiten mit Erdgastankstellen aufweisen.

3. Typische Komponenten einer Wasserstofftankstelle

Bild 2 stellt die typischen Komponenten einer Wasserstofftankstelle dar. Diese umfassen die H_2-Versorgung, die Kompressoreinheit, die Speicher und die Dispenser. Je nach Performance der Anlage und Anforderungen an die Betankung kann eine zusätzliche Kühleinheit für die Kühlung des Wasserstoffes notwendig sein, die dann vor den Dispenser (dt. Zapfsäule) geschaltet wird.

Bei der Anlieferung durch Trailer wird der transportierte Wasserstoff meist mit einem Druckniveau von 200 bis 300 bar zur Tankstelle geliefert und über eine Einfüllstation als Schnittstelle in den Speicher gefüllt. Perspektivisch werden die Tankstellen auch direkt über eine Wasserstoffpipeline versorgt. Hier ist allerdings zu erwarten, dass der Anlieferdruck typischerweise im Bereich unter 100 bar liegen wird.

In Abhängigkeit des Anlieferdrucks wird die Einfüllstation mit einer Kompressoreinheit, welche als Steuerungssystem und Verteilungseinheit der Tankstelle dient, ausgestattet. Der Kompressor hat die Aufgabe, den Wasserstoff für den Betankungsvorgang auf ein geeignetes Druckniveau zu komprimieren. Bei Nutzfahrzeugen liegt dieses Niveaus heute bei 350 bar, wohingegen bei der Betankung von PKWs standardmäßig ein Druckniveau von 700 bar benötigt wird. Es ist nicht auszuschließen, dass mittel- bis langfristig auch Nutzfahrzeuge mit bis zu 700 bar Nenndruck betankt werden.

Die Art der Speicherungseinheit vor Ort hängt von dem Zustand des Wasserstoffes bei der Anlieferung ab. Bei gasförmigem Wasserstoff wird ein Druckgasspeicher benötigt. In manchen Fällen wird die Anlage so konzipiert, dass der Trailer selbst auch vor Ort als mobiler Speicher genutzt werden kann. Darüber hinaus verfügt die Anlage über einen stationären Mitteldruckspeicher (MD-Speicher), welcher aus dem Trailer befüllt wird und als Pufferspeicher dient. Dieser Pufferspeicher gewährleistet, dass immer ausreichend Wasserstoff für die Betankung der Fahrzeuge zur Verfügung steht.

Um höhere Betankungsgeschwindigkeiten zu erreichen und gleichzeitig einen sicheren Betankungsvorgang zu gewährleisten, ist in der Regel eine Kühleinheit vorgesehen. Diese greift nach der letzten Kompressionsstufe unmittelbar vor dem Dispenser ein. Je nach Betankungsprotokoll und Umgebungsbedingungen wird der

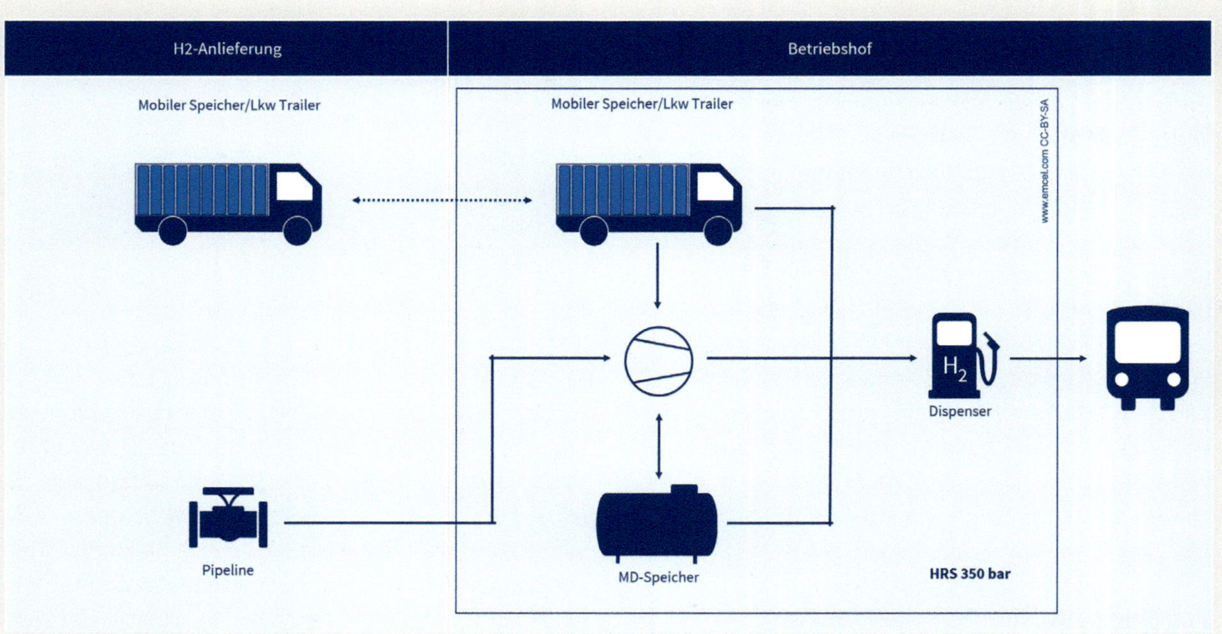

Bild 2: Verfahrensschema einer Wasserstoff-Tankstelle. (Quelle: EMCEL GmbH)

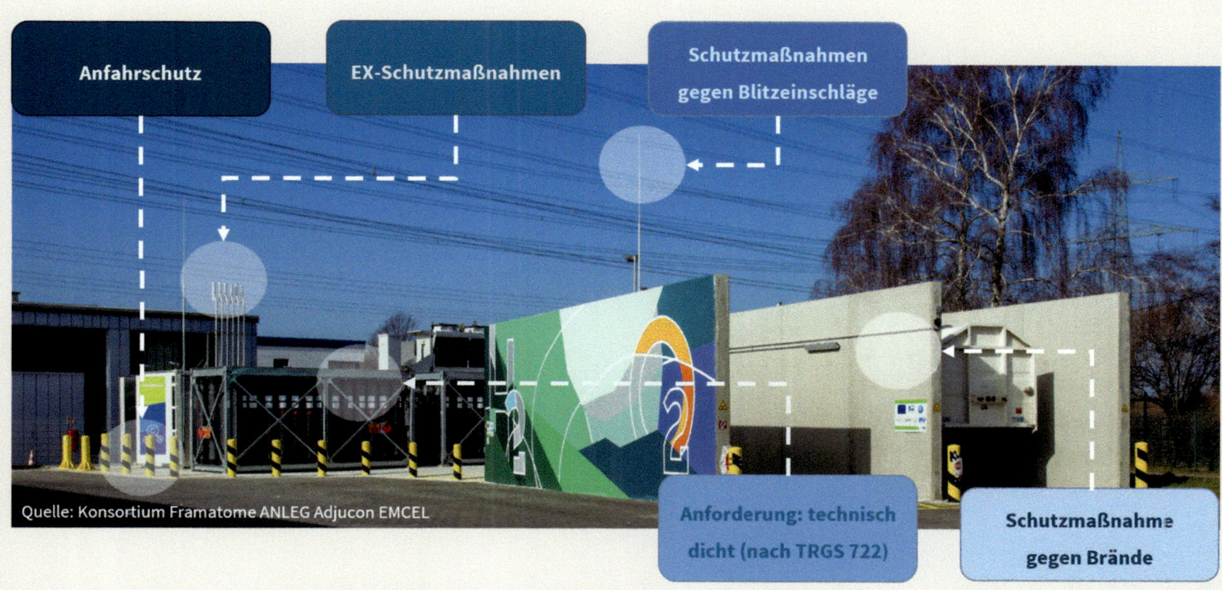

Bild 3: Darstellung der typischen Sicherheitsaspekte einer H2-Tankstelle (Quelle: Framatome)

zu betankende Wasserstoff bis auf eine Temperatur von bis zu -40 °C heruntergekühlt.

Der Dispenser stellt die Schnittstelle zwischen Tankstelle und zu betankendem Fahrzeug dar. Eine technisch dichte Verbindung zwischen Fahrzeug (Tanknippel) und Zapfpistole (Tankkupplung) gewährleistet einen sicheren Betankungsvorgang ohne betriebsbedingte Gasfreisetzungen im Fahrzeugbereich. So können Wasserstoffzapfsäulen – genauso wie Erdgaszapfsäulen – unbedenklich auch in Räumen (z. B.: Waschstraßen bzw. Werkstattspuren bei Busunternehmen) aufgestellt werden.

4. Einblick in die Sicherheitsaspekte für Wasserstofftankstellen

Der sichere Betrieb der Wasserstofftankstelle wird durch die Einhaltung von Normen, Richtlinien und technischen Regeln gewährleistet. Dabei sind nicht nur der Umgang mit dem Wasserstoff selbst, sondern auch elektrische (z. B.: Stromversorgung, Nieder- bzw. Mittelspannungsnetz), mechanische (z. B.: Fahrzeugunfälle) und wetterbedingte (z. B.: Blitz, Regen) Aspekte zu betrachten. Die Zusammenfassung eines typischen Sicherheitskonzepts für Wasserstofftankstellen lässt sich gemäß **Bild 3** in die jeweiligen Themenbereiche aufteilen.

Die hier betrachteten Themenbereiche umfassen den Explosionsschutz (Ex-Schutz), den Blitzschutz, den Brandschutz, die technische Dichtheit der H_2-Bauteile und den Anfahrschutz.

In bestimmten Anlagenbereichen ist die Freisetzung von Wasserstoff nicht auszuschließen, sondern zulässig oder sogar sicherheitstechnisch vorgesehen (z. B. zur Überdruckentlastung). Hinsichtlich des Explosionsschutzes ist ein Ex-Schutzkonzept zu erstellen. Die Bereiche, in denen potenziell explosionsfähige Gasgemische entstehen können, sind sicher zu konzipieren bzw. eindeutig zu kennzeichnen. Zu beachten ist die erforderliche spezielle Personalschutzausrüstung bei Arbeiten in Ex-Zonen sowie der Einsatz von Ex-geschützten Betriebsmitteln (funkenfrei).

Auch die Natur stellt eine potenzielle Gefahr im Sinne der Explosionssicherheit dar. Wasserstofftankstellen müssen mit einem Blitzschutzsystem, welches aus einem inneren und einem äußeren Blitzschutz besteht, ausgerüstet werden.

Bezüglich des Schutzes gegen Brände können Brandschutzwände, beispielsweise um die Abstellplätze der Trailer und andere gefährdete Bereiche, aufgebaut werden. Sie sollen im Falle eines Brandes die umliegenden Anlagenbereiche vor Feuer und Wärmestrahlung schützen.

Im Hinblick auf die Auslegung und Montage der H_2-Bauteile ist es wichtig, dass Rohrleitungen, Behälter, Ventile und Armaturen technisch dicht bzw. auf Dauer technisch dicht ausgeführt sind (siehe auch: TRGS 722 – Technische Regeln für Gefahrenstoffe). Bei Anlagenteilen, die auf Dauer technisch dicht sind, sind keine Gasfreisetzungen zu erwarten. Bei Anlagenteilen, die technisch dicht sind, können seltene Gasfreisetzungen auftreten. Hier werden ggf. zusätzliche, redundante Sicherheitsmaßnahmen angewendet (z. B.: die regelmäßige Überprüfung durch Leckagetestverfahren).

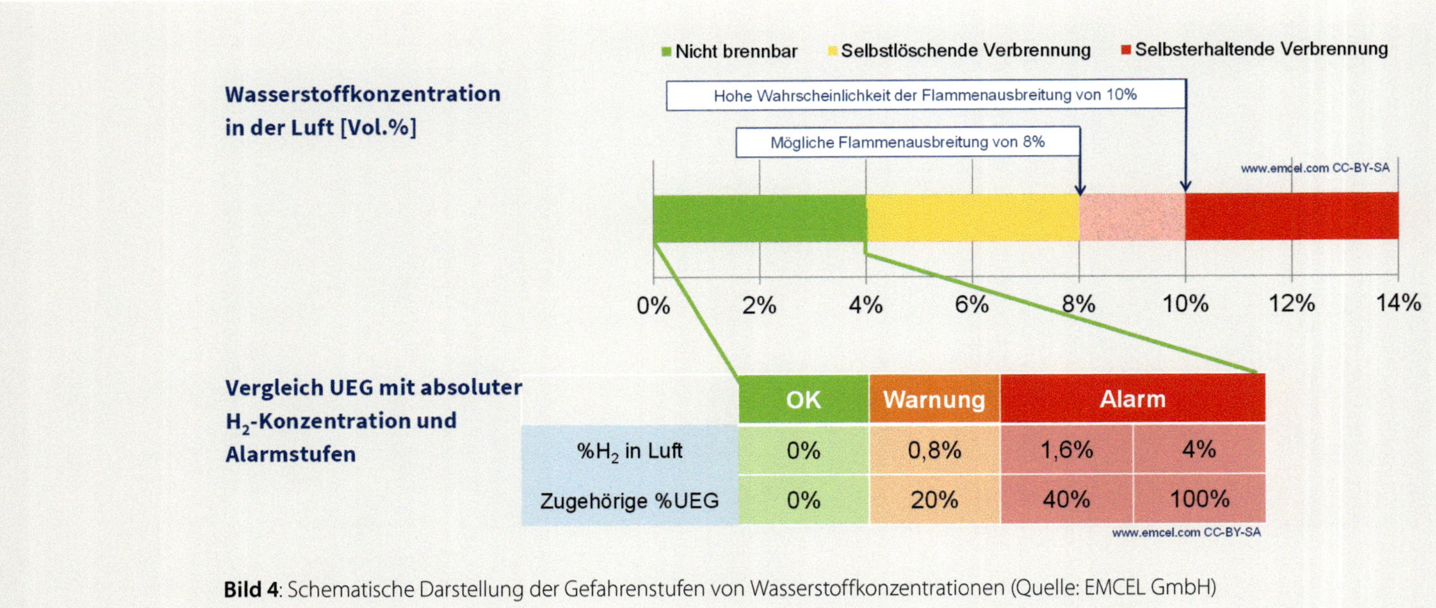

Bild 4: Schematische Darstellung der Gefahrenstufen von Wasserstoffkonzentrationen (Quelle: EMCEL GmbH)

Hinsichtlich des Anfahrschutzes sind ausreichend dimensionierte Poller bzw. Sockel zur Absicherung der Wasserstoffkomponenten einzusetzen. Diese dienen dem direkten Schutz der Anlage gegen mechanisches Einwirken durch beispielsweise Nutzfahrzeuge.

5. Sicherer Umgang mit Wasserstoff in geschlossenen Räumen

Wie bereits oben angedeutet, können Wasserstoffkomponenten einer Tankstelle in geschlossenen Räumen, beispielsweise Hallen von Busdepots oder Indoor-Betankungsspuren einer Werkstatt, aufgestellt und betrieben werden. Der Betrieb im geschlossenen Raum erfordert die Einhaltung von drei Grundregeln für den Umgang mit Wasserstoff in geschlossen Räumen:

Zum einen muss in den Räumen für eine gute Belüftung gesorgt werden. Andernfalls könnte es bei einem Austritt von Wasserstoff zu erhöhten Konzentrationen in den geschlossenen Räumen kommen. Lüftungsanlagen sorgen für einen erhöhten Luftaustausch, wodurch das Risiko der Bildung von entzündlichen Konzentrationen minimiert bzw. ganz ausgeschlossen wird.

Generell sollten in Räumen Zündquellen vermieden werden. Das gilt insbesondere in den Bereichen der Gasarbeitsplätze und Ex-Zonen. Hier ist beispielweise das Erden der Fahrzeuge eine generelle Voraussetzung für die Betankung. Dies kann entweder durch eine Erdungsklemme oder durch die Zapfpistole und den Tankschlauch selbst stattfinden, wenn bestimmte Grenzwerte für den Isolationswiderstand berücksichtigt werden (siehe auch: TRGS 727). Alternativ kann ein leitfähiger Boden die Herstellung eines Potenzialausgleiches sichern. Ein weiteres Beispiel für die Vermeidung von Zündquellen ist das Einsetzen von Ex-Schutz-Betriebsmitteln, zum Beispiel für die Notfallbeleuchtung.

Zuzüglich zu den oben genannten Maßnahmen können bei H_2-Anwendungen in Räumen H_2-Sensoren eingesetzt werden. Diese messen die prozentuale Wasserstoffkonzentration in der Luft und warnen bei Überschreitung von kritischen Werten. Zugleich werden dadurch Sicherheitsmaßnahmen aktiviert.

Bild 4 zeigt die drei typischen Warnstufen der Detektion von Wasserstoff in der Luft.

Im Idealfall ist nicht mit H_2-Leckagen zu rechnen. Dies ist bei auf Dauer technisch dichten Bauteilen der Fall, welche auch ohne Überwachung in Räumen aufgestellt werden können (z. B.: geschweißte Leitung).

Ist eine Gasfreisetzung in bestimmten Anlageteilen selten zu erwarten (z. B. bei Ventilen, bestimmten Verschraubungsarten), wird dies bis zu einer Grenze von 20 % der unteren Explosionsgrenze (UEG) als unbedenklich bewertet. Ein Wert von 20 % UEG stellt ca. 0,8 % H_2-Konzentration in der Luft dar und ist somit weit entfernt von dem zündfähigen Gasgemisch, welches zu Beginn dieses Artikels beschrieben wurde.

Steigt die H_2-Konzentration über 20 % UEG, wird durch die H_2-Sensorik eine Warnung ausgelöst. Voraussetzung hierfür ist die Installation einer Warnungseinheit, welche den „Alarm" typischerweise durch optische und akustische Signalgeber anzeigt. Die Warnungseinheit muss für alle Mitarbeiter deutlich erkennbar und wahrzunehmen sein.

Eine Überschreitung von 40 % UEG (entspricht 1,6 % H_2 in der Luft) wird als unzulässig bzw. als Systemfehler bewertet. Es wird einen „Alarm"-Zustand signalisiert und die Tankstelle heruntergefahren und spannungslos geschaltet. Es werden nur Anlagenteile weiterbetrieben, die Ex-geschützt ausgeführt sind und zur Erhöhung der Anlagensicherheit dienen (z. B.: Ex-geschützte Lüfter).

Zu den Anforderungen an H_2-Sensoren gehören typischerweise ein Messbereich für die Aufzeichnung niedriger Konzentrationen (z. B.: 0,1 bis 10 Vol.-%) und eine schnelle Ansprechzeit. Zudem müssen sie beständig äußerst zuverlässig und bei starken Veränderungen der Temperatur (Winter/Sommer) oder der Luftfeuchtigkeit (Innen-/Außenbereich) arbeiten. Die H_2-Sensorik ist ausschlaggebend für einen sicheren Umgang mit Wasserstoff. Für die Anlagenkonzeption ist außerdem die SIL-Einstufung (Safety Integrity Level) der gesamten Sicherheitskette zu betrachten. Die Einstufung dient der Gewährleistung eines stabilen und zuverlässigen Betriebs der Sensorik, der das Risiko von Fehlfunktionen minimieren soll.

6. Fazit

Abschließend lässt sich zusammenfassen, dass ein sicherer Betrieb mit Wasserstoff heute schon genau so möglich ist wie der Betrieb mit anderen Kraftstoffen. Die Ähnlichkeit mit Erdgas erleichtert den Umstieg auf diese Technologie, da sich Herangehensweisen und Sicherheitskonzepte leicht übertragen lassen. Auch in geschlossenen Räumen können H_2-Tankstellen – bei Anwendung von geeigneten Sicherheitsmaßnahmen – sicher und zuverlässig betrieben werden. Für den Bau einer Wasserstofftankstelle bietet sich die Erstellung eines individuell auf den jeweiligen Anwendungsfall zugeschnittenen Sicherheitskonzepts an. So können kostengünstige Umsetzungen gezielt erreicht werden!

Autor:innen

Nicolò Queirazza
EMCEL GmbH
Am Wassermann 28a
50829 Köln
nq@emcel.com

Nicole Eull
EMCEL GmbH
Am Wassermann 28a
50829 Köln
nicole.eull@emcel.com

5. Mess- und Regeltechnik

Wasserstoff – Auswirkungen auf die Messtechnik

Michael Franz

Wasserstoff, Gaszähler, Mess- und Regeltechnik

Am 09.10.2019 war in der Pressemitteilung des Bundesministeriums für Wirtschaft und Energie eine Stellungnahme von Bundesminister Peter Altmaier zu lesen: „Der Dialogprozess ‚Gas 2030' hat gezeigt, dass Erdgas noch für viele Jahre ein wichtiger Bestandteil unseres Energieversorgungssystems bleiben wird. Aber wenn wir unsere ambitionierten langfristigen Klimaziele erreichen wollen, muss der verbleibende Gasbedarf zunehmend durch CO_2-freie beziehungsweise CO_2-neutrale gasförmige Energieträger ersetzt werden. Wasserstoff wird aus meiner Sicht ein Schlüsselrohstoff werden, der unverzichtbar für die erfolgreiche Dekarbonisierung unserer wie auch vieler anderer Volkswirtschaften sein wird. Die Zeit für Wasserstoff und die dafür nötigen Technologien ist reif. Sie bieten auch enorme industriepolitische Potenziale und können damit neue Arbeitsplätze schaffen. Deshalb müssen wir bereits heute die Weichen dafür stellen, dass Deutschland bei Wasserstofftechnologien die Nummer 1 in der Welt wird. Die Bundesregierung wird daher bis Ende des Jahres eine Wasserstoffstrategie beschließen, mit der wir die Rahmenbedingungen schaffen, die es der Wirtschaft ermöglichen, ihre industriellen Potenziale weiterzuentwickeln."

Hydrogen - Effects on the measurement technology

On 09.10.2019, the press release of the Federal Ministry for Economic Affairs and Energy contained a statement by Federal Minister Peter Altmaier: „The ‚Gas 2030' dialogue process has shown that natural gas will remain an important part of our energy supply system for many years to come. But if we want to achieve our ambitious long-term climate goals, the remaining gas demand must increasingly be replaced by CO_2-free or CO_2-neutral gaseous energy sources. In my view, hydrogen will become a key raw material that will be indispensable for the successful decarbonisation of our economy as well as many other economies. The time for hydrogen and the technologies needed for it is ripe. They also offer enormous industrial policy potential and can thus create new jobs. That is why we must set the course today for Germany to become the world's number 1 in hydrogen technologies. The Federal Government will therefore adopt a hydrogen strategy by the end of the year, with which we will create the framework conditions that will enable industry to further develop its industrial potential."

Mit dieser Stellungnahme wird den Aktivitäten der letzten Jahre zum Thema Wasserstoff (H_2) eine zunehmend starke Bedeutung zukommen. Die deutsche Gaswirtschaft bereitet sich seit einiger Zeit auf die vielfältigen Aspekte bei der Nutzung von Wasserstoff vor. Hierzu werden die Eignungen der Materialien und deren Langzeitverhalten und Eigenschaften betrachtet. Derzeit gibt es keine klaren Festlegungen zum prozentualen Anteil von Wasserstoff. Es zeichnet sich jedoch ab, dass die Grenzen von 10 %, 20 % oder 100 % als denkbare Szenarien der H_2-Mengen in den Fachgremien angesehen werden.

Zu beachten ist, dass es sich hier jeweils um Bereiche handelt, also z. B. um einen Bereich von 0-10 % Wasserstoff.

Um nun die Eignung von mechanischen Großgasmessgeräten zu bewerten, muss man die wesentlichen Eigenschaften von Wasserstoff im Vergleich zu anderen Gasen beachten:

- Volumenbezogener Brennwert: ca. 1/3 Erdgas
- Dichte: ca. 1/7 Methan, ca. 1/10 Luft
- Dynamische Viskosität, ca. 50 % Luft
- Wärmeleitfähigkeit: hoch, ähnlich wie Helium
- Diffundiert sehr schnell durch poröse Materialien oder kleinste Undichtigkeiten

Vortrag auf dem Online-Forum „Wasserstoff in der Praxis", 09.03.2021

- Gemische von Wasserstoff mit Luft oder reinem Sauerstoff sind hochexplosiv (Knallgas).

Berücksichtigt werden muss auch, dass Wasserstoff sich bei einigen physikalischen Eigenschaften beträchtlich von dem über viele Jahrzehnte bekannten Erdgas unterscheidet. Somit kommt dem H_2-Anteil bei der Bewertung von Produkteigenschaften eine ganz wesentliche Bedeutung zu.

Bei Anteilen bis zu 10 % geht man von nicht nennenswerten Auswirkungen aus.

Das bedeutet, dass die spezifischen Eigenschaften von Wasserstoff keinen Einfluss auf die Eigenschaften des Gerätes haben.

Bei 100 % H_2 hingegen muss man die Auswirkungen auf Material, Dichtheit, Explosionsschutz und Geräteeigenschaften beachten. Bei Gaszählern ist aufgrund der niedrigen Dichte mit sehr starken Effekten beim messtechnischen Verhalten – insbesondere bei niedrigen Durchflüssen – zu rechnen. Derzeit kann man hier jedoch nur qualitative Aussagen machen, da lediglich sehr wenig belastbare Untersuchungen zum metrologischen Verhalten von 100 % H_2 auf Großgasmessgeräte vorliegen.

Bei der Bewertung der Geräteeigenschaften sind bestehende Zulassungen meist nicht ausreichend. In vielen EG-Baumusterprüfbescheinigungen für MID steht folgender Satz: „Die [Produkte] können mit Gasen […] nach EN 437:2003 für Prüfgase […] betrieben werden". In der Norm EN 437 gibt es u. a. in der Tabelle 2 ein Gas der 1. Familie mit 59 % H_2-Anteil. Man könnte also von einer Eignung des Gaszählers für 59% Wasserstoff ausgehen. Die oben genannte Norm wurde in der Vergangenheit von den benannten Stellen genutzt, um die Eignung für brennbare Gase/Erdgas zu beschreiben. Die EN 437 ist jedoch als Prüfnorm für Gasverbrauchseinrichtungen (z.B. Gasbrenner) geschrieben worden. Durch Tests mit den verschiedenen Prüfgasen sollen die Eigenschaften von Brennern nachgewiesen werden. Gaszähler wurden im Rahmen der Produktzulassung nie mit diesen Gasgemischen metrologisch geprüft. Daher kann man nicht ableiten, dass Zähler messtechnisch für die o. g. Gasgemische geeignet sind.

Der Messbereich eines Gaszählers ist durch die Spanne von maximalem bis minimalem Durchfluss (Q_{max} zu Q_{min}) innerhalb gewisser Fehlergrenzen definiert. Bei mechanischen Gaszählern ist der Einfluss der Lagerreibung zu berücksichtigen.

Üblicherweise werden Gaszähler mit Luft kalibriert. Die Auswirkungen bei Betrieb mit einem anderen Gas kann mit der vereinfachten Formel 1 dargestellt werden. Als Überschlagsrechnung werden alle Werte ohne Einheit in die Formel eingegeben.

$$Q_{min(H_2)} \approx Q_{min(Luft)} \cdot \frac{1}{\sqrt{dv \cdot (pü + 1{,}013)}} \qquad (1)$$

- $Q_{min(Luft)}$: Minimaler Messpunkt bei Kalibrierung mit Luft
- $Q_{min(H2)}$: Minimaler Messpunkt bei Kalibrierung mit einem anderen Gas
- dv: Dichteverhältnis
- pü: Druck (Überdruck)

Im Falle von geringer Dichte bzw. einem geringen Dichtverhältnis wird die Antriebsenergie auf das Messrad bei einem Turbinenradgaszähler (**Bild 1**) oder den Kolben bei einem Drehkolbengaszähler (**Bild 2**) reduziert. Aufgrund der niedrigen Dichte von Wasserstoff ergibt sich somit ein höherer minimale Messpunkt (Q_{min}), was eine Reduzierung des Messbereiches ergibt. Dieser Effekt wird

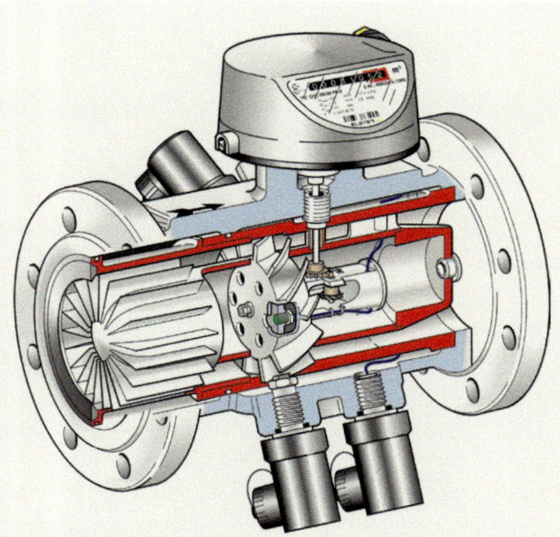

Bild 1: Beispiel eines Turbinenradgaszählers (Schnittdarstellung)

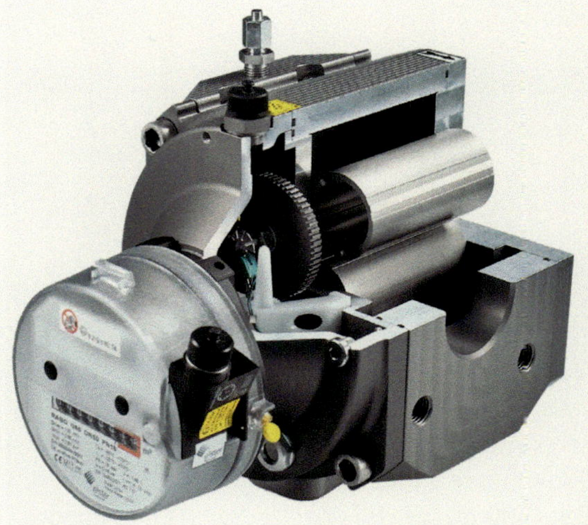

Bild 2: Drehkolbengaszähler (Schnittdarstellung)

bei höheren Gasdrücken bzw. dichten jedoch wieder kompensiert.

Der Nachweis dieser theoretischen Betrachtung ist derzeit aufgrund der geringen Verfügbarkeit von Wasserstoff-Prüfständen nur sehr bedingt möglich.

Erste Versuche auf dem Prüfstand des DNV in Groningen zeigten bei Erdgas/H_2 Gemischen bis zu 30 % und Prüfdrücken bis 32 bar eine sehr gute Übereinstimmung mit den Ergebnissen einer reinen Erdgasprüfung (**Bild 3**).

Die geringere Dichte hat – neben dem Einfluss auf den Messbereich – noch eine weitere Problematik: Hier geht es um erhöhte Anforderungen an die Dichtheitsprüfung bei der Herstellung und Installation von Gasgeräten. Man wird die Überprüfung der Dichtheit beim Hersteller nicht mehr mit Luft, sondern mit einem Gas geringer Dichte – wie z. B. Helium – durchführen müssen. Für die Prüfung vor Ort bei der Inbetriebnahme oder regelmäßige Prüfung wird man ebenfalls andere Gase einsetzen müssen. Da die Bestände von Helium zurück gehen werden, ist mit einer Erhöhung der Kosten zu rechnen. Hier wird nach Ersatz durch ein gleichwertiges Gas gesucht.

Neben der geringen Dichte hat der geringere Brennwert auch Auswirkung auf die Planung einer Gasmess- und -regelanlage. Um die gleiche Energiemenge (Heizleistung) zu erreichen, müssen erhöhte Volumenströmen bei der Auslegung einer Anlage berücksichtigt werden.

Als weitere Eigenschaft ist die hohe Zündfähigkeit von Wasserstoff zu nennen. Dies hat Auswirkungen auf den Explosionsschutz („ATEX") eines Gerätes. Alle elektrischen Komponenten müssen für die Klasse IIc und für Temperaturklasse T1 (oder höher) geeignet und zugelassen sein.

Für Gasgemische aus Erdgas und Wasserstoff gilt:

- Für bis zu 25 % Wasserstoff gilt Guppe IIA
- Für bis zu 70 % Wasserstoff gilt Guppe IIB
- Über 70 % Wasserstoff gilt Gruppe IIC oder IIB + H_2.

Bezüglich der Materialauswahl gibt es Einschränkungen bei hochfesten Stählen, die jedoch üblicherweise nicht bei Gaszählern eingesetzt werden. Bei der Bewertung von Werkstoffen wie Kunststoffen, Elastomeren und Schmierstoffen gibt es ausreichend Erfahrungswerte. Hersteller von technischen Gasen haben seit vielen Jahren Erfahrungen mit Anlagen und Komponenten, die auch teilweise mit 100 % Wasserstoff betrieben werden.

Erkenntnisse aus dem Betrieb mit Stadtgas, welches einen hohen Wasserstoffanteil aufweist, liegen ebenfalls vor. Die Übertragbarkeit auf Erdgas-Wasserstoff-Gemische ist nur bedingt möglich, da das Stadtgas sowohl einen wesentliche höheren Feuchteanteil hatte als auch bei niedrigen Drücken eingesetzt wurde.

Die Europäischen Produktnormen für Gaszähler berücksichtigen derzeit noch keine sogenannten „non-conventional-gases" wie Bio-Methan oder Wasserstoff. Diese Normen werden überarbeitet und können somit erst in einigen Jahren die Grundlage für eine metrologische Zu-

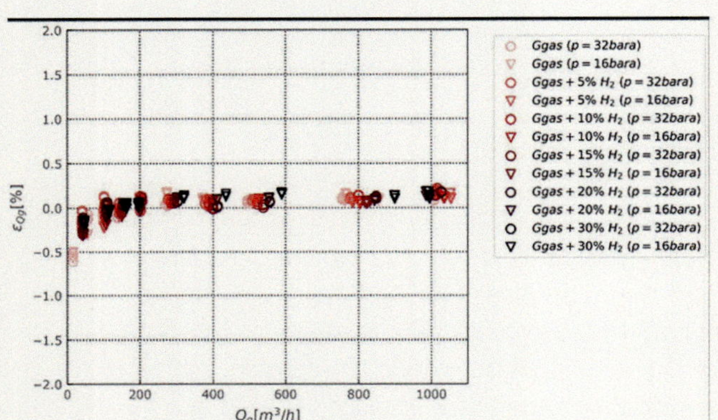

Bild 3: Erste Versuche auf dem Prüfstand des DNV in Groningen zeigten bei Erdgas/H_2-Gemischen bis zu 30 % und Prüfdrücken bis 32 bar eine sehr gute Übereinstimmung mit den Ergebnissen einer reinen Erdgasprüfung

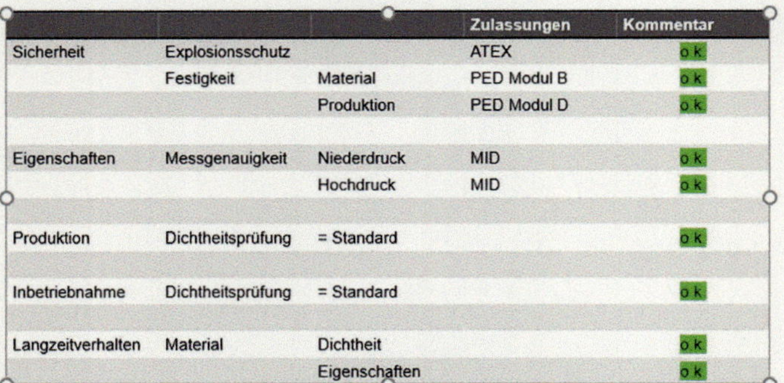

			Zulassungen	Kommentar
Sicherheit	Explosionsschutz		ATEX	o.k
	Festigkeit	Material	PED Modul B	o.k
		Produktion	PED Modul D	o.k
Eigenschaften	Messgenauigkeit	Niederdruck	MID	o.k
		Hochdruck	MID	o.k
Produktion	Dichtheitsprüfung	= Standard		o.k
Inbetriebnahme	Dichtheitsprüfung	= Standard		o.k
Langzeitverhalten	Material	Dichtheit		o.k
		Eigenschaften		o.k

Bild 4: Am Beispiel von mechanischen Großgasmessgeräten wie Turbinen- oder Drehkolbengaszähler werden die verschiedenen Aspekte zur Prüfung einer Eignung für den Betrieb von Gasgemischen mit bis zu 10 % Wasserstoff aufgezeigt

			Zulassungen	Kommentar
Sicherheit	Explosionsschutz		ATEX	o.k
	Festigkeit	Material	PED Modul B	o.k
		Produktion	PED Modul D	o.k
Eigenschaften	Messgenauigkeit	Niederdruck	MID	Messbereich
		Hochdruck	MID	o.k
Produktion	Dichtheitsprüfung	Helium oder Luft?		In Arbeit
Inbetriebnahme	Dichtheitsprüfung	Helium oder Wasserstoff?		In Arbeit
Langzeitverhalten	Material	Eigenschaften		in Arbeit

Bild 5: Am Beispiel von mechanischen Großgasmessgeräten wie Turbinen- oder Drehkolbengaszähler werden die verschiedenen Aspekte zur Prüfung einer Eignung für den Betrieb von Gasgemischen mit mehr als 10 % Wasserstoff aufgezeigt

lassung darstellen. Aufgrund der fehlenden Prüfgrundlagen ist es derzeit nicht möglich, ein EU-Baumusterprüfbescheinigung nach 2014/32/EU („MID") zu erhalten.

Am Beispiel von mechanischen Großgasmessgeräten wie Turbinen- oder Drehkolbengaszähler werden die verschiedenen Aspekte zur Prüfung einer Eignung aufgezeigt (**Bild 4** und **Bild 5**). Für den Betrieb von Gasgemischen mit bis zu 10 % Wasserstoff ist nach derzeitigem Stand der Technik nicht mit Einschränkungen zu rechnen.

Bei höheren H_2-Anteilen ist die Situation etwas schwieriger zu bewerten, da metrologische Zulassungen zurzeit nicht möglich sind. Auch die Frage der Dichtheitsprüfung beim Hersteller wie auch später im Feld muss noch weiter untersucht werden.

Zusammenfassend kann man bestätigen, dass die Eignung von Gaszählern bis 10 % H_2 unkritisch sind. Auch bei 100 % Wasserstoff sind die materialtechnischen Anforderungen gut zu lösen.

Forschungsbedarf besteht bei der messtechnischen Untersuchung von industriellen Gaszählern. Elster-Honeywell arbeitet aus diesem Grund sehr aktiv in verschiedenen nationalen und internationalen Projekten mit.

Da die Einspeisung von Wasserstoff in den nächsten Jahren stark an Fahrt aufnehmen wird, sind die neuen Herausforderungen nur gemeinsam zu lösen.

Autor

Michael Franz
Honeywell | Honeywell Process Solutions
Elster GmbH
Mainz
michael.franz@honeywell.com

Wasserstoff – Anforderungen an die Regeltechnik

Paul Ladage

Wasserstoff, Mess- und Regeltechnik, Normung

Für den Betrieb der bestehenden Gasnetze sind die in der Pressemitteilung des DVGW vom 09.04.2019 genannten Zielwerte – 10 Vol.% Wasserstoff im Erdgas sicher zu verankern sowie 20 Vol.% zu ermöglichen – für die Weiterentwicklung des DVGW-Regelwerks anzusetzen. Um auch die Errichtung und den Betrieb von Inselnetzen und Infrastrukturen für reinen Wasserstoff im Geltungsbereich des EnWG abzusichern, ist bei der Weiterentwicklung des DVGW-Regelwerks eine Erweiterung des Geltungsbereiches auf 100 % Wasserstoff anzustreben. Ziel ist es dabei, die Anwendung des Regelwerks für 100 % Wasserstoff zu ermöglichen. Gasdruckregelgeräte als Teil der Gastransport und -verteilungsinfrastruktur bedürfen einer Betrachtung hinsichtlich der verwendeten Werkstoffe, des Leckageverhaltens und der Auslegung.

Hydrogen – Requirements for the regulator technology

For the operation of existing gas grids, the target values stated in the DVGW press release of 9 April 2019 – to securely anchor 10 % hydrogen by volume in natural gas and to enable 20 % hydrogen by volume – are to be used for the further development of the DVGW Code of Practice. To also secure the construction and operation of island networks and infrastructures for pure hydrogen within the scope of the EnWG, an extension of the scope to 100 % hydrogen should be aimed for in the further development of the DVGW Code of Practice. The aim is to enable the application of the regulations for 100 % hydrogen. Gas pressure regulators as part of the gas transport and distribution infrastructure require consideration with regard to the materials used, leakage behaviour and design.

Bei der Bewertung der Gerätetechnik von Gasdruckregelgeräten werden zunächst die einschlägigen Normen in diesem Bereich herangezogen (**Tabelle 1**)

In den europäischen Normen wird die EN437 herangezogen. Es gibt also eine Referenz auf Prüfgase in der 1. Familie mit 59 % Wasserstoffanteil. Im Rahmen der Produktzulassung werden Gasdruckregelgeräte aber weder mit diesen Gasgemischen geprüft, noch wurden die Konsequenzen daraus bei der Erstellung der Normen berücksichtigt. Aufgrund dieser Tatsache kann bis dato keine Produktzertifizierung mit einer Aussage zur Wasserstoffverträglichkeit erfolgen. Für die genannten Normen EN334 und EN14382 wurde bereits mit den Arbeiten zu Ergänzungen der Normen in Bezug auf Wasserstoffverträglichkeit begonnen. Die Ergebnisse werden anschließend in die weiteren o. g. Normen einfließen.

Vorarbeiten laufen hierzu auf nationaler wie europäischer Ebene. Nur exemplarisch genannt sei hier eine Reihe von GERG-Studien, die im CEN TC234/WG13 gespiegelt werden und unter Beteiligung der einschlägigen europäischen Institute und Versorger bearbeitet werden:

„Identifikation der größten Barrieren für die Einspeisung von H_2 in Gas-Netzwerke…"
Priority 1: Safety: Classification of Leaks, integrity management, Gas tightness
Priority 7: Network equipment: Impact of H_2 addition on equipment and material on network.
Kernpunkte der Untersuchungen zur Wasserstoffverträglichkeit sind zum einen die Beständigkeit der Werkstoffe gegenüber Wasserstoffgemischen bzw. reinem Wasserstoff sowie die Dichtigkeit nach außen.

Bezüglich der Materialauswahl gibt es Einschränkungen bei hochfesten Stählen, die jedoch üblicherweise nicht bei Gasdruckregelgeräten eingesetzt werden. Im Bereich der Gasdruckregelgeräte liegen bereits langjährige Erfahrungen mit der Beständigkeit von Werkstoffen

Vortrag auf dem Online-Forum „Wasserstoff in der Praxis", 09.03.2021

Tabelle 1: Normen für die Bewertung der Gerätetechnik von Gasdruckregelgeräten

Norm	Titel	Status
DIN EN 334 - 11/2019	Gas-Druckregelgeräte für Eingangsdrücke bis 10 MPa (100 bar)	Überarbeitung H_2 gestartet 01/2021
DIN EN14382 - 11/2019	Gas-Sicherheitsabsperreinrichtungen für Eingangsdrücke bis 10 MPa (100 bar)	Überarbeitung gestartet 01/2021
ISO 23555-1 bis -3 FDIS	Gas pressure safety and control devices for use in gas transmission, distribution and installations for inlet pressures up to and including 10 MPa	Übernahme der Ergebnisse aus EN 334/14382
DIN 33822 - 08/2017	Gas-Druckregelgeräte und Sicherheitseinrichtungen der Gas-installation für Eingangsdrücke bis 5 bar	Übernahme der Ergebnisse aus EN 334/14382

Tabelle 2: Stoffeigenschaften von Wasserstoff

Wasserstoff – Stoffeigenschaften

- Volumenbezogener Brennwert: ca. 1/3 von Erdgas
- Dichte: ca. 1/7 von Methan
- Dyn. Viskosität H_2: 0.88 10-6 Pa.s.
- Methan: 1.10 10-6 Pa.s., 25 % höher
- Wärmeleitfähigkeit: hoch; ähnlich wie Helium
  - Diffundiert sehr schnell durch poröse Materialien oder auch durch kleinste Undichtigkeiten.
  - Gemische von Wasserstoff mit Luft oder besonders auch mit reinem Sauerstoff sind sehr explosiv (Knallgas)

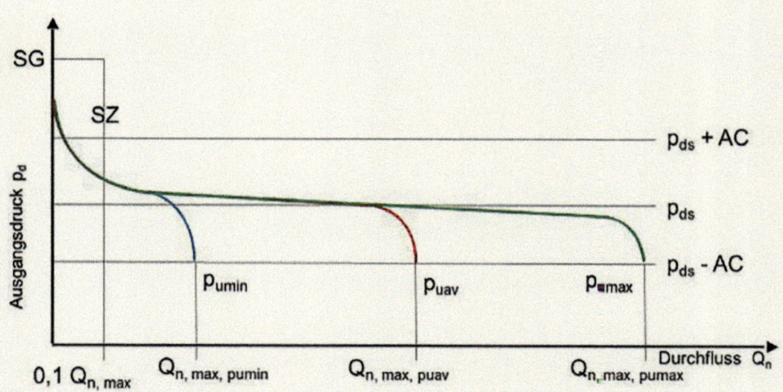

Bild 1: Kennlinienfeld Gasdruckregelgerät

wie Elastomeren und Kunststoffen vor, da die Geräte sowohl im Stadtgasbereich, allerdings bei niedrigen Drücken (z. B. der Gasversorgung von Hong Kong (HKCG)), als auch in Industrieanwendungen im Hochdruckbereich mit bis zu 100 % Wasserstoff betrieben werden.

Bei den metallischen Materialien für Gehäuse oder Deckel kommen Stahlguss, Walzstähle, Aluminiumguss oder Aluminiumknetlegierungen zum Einsatz, bei nichtmetallischen Materialien für Abdichtung und Membranen verschiedenste Elastomere wie NBR, HNBR oder FKM. Für innere Bauteile finden Kunststoffe Verwendung wie z. B. POM. Alle drei Werkstoffgruppen zeigen eine gute Tauglichkeit für den Einsatz mit Wasserstoff.

Aufgrund der geringeren Dichte von Wasserstoff, aber auch wegen der geringeren dynamischen Viskosität (**Tabelle 2**) ergibt sich ein verändertes Leckageverhalten. Dies wird zwar teilweise durch den geringeren Energiegehalt des Wasserstoffes kompensiert, wird aber dennoch zu einer veränderten Leckageprüfung mit modifizierten Schwellenwerten führen. Ein Weg, der derzeit beschritten wird, ist die Verwendung von Gasen mit geringerer Dichte, wie z. B. Helium.

Einflüsse auf Genauigkeitsklassen und Schließdruckgruppen sind nicht zu erwarten (**Bild 1**). Hier hat die geringere Dichte des Mediums keinen Einfluss. Allerdings verändert sich die Geräteleistung.

Die entscheidende Kenngröße zur Auswahl eines Gasdruckregelgerätes ist der Ventil-Durchflusskoeffizient KG. Die Berechnung des KG-Wertes bezieht sich auf die Normdichte von Erdgas $\rho n = 0{,}83$ kg/m³. Daher müssen bei dessen Berechnung die abweichenden Normdichten der Wasserstoff-Erdgas-Gemische berücksichtigt werden.

Mit steigendem Wasserstoffanteil nimmt die Normdichte des Wasserstoff-Erdgas-Gemisches ab, wie aus **Tabelle 3** gut zu ersehen ist. Daraus wiederum resultiert ein höherer Durchfluss in Betriebskubikmetern (**Bild 3**). Dies wird hier am Beispiel eines direktwirkenden Gasdruckregelgerätes, (DN80, Pu = 16 bar, Pd = 0,8 bar) mit einem KG-Wert von 1.400 (m³/h)/bar gezeigt (**Bild 2**).

Im Umkehrschluss verringert sich der erforderliche KG-Wert mit steigendem Wasserstoffanteil (Beispiel: Qn = 9.500 nm³/h) (**Bild 4**).

Gleichzeitig verringert sich der transportierte Energiegehalt mit zunehmendem Wasserstoffanteil, da Wasserstoff, verglichen mit Erdgas, einen um den Faktor 3 gerin-

Tabelle 3: Normdichten

Wasserstoff	[Vol.-%]	0	10	25	50	75	90	100
Methan	**[Vol.-%]**	100	90	75	50	25	10	0
rel. Dichte	**[-]**	0,56	0,51	0,44	0,31	0,19	0,12	0,07
Dichte	**[kg/m³]**	0,72	0,66	0,57	0,40	0,25	0,16	0,09

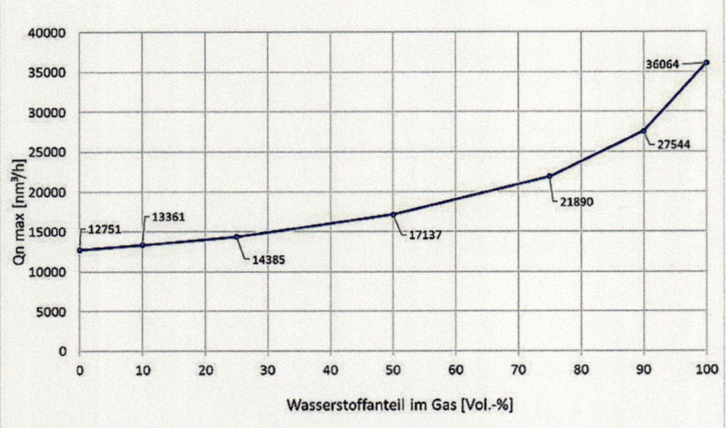

Bild 3: Qn max in Abhängigkeit vom Wasserstoffanteil im Gas

Bild 2: Direkt wirkendes Gasdruckregelgerät

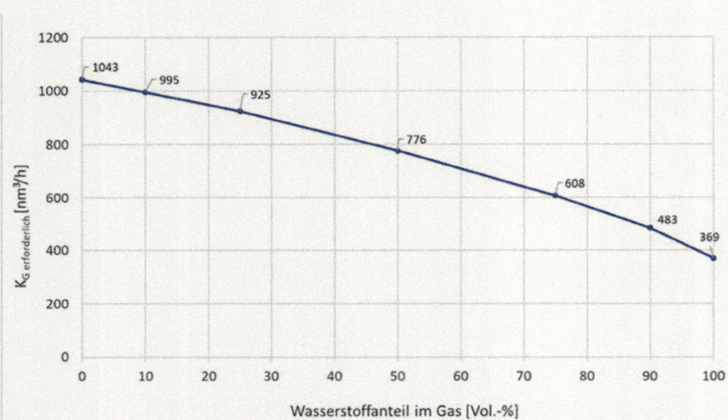

Bild 4: Erforderlicher KG-Wert in Abhängigkeit vom Wasserstoffanteil im Gas

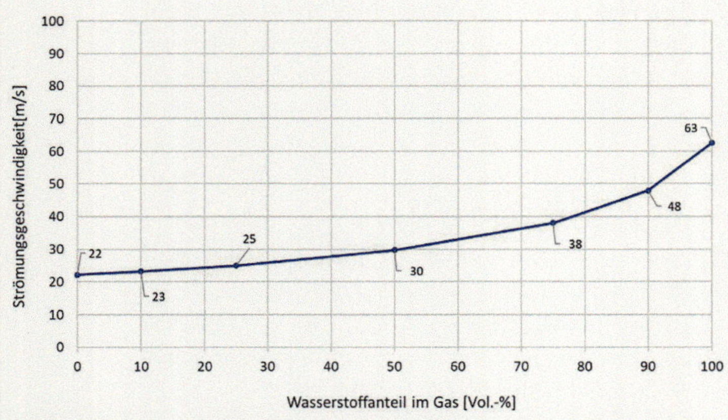

Bild 5: Strömungsgeschwindigkeit in Abhängigkeit vom Wasserstoffanteil im Gas

geren volumenbezogenen Brennwert besitzt. Bilanziert man nun die energetische Leistung eines Gasdruckregelgerätes, verringert sich die transportierte Leistung mit ansteigendem Wasserstoffanteil geringfügig.

Allein aus der Dichteänderung des Mediums ergibt sich gleichzeitig ein Anstieg der Strömungsgeschwindigkeit, wie in **Bild 5** dargestellt – ebenfalls mit dem genannten Beispiel gerechnet. Dazu kommt hier wiederum die Notwendigkeit zum Transport eines höheren Volumenstroms aufgrund des verringerten Energiegehalts von Wasserstoff, sodass es zu einem weiteren erheblichen Anstieg der Strömungsgeschwindigkeit kommt. Dies ist selbstredend bei der Anlagenauslegung zu berücksichtigen. Die Empfehlungen für die Strömungsgeschwindigkeiten an Ein- und Ausgang der Gasdruckregelstrecke bzw. am Impulsabgriff von 20 m/s sowie für das SAV mit 50 m/s bzw. 70 m/s bleiben erhalten. Damit gelten auch die Vorgaben zu Ort, Abmessung und Ausführung des Messabgriffs aus heutiger Sicht bei Wasserstoffanwendungen weiter.

Zusammengenommen ergibt sich daraus, dass es bei Bestandsanlagen mit fest vorgegebenen bzw. beibehaltenen Rohrnennweiten aufgrund des sinkenden Brennwertes in Abhängigkeit vom Wasserstoffanteil im Erdgas-Wasserstoff-Gemisch zu einer abnehmenden Leistung der Anlage kommt.

Einen weiteren interessanten Nebeneffekt gilt es zu betrachten: den allseits bekannten Joule-Thomson-Effekt, der bei einer Druckentspannung von Erdgas im Regelgerät für eine Temperaturabsenkung in einem Bereich von 0,4-0,7 K/bar sorgt.

Demgegenüber besitzt Wasserstoff einen sehr kleinen, aber negativen Joule-Thomson Koeffizient von -0,024735 K/bar. Damit nimmt die Temperatur des Mediums bei der Entspannung mit steigendem Wasserstoffanteil zu. Im Zusammenspiel mit weiteren, sich teilweise ausgleichenden Effekten aufgrund der sich verändernden Dichte und der spezifischen Wärmekapazität nimmt die benötigte Leistung einer Vorwärmung mit steigendem Wasserstoffanteil ab.

Fazit

Gasdruckregelgeräte sind im Allgemeinen, in rein mechanischer Ausführung, im Rahmen ihrer für den Erdgasbereich zugelassenen Anwendungsgrenzen wie Drücke und Temperaturen in Normalausführung auch für den Einsatz in Wasserstoff geeignet. Es ergeben sich aber signifikante Veränderungen für die Auslegung der Geräte im Zusammenhang mit der Anlagendimensionierung.

Autor

Paul Ladage
Honeywell | Honeywell Process Solutions
Elster GmbH
Mainz
paul.ladage@honeywell.com

Wasserstoff in der Erdgasinfrastruktur – Eine Herausforderung für die Bestimmung der Gasbeschaffenheit

Achim Zajc und Jan Suhr

Regel- und Messtechnik, Gasbeschaffenheit, Prozessgaschromatograph, Wasserstoff, Wasserstoffbeimischung

Mit der Veröffentlichung der nationalen Wasserstoff-Strategie der Bundesregierung im Juni 2020 wurde dem Wasserstoff eine Schlüsselrolle zur Energiewende zugeschrieben [1]. Hier kann die Erdgasinfrastruktur der Bundesrepublik Deutschland, wie der Netzentwicklungsplan Gas 2020–2030 (Entwurf) vom Juni 2020 des Verbandes der Fernleitungsnetzbetreiber zeigt, einen sehr wichtigen Beitrag leisten [2]. Aktuell sind Beimengungen von bis zu 10 % Wasserstoff im Erdgastransportnetz zulässig und eine Erweiterung auf bis zu 20 % Wasserstoffanteil im Erdgas wird bereits diskutiert. Wasserstoffbeimengungen darüber hinaus bis zu reinem Wasserstoff sind denkbar. In den letzten Jahren wurden im Hinblick auf die messtechnische Erfassung von Wasserstoff in Erdgasen seitens der Gerätehersteller bereits große Anstrengungen unternommen. Bis heute gibt es jedoch keine technische Lösung für die messtechnische Erfassung von Erdgas mit einem Wasserstoffanteil oberhalb von 20 mol-%. Der vorliegende Artikel beschreibt eine solche Lösung.

Hydrogen in the natural gas infrastructure – A challenge for the determination of gas quality

With the publication of the Federal Government's National Hydrogen Strategy in June 2020, hydrogen was attributed to a key role in the energy transition [1]. Here, the natural gas infrastructure of the Federal Republic of Germany, as the grid development plan Gas 2020-2030 (draft) of June 2020 of the Association of Transmission System Operators shows a very important contribution [2]. Currently, admixtures of up to 10 % hydrogen are permitted in the natural gas transport network and an expansion of up to 20 % hydrogen in natural gas is already being discussed. Hydrogen concentrations up to pure hydrogen are conceivable. In recent years, a great deal of effort has been made by equipment manufacturers about the measurement of hydrogen in natural gas. However, the injection of hydrogen beyond 20 % into the natural gas grid would mean that the recording of these concentrations would necessitate further developments. This article aims to contribute to the possibilities of quantifying hydrogen with higher concentrations.

1. Einführung

Unser moderner Lebensstil setzt eine sichere Energieversorgung voraus. Die Energieversorgung der Zukunft muss allerdings auch dem Klimaschutz und Klimawandel Rechnung tragen. Dies soll durch die Energiewende realisiert werden, indem ein vollständiger Übergang weg von der Nutzung fossiler Energieträger sowie Kernenergie und hin zu einer nachhaltigen Energieversorgung aus ausschließlich regenerativen Energiequellen vollzogen wird. Dem Wasserstoff kommt eine zentrale Rolle bei der Weiterentwicklung und Vollendung der Energiewende zu [1]:

- Energieträger
- Energiespeicher
- Sektorenkopplung

Die Erdgasinfrastruktur der Bundesrepublik Deutschland, wie der Netzentwicklungsplan Gas 2020–2030 (Entwurf) vom Juni 2020 des Verbandes der Fernleitungsnetzbetreiber zeigt, kann und muss einen sehr wichtigen Beitrag für die Energiewende leisten [2]. Aktuell sind Beimengungen von bis zu 10 % Wasserstoff im Erdgastransportnetz zulässig. Eine Erweiterung auf bis zu 20 % Wasserstoffanteil im Erdgas wird bereits diskutiert [3]. Theoretisch ist Erdgas mit einem beliebigen Wasserstoffanteil als Energieträger denkbar.

In den letzten Jahren wurden im Hinblick auf die messtechnische Erfassung von Wasserstoff in Erdgasen seitens der Gerätehersteller große Anstrengungen unternommen. Ursprünglich hatte die messtechnische Erfassung von Wasserstoff in Erdgas mit Einführung der ersten Biogaseinspeiseanlagen begonnen, da diese einen wenn auch sehr geringen Wasserstoffanteil produzierten. Die Einspeisung von reinem Wasserstoff in das Erdgasnetz wurde bereits 2014 durch die von der EON [4] in Betrieb genommenen Power-to-Gas-Pilotanlage in Falkenhagen demonstriert. Dort konnten auch die ersten Betriebserfahrungen zur Metrologie von Wasserstoff-Einspeiseanlagen gesammelt werden.

Für die praktische Nutzung als primärer Energieträger werden Erdgas/Wasserstoff-Gemische mit deutlich über 10 % Wasserstoffanteil vermutlich keine Rolle spielen. Wasserstoff besitzt physikalische und verbrennungstechnische Eigenschaften, die sich stark von denen von Erdgas unterscheiden, so dass ein beliebiges Gemisch zu viele Nachteile für die praktische Nutzung sowohl im Transport als auch für die Verbrennung hätte. In der Praxis wird daher in Zukunft vermutlich eine Erdgas- und eine Wasserstoffinfrastruktur parallel betrieben werden, sobald ein gewisser Wasserstoffanteil überschritten ist. Allerdings wird in der Übergangsphase von der ausschließlichen Erdgasnutzung hin zur flächendeckenden Integration von Wasserstoff in der Energiewirtschaft, eine Umwidmung von vorhandener Erdgas- zu neuer Wasserstoffinfrastruktur notwendig. Daraus ergibt sich direkt die Notwendigkeit, beliebige Erdgas/Wasserstoff-Gemische messtechnisch erfassen zu können. Dies ist eine neue Herausforderung für die Netzbetreiber und Messgerätehersteller [5].

Aus **Bild 1** ist dieser Bedarf deutlich zu erkennen. In der Rubrik „Grid/Pressure Regulation and Metering / Process Gas Chromatograph" ist die Bestimmung der Wasserstoffkonzentration bis 25 % als „technisch möglich, jedoch mit signifikanten Änderungen, alternativer Messmethoden oder Austausch der Messtechnik" eingestuft.

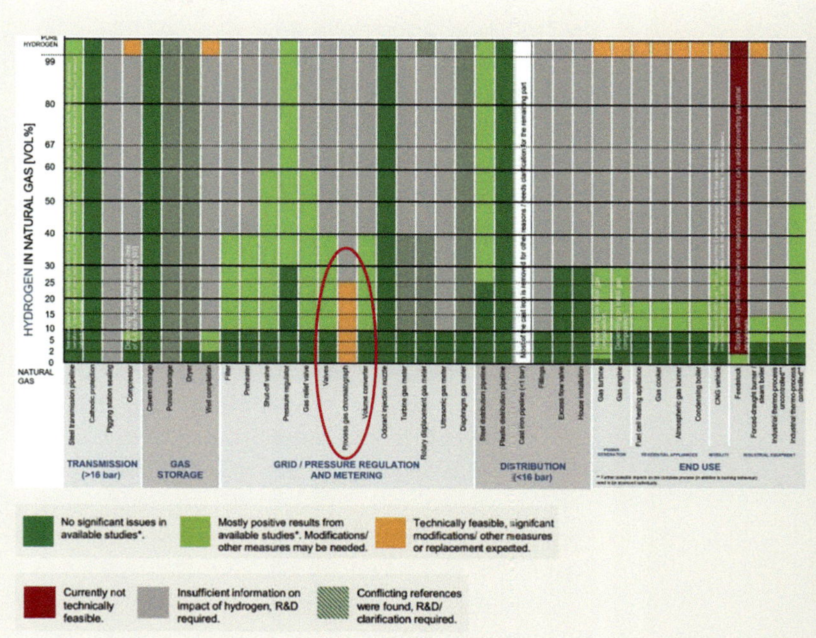

Bild 1: Wasserstoff Verträglichkeit von Elementen in Erdgassystemen [5]

Bei Konzentrationen von mehr als 25 % wird festgestellt, dass nur unzureichende Informationen vorliegen und weitere Untersuchungen notwendig sind.

2. Anwendungsszenarien von Wasserstoff in der Erdgasinfrastruktur

Es erscheint sinnvoll, für die Gasqualitätsmessung im Hinblick auf Wasserstoff, drei verschiedene praktische Anwendungsfälle zu unterscheiden.

Der erste Anwendungsfall ist dabei bereits etabliert. Es handelt sich um Erdgas, das mit Wasserstoff angereichert im bestehenden Erdgasnetz direkt als Energieträger genutzt wird. Da hierüber direkt abgerechnet wird, muss auch eichamtlich gemessen werden.

Der zweite Anwendungsbereich bezieht sich auf meist temporäre Messaufgaben, die immer dann entstehen, wenn eine bestehende Erdgasinfrastruktur (vor allem Leitungsnetze und Speicher) zu reiner Wasserstoffinfrastruktur umgewidmet werden soll. Zweckgemäß handelt es sich in diesen Fällen nicht um eichamtliche Messungen.

Das letzte Szenario betrifft die Nutzung von reinem (Elektrolyse-) Wasserstoff als Energieträger. Auch hier muss abgerechnet werden. Zwar ist Wasserstoff im Gegensatz zu Erdgas zunächst ein Reinstoff, jedoch können Verunreinigungen aus der Elektrolyse oder Aufbereitung den Brennwert beeinflussen. Hier ist also eine Qualitätsmessung des Wasserstoffs gefragt, die potenziell auch eichamtlich (da abrechnungsrelevant) durchgeführt werden muss.

3. Aktueller Stand der Gasbeschaffenheitsmessung wasserstoffhaltiger Erdgase bis hin zu reinem Wasserstoff

3.1 Bestimmung der Erdgasqualität mit geringem Wasserstoffanteil

Diese Applikation ist aktuell als gelöst zu bezeichnen. Alle Hersteller, die sich in diesem Markt bewegen, bieten „PTB-zugelassene“ Prozessgaschromatographen (PGC´s). Die Art und Anzahl der Trägergase des PGC´s und die Analysenzeiten sind von Hersteller zu Hersteller unterschiedlich. Prinzipiell gibt es aber keine wesentlichen Unterschiede im Funktionsprinzip und in der analytischen Leistungsfähigkeit dieser PGC´s.

3.2 Bestimmung der Erdgasqualität (Prozessüberwachung) bis hin zur kompletten Umstellung auf 100 % Wasserstoff

Bis 2025 sollen ca. 389 km Erdgasleitungen und bis zum Jahr 2030 nochmal 1.142 km Erdgasleitungen nach dem Netzentwicklungsplan Gas 2020–2030 (Entwurf) vom Juni 2020 in Wasserstoffleitungen umgewidmet werden [2]. Ebenso gibt es aktuell zwei Projekte, die sich mit der Umstellung eines Untertagespeichers auf die Untertagespeicherung von Wasserstoff beschäftigen [6, 7].

Im Zuge der Umwidmung steigt die Wasserstoffkonzentration an und der Erdgasanteil nimmt stetig ab. Bis zu einer Wasserstoffkonzentration von etwa 20 % (herstellerabhängig) können die bereits zugelassenen PGCs eingesetzt werden. Die entscheidende Frage lautet nun, welche Messtechnik idealerweise begleitend für den restlichen Umwidmungsprozess eingesetzt werden kann. Da es sich um eine nicht eichamtliche Messaufgabe handelt, kann theoretisch jedes beliebige Verfahren eingesetzt werden. In der Praxis zeigt sich, dass die Anforderungen dieses spezielle Gemisch quantitativ, mit ausreichend hohem Dynamikumfang, vollständig und prozesstauglich zu erfassen, nur sehr schwer in einem Messgerät zu vereinen sind. Die Prozessgaschromatographie ist wie schon für reines Erdgas gleichzeitig eine naheliegende und gute Lösung für den Anwendungsfall.

3.3 Die Messung von reinem Wasserstoff

Für reinen Wasserstoff als Energieträger schreibt die TR G19 regelmäßige Prüfungen der Reinheit vor. Die Prüfung kann durch regelmäßige Probennahme und Analyse in einem akkreditierten Labor geschehen. Eine Probennahme soll bei der Inbetriebnahme durchgeführt werden. Danach soll die Probennahme mindestens monatlich, sowie zusätzlich nach An- und Abfahr- sowie Umschaltvorgängen erfolgen. Beträgt die Gasreinheit 99,9 % oder mehr, wird zur Berechnung der Energiemenge der Brennwert des Wasserstoffes aus der DIN EN ISO 6976 unter den entsprechenden Standardbedingungen herangezogen. Liegt die Reinheit unterhalb von 99,9 %, ist der H_2-Anteil kontinuierlich zu messen. Die PTB muss die verwendete Technik für geeignet erklären und die verwendete Messtechnik muss regelmäßig mit rückführbaren, zertifizierten Prüfgasen kalibriert werden. Der Brennwert zur Energiemengenbestimmung ist in diesem Fall als Mischbrennwert gemäß der DIN EN ISO 6976 zu berechnen [8]. Zurzeit existiert abgesehen von der TR G19 keine Basis für die metrologische Zulassung eines Messgeräts für die oben beschriebene Anwendung.

4. Neue Möglichkeiten der Wasserstoff-Bestimmung

Der Prozessgaschromatograph MGCflex der Meter-Q Solutions GmbH ist in **Bild 2** dargestellt. Der PGC vom Typ MGCflex basiert auf neuester Nano-Technologie und ist in der Lage bei einer Analysenzeit von nur 45 sec 14 Einzelkomponenten zu bestimmen (inklusive Helium, dann mit Argon als zweitem Trägergas). Die neue Technologie erlaubt es den MGCflex kleiner und leichter als herkömmliche PGC´s zu bauen, ermöglicht aber vor allem auch eine schnellere Messung mit höherer Empfindlichkeit und besserer Trennleistung.

Einige Belege für die Leistungsfähigkeit des MGCflex wurden bereits veröffentlich [9,10]. Aktuell befindet sich der MGCflex in der Baumusterprüfung für die Zulassung nach Modul B MessEV als Gasbeschaffenheitsmessgerät bei der Physikalisch-Technische Bundesanstalt (PTB) in Braunschweig.

Die Testmessungen der Open Grid Europe GmbH hatten bereits gezeigt, dass der MGCflex in der Lage ist, Wasserstoff in Erdgasen mit Konzentationen von bis zu 50 % H_2 zu messen [10]. Besonders erwähnenswert ist dabei, dass die Messungen ausschließlich mit Helium als Trägergas durchgeführt werden konnten. Um diese Messbereiche für Wassestoff mit einem PGC zu erreichen, muss üblicherweise ein zweites Trägergas eingesetzt werden, was sowohl messtechnische als auch logistische Probleme mit sich bringt.

4.1 Messung von beliebigen Erdgas/Wasserstoff-Gemischen

Basierend auf den äußerst vielversprechenden Testergebnissen des oben beschrieben Tests, wurde mit Hilfe von 12 Prüfgasen, die den Konzentrationsbereich von 0-100 % Wasserstoff abdecken, der MGCflex für den gesamten

Bereich erfolgreich kalibriert. Aus praktischen Gründen wurden Gase mit Herstellerzertifikaten verwendet. Auf eine Rückführung der Gase auf den nationalen Standard wurde hierbei verzichtet.

Bild 3 zeigt die resultierende Kalibrierfunktion für Wasserstoff von 0-100 %. Die gezeigte Kalibrierfunktion wurde mathematisch mittels Regression erhalten. Es zeigt sich, dass alle Messwerte sich problemlos kubisch fitten lassen, so dass eine Kalibrierung für den gesamten Messbereich möglich ist. Um eine belastbare Aussage über maximal erzielbare Genauigkeit zu machen, müssten die Prüfpunkte gleichmäßiger über die Kurve verteilt und alle Prüfgase auf den gleichen Standard zurückgeführt sein.

Für den praktischen Betrieb bei der Umwidmung einer Erdgasleitung / -speicher in eine Wasserstoffleitung / -speicher kann in zwei Schritten vorgegangen werden:

- Schritt: eichamtliche Messung der Gasbeschaffenheit bis zur zugelassenen maximalen Wasserstoffkonzentration des PGC.
- Schritt: betriebliche Messung der Gasbeschaffenheit ab Überschreiten der maximalen Konzentration bis hin zu 100 % Wasserstoff.

Dazu werden nicht zwangsläufig zwei PGCs benötigt. Der MGCflex wird nach Erhalt der eichamtlichen Zulassung in der Lage sein, sowohl den eichamtlichen Teil des Messbereichs als auch den restlichen Konzentrationsbereich bis 100 % Wasserstoff abzudecken. Methode und Kalibrierung eines bis dahin eichamtlich eingesetzten MGCflex können vor Ort auf die neue Messaufgabe umgestellt werden. Somit ist es möglich durch eine einfache Anpassung der Parametrierung ohne Änderungen bzw. Anpassungen von PGC-Hardware die Umwidmung zur reinen Wasserstoffnutzung zu verfolgen.

4.2 Reinheitsmessung von Wasserstoff mittels Prozessgaschromatographie

Für die Nutzung von reinem Wasserstoff als Energieträger ist eine Reinheitsmessung potenziell problematisch. Wie bereits in Abschnitt 3.3 dargelegt, muss die Reinheit des Wasserstoffs auf einen Wert von 99,9 % geprüft werden.

Bild 2: Der Prozessgaschromatograph MGCflex von Meter-Q Solutions GmbH

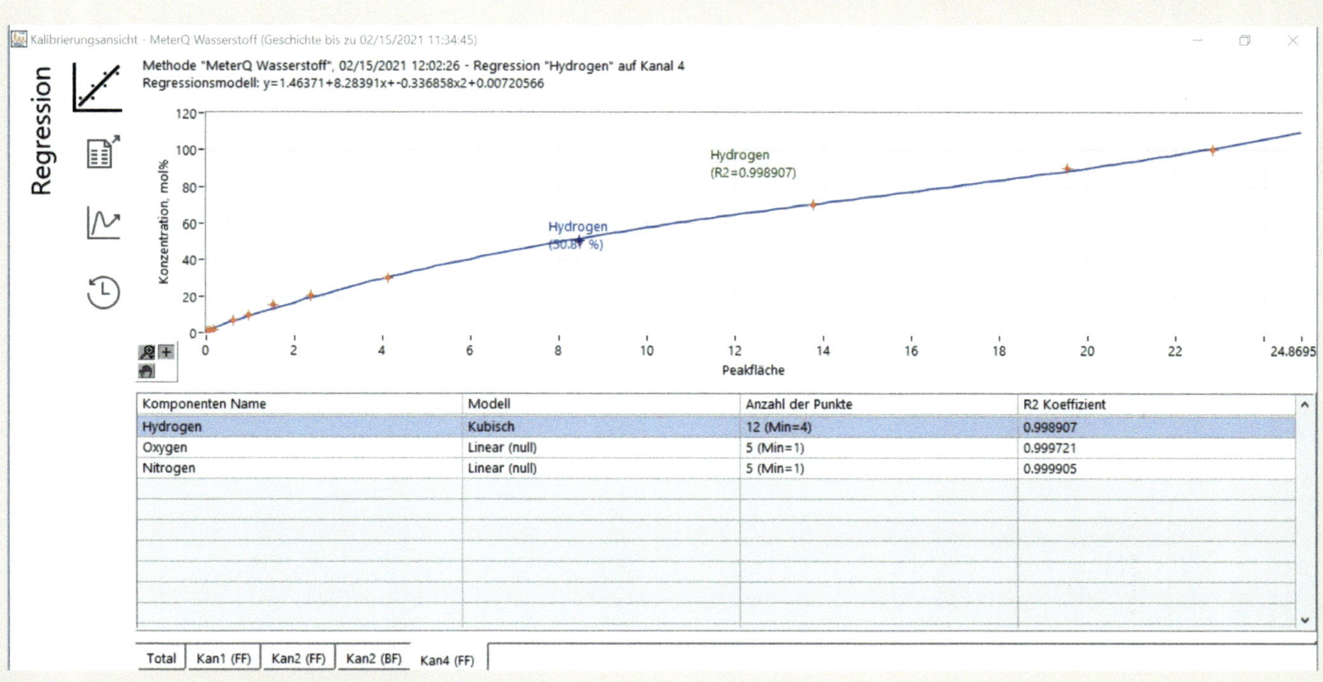

Komponenten Name	Modell	Anzahl der Punkte	R2 Koeffizient
Hydrogen	Kubisch	12 (Min=4)	0.998907
Oxygen	Linear (null)	5 (Min=1)	0.999721
Nitrogen	Linear (null)	5 (Min=1)	0.999905

Bild 3: Kalibrierfunktion für 0 bis 100 % Wasserstoff

Die TR G19 beschreibt detaillierter nur die diskontinuierliche Methode mittels Probennahme Verfahren und anschließender Laboranalyse. Wenn die Reinheit von 99,9 % nicht eingehalten wird, so ist die Anweisung sehr unkonkret: Die PTB muss die verwendete Technik für geeignet erklären und die verwendete Messtechnik muss regelmäßig mit rückführbaren, zertifizierten Prüfgasen kalibriert werden [8].

Gemäß der TR G19 ist die Wasserstoffreinheit von 99,9 % die zu überwachende Schwelle. Im Umkehrschluss dürfen alle Verunreinigungen zusammen nicht mehr als 0,1 % (1000ppm) ausmachen. Bei elektrolytisch erzeugtem Wasserstoff sind Verunreinigungen durch Sauerstoff und Stickstoff zu erwarten. Somit ist es sinnvoll für diese beiden Stoffe einen Messbereich von jeweils 0 bis mindestens 1.000 ppm anzusetzen. In der **Tabelle 1** sind die Komponenten mit den jeweiligen Messbereichen für die Reinheitsmessung bei der Einspeisung von Wasserstoff in das Erdgasleitungsnetz aufgeführt.

Aktuell versprechen die Hersteller eine Wasserstoffreinheit von 99,999 % für elektrolytisch hergestelltem Wasserstoff mit nachgeschalter Reinigung („grüner" Wasserstoff). Um die Herstellerangabe zu überprüfen müssen also Verunreinigungen (Stickstoff und Sauerstoff) jeweils bis Unterhalb von 0,001% (10 ppm) gemessen werden. Weder haben die heute im Erdgasmarkt verwendeten PGC´s eine ausreichende Messgenauigkeit, um dies zu gewährleisten, noch gibt es derzeit überhaupt PGC´s für eine Wasserstoffreinheitsmessung. Für die Sauerstoffspurenmessung in Erdgas von 0 bis 10 ppm kommen aktuell elektrochemische Sensoren zum Einsatz. Ob die geforderte Genauigkeit von solchen Sensoren jedoch in 100 % Wasserstoff eingehalten werden kann, darf bezweifelt werden.

Wiederum kann der MGCflex die anspruchsvolle Messaufgabe lösen, wie in **Bild 4** zu sehen ist. Es zeigt ein Chromatogramm eines Gases mit 7 ppm Sauerstoff. Man sieht einen symmetrischen basisliniengetrennten Peak, der nicht annähernd an der Rauschgrenze liegt. Die Empfindlichkeit (für Sauerstoff) ist damit ausreichend für eine Nachweisgrenze von unter 1 ppm Sauerstoff. Für diesen Test wurden weder die Hardware noch die Methode speziell angepasst. Die hier aufgeführten Ergebnisse wurden mit der „Standard Erdgas"-Methode erzielt. Die Nano-Prozessgaschromatographie hat die notwendige Empfindlichkeit und ist damit geeignet Messbereiche für die Reinheitsüberwachung (0 bis 10 ppm) in Wasserstoff abzudecken.

Neben der notwendigen Empfindlichkeit bietet die Nano-Technologie auch die erforderliche Stabilität für die Spurenmessung. Für die Wiederholmessung (500 Werte) des 7 ppm Sauerstoff Gases wurde eine Standardabweichung von 3,5 % (also etwa 0,25 ppm) bestimmt. (**Bild 5**).

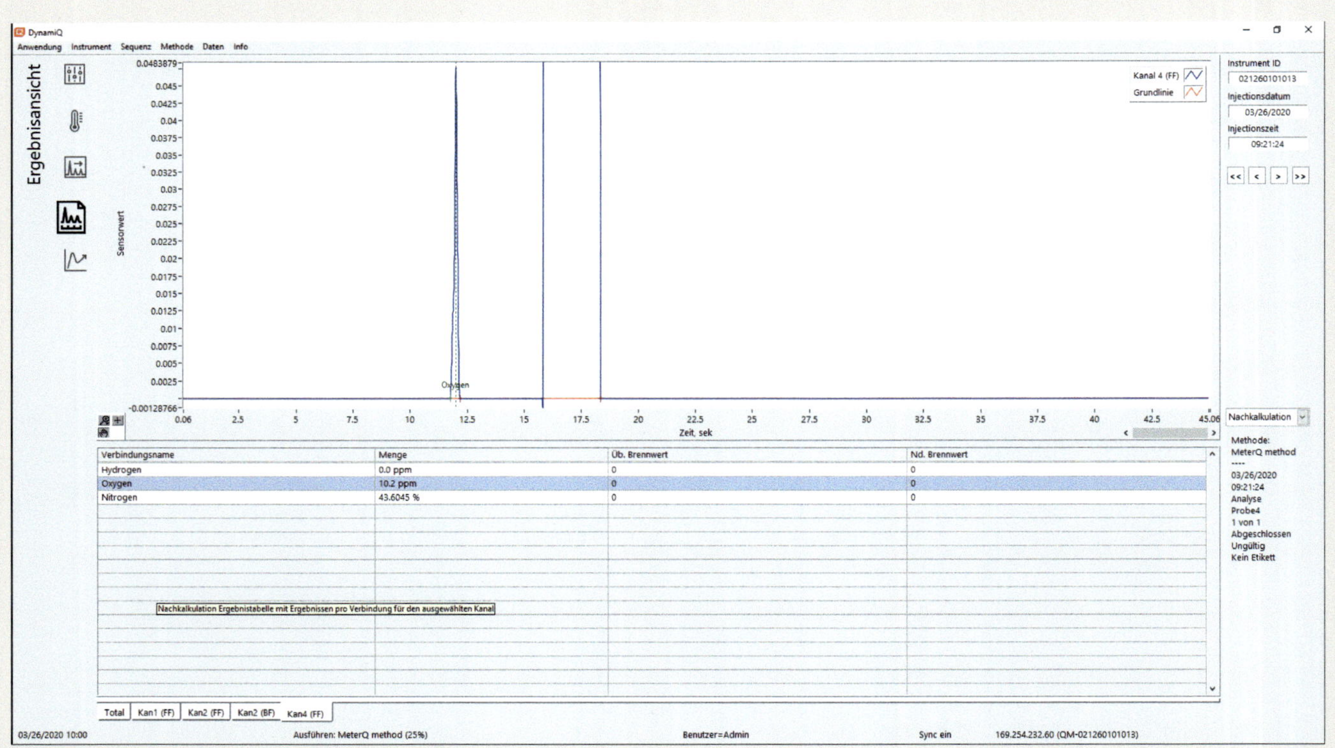

Bild 4: Chromatogramm von 7 ppm Sauerstoff Rest Methan

Aufgrund dieser Ergebnisse wurde der MGCflex mit den Prüfgasen aus **Tabelle 2** für Wasserstoff (Reinheit 5.0), Sauerstoff und Stickstoff kalibriert. Auch hier wurden keine rückgeführten Gase verwendet, da entsprechende nationale Standards noch nicht existieren. Die Prüfgase sind mit einem Herstellerzertifikat ausgestattet.

Die jeweiligen Kalibrierfunktionen sind in **Bild 6** und **7** veranschaulicht. Durch deren kleinen Messbereich, lassen sich Stickstoff und Sauerstoff problemlos linear durch 0 fitten. Wie beim Methan in Erdgas wird die Wasserstoffkonzentration nicht durch 0 gefittet, da der Messbereich nach unten bei 98 % endet.

Bild 8 zeigt ein Chromatogramm von 568 ppm Stickstoff und 497 ppm Sauerstoff in Wasserstoff. Für diese Anwendung ist die Verwendung von Helium als Trägergas von besonderem Vorteil. Einerseits führt Helium-Trägergas zu einer vergleichsweise niedrigen Empfindlichkeit für Wasserstoff und damit zu einem Peak, der trotz der 2000-fach höheren Konzentration nicht so groß ist, dass er die Sauerstoff- und Stickstoffpeaks beeinflussen würde. Gleichzeitig ist die Empfindlichkeit für O2 und N2 hervorragend, was sich in der nahezu idealen Peakform und hohen Empfindlichkeit widerspiegelt.

Es wurde gezeigt, dass die Reinheitsmessung von Wasserstoff mit Hilfe des MGCflex erstmalig „on-line" und in Ex-Zone machbar ist. Insbesondere wurde demonstriert, dass der MGCflex sowohl für die kontinuierliche Überwachung des Grenzwerts von 99,9 % der TR G19 als auch für die wesentlich anspruchsvollere Prozesskontrollmessung der Wasserstoffelektrolyse für grünen Wasserstoff eingesetzt werden kann.

Aus den drei gemessenen Komponenten (Wasserstoff, Stickstoff und Sauerstoff) berechnet die Software MGCMonitor den Brennwert gemäß ISO 6976. Hierbei spielt es keine Rolle, ob es sich um ein „Erdgas" mit Methan als Hauptbestandteil oder um Wasserstoff mit Verunreinigungen handelt. Die korrekte Implementierung der ISO 6976 wurde bereits im Zuge der Baumusterprüfung für die Erdgas Variante des MGCflex überprüft.

5. Zusammenfassung und Ausblick

Ziel war es, die neuen Messaufgaben, die die Energiewende hin zum Wasserstoff mit sich bringt umzusetzen und den Kunden frühzeitig fertige Lösungen für diese neuen Aufgaben anbieten zu können. Gleichzeitig konn-

Tabelle 1: Komponenten und Messbereiche für die Reinheitsüberwachung von Wasserstoff

Komponente	Messberseich
Wasserstoff	99,9 bis 100%
Stickstoff	0 bis 1.000 ppm
Sauerstoff	0 bis 1.000 ppm

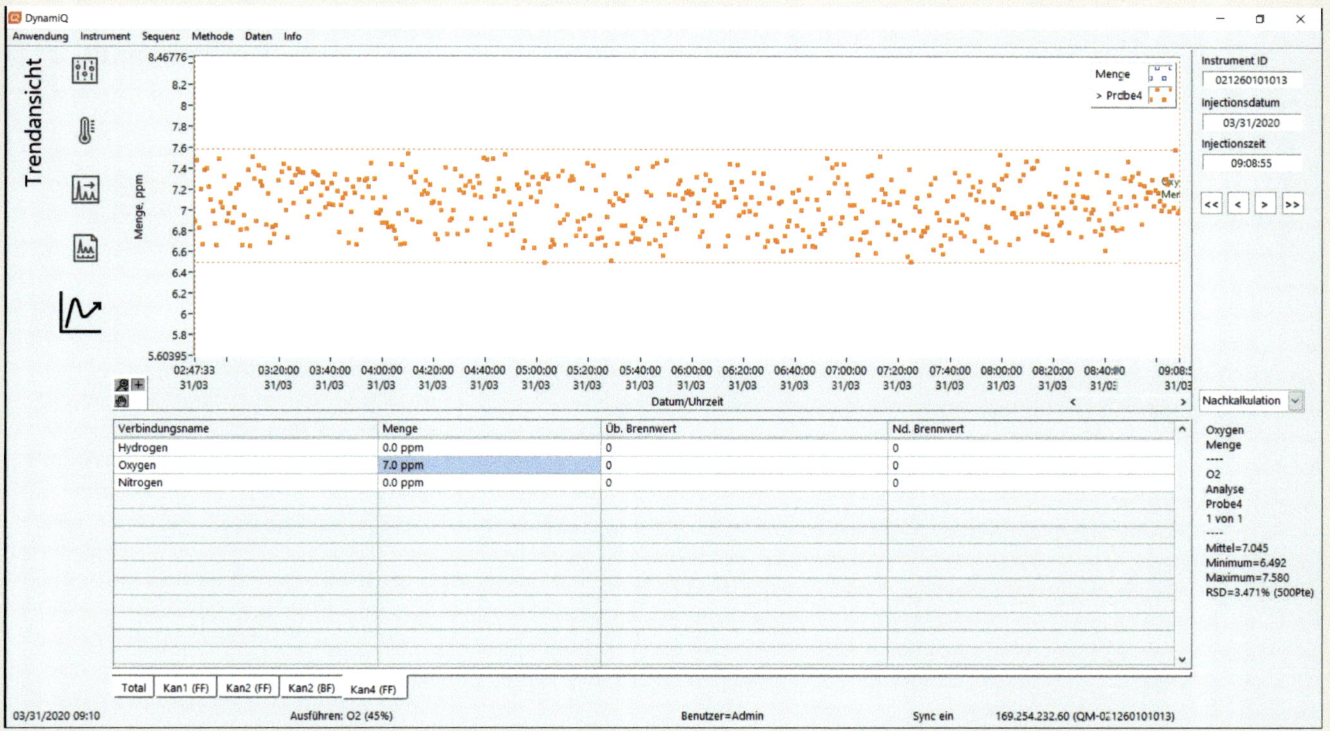

Bild 5: Wiederholungsmessung 7 ppm Sauerstoff in Methan bei 500 Messungen

Tabelle 2: Prüfgase

Prüfgas	Wasserstoff [%]	Stickstoff [ppm]	Sauerstoff [ppm]	Methan [%]	Brennwert [wh/m³]
Prüfgas 1	100	-	-	-	3.543
Prüfgas 2	89,9±1,8	-	-	10,1	-
Prüfgas 3	99,8143	918±18	947±19	-	3.539
Prüfgas 4	99,8935	568±11	497±9,9	-	3.539
Prüfgas 5	-	-	7,15 ± 0,143	99,99285	

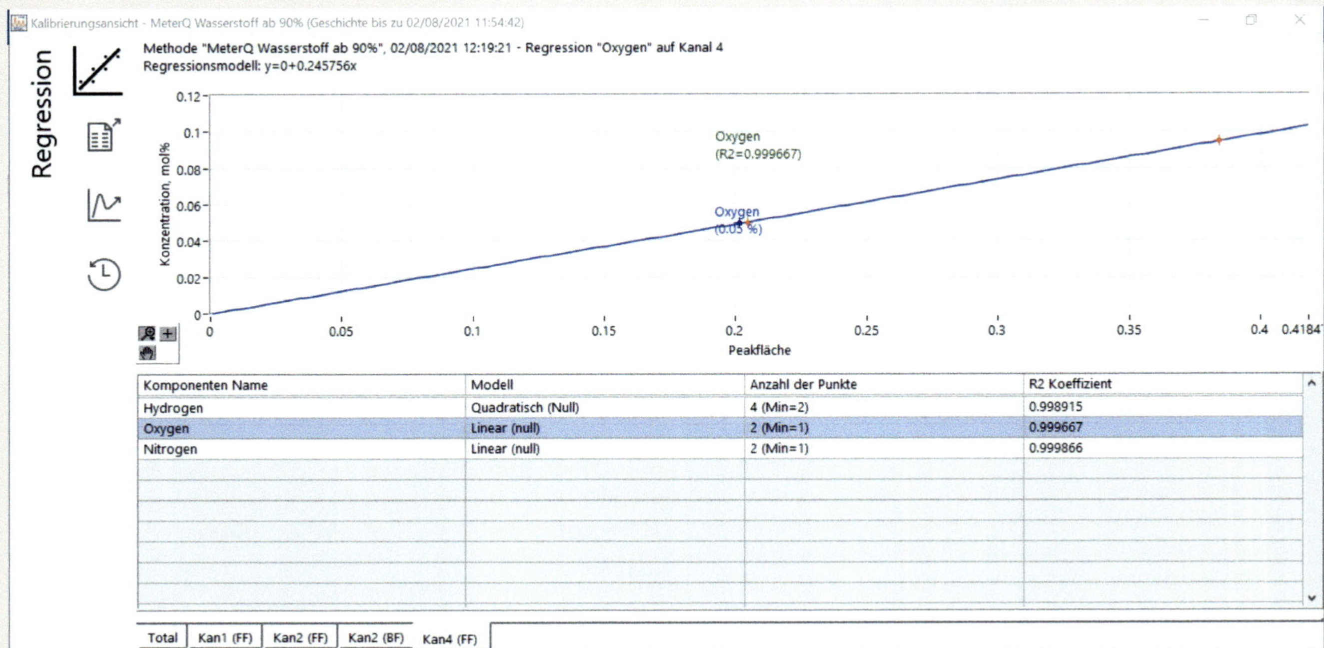

Bild 6: Kalibrierfunktion für 0 bis 1000 ppm Sauerstoff

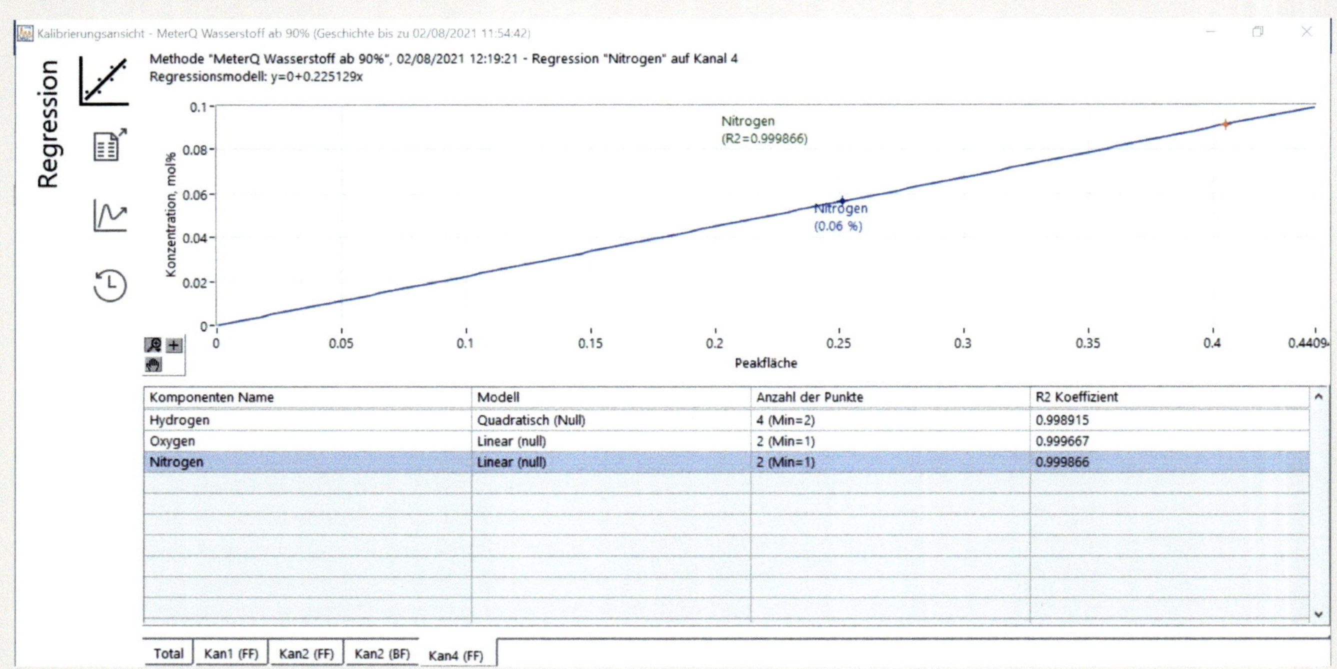

Bild 7: Kalibrierfunktion für 0 bis 1000 ppm Stickstoff

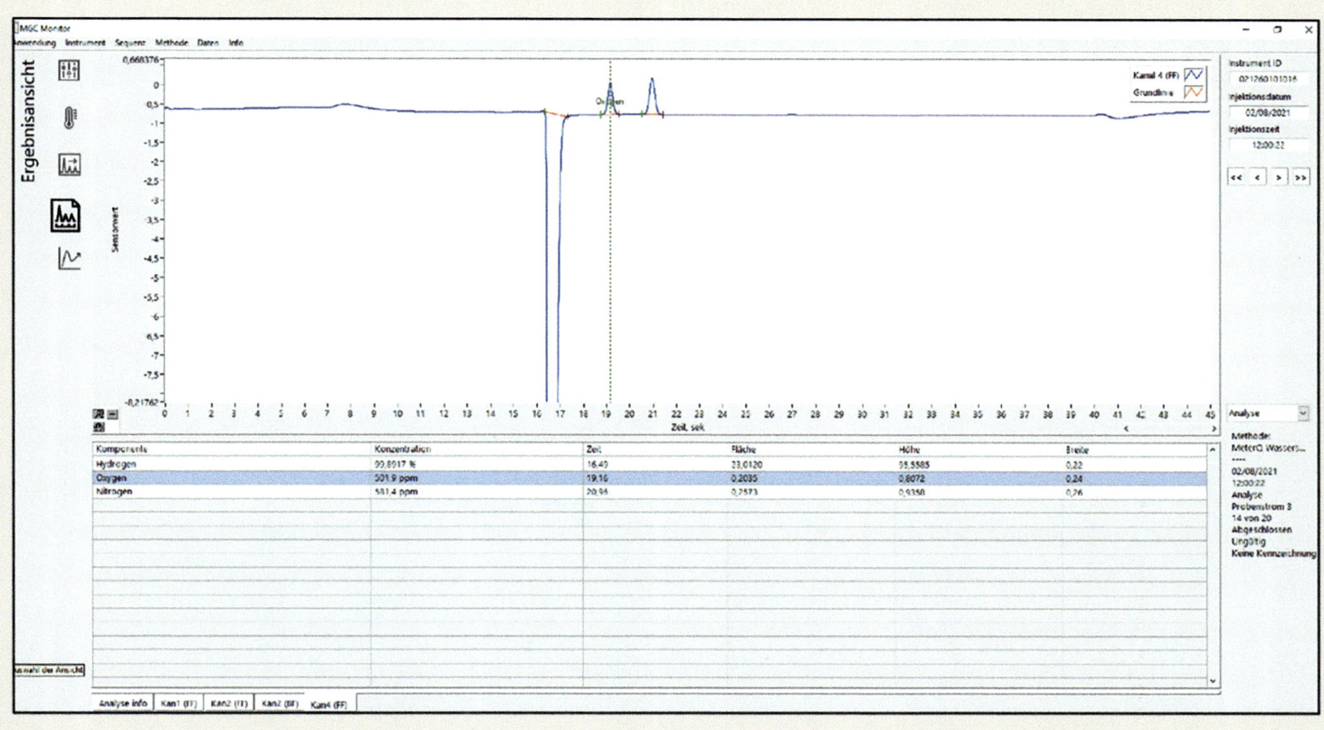

Bild 8: Chromatogramm von 568 ppm Stickstoff und 497 ppm Sauerstoff in Wasserstoff

te eindrucksvoll demonstriert werden, wie leistungsfähig und zur gleichen Zeit flexibel, die neue Nano-Prozessgaschromatographie ist. Sie bietet genau die Flexibilität, die zur effektiven Umsetzung dieser neuen Aufgaben benötigt wird und die Leistungsfähigkeit, die dafür sorgt, dass bei den Anforderungen an die neuen Messaufgaben keine Kompromisse gemacht werden müssen. Hier zeigt sich klar der Vorteil zur Micro-Prozessgaschromatographie, der diese Flexibilität und Leistungsfähigkeit fehlt.

Konkret wurde dargestellt, dass der MGCflex für die drei Anwendungsszenarien, die den Erdgasmarkt von heute und der Wasserstoffmarkt von morgen ausmachen, eingesetzt werden kann.

Auf den Bereich der eichamtlichen Brennwert- und Gasbeschaffenheitsmessung von Erdgas mit Wasserstoffanteil, wurde dabei nur am Rande eingegangen, da diese den Stand der Technik ist. Der MGCflex befindet sich in einem sehr späten Stadium der Zulassung und wird in Kürze für den eichamtlichen Einsatz verfügbar sein.

Wird der Wasserstoffanteil im Erdgas weiter erhöht, kommt man in einen Bereich, der heute noch praktisch ungeregelt und undefiniert ist. Zwischen der heutigen Obergrenze für Wasserstoff in Erdgas von 10 % und reinem Wasserstoff gibt es einen großen Bereich, in dem das Gemisch praktisch nicht sinnvoll als Energieträger eingesetzt werden kann, so dass hier auch nie eichamtlich gemessen werden muss. Ob die Obergrenze bei 10 % bleibt oder 15, 20 oder 25 % sein wird, weiß heute niemand. Fakt ist aber, dass auch darüber hinaus gemessen werden muss. Nämlich immer dann, wenn Infrastruktur (eine Transportleitung oder ein Speicher) von Erdgasbetrieb auf Wasserstoffbetrieb umgestellt werden soll. Für dieses Anwendungsszenario wurde der MGCflex von 0-100 % kalibriert und erfolgreich getestet.

Der dritte Bereich betrifft dann die „eichamtliche" Brennwertbestimmung von „reinem" Wasserstoff. Die TR G19 zeigt, dass dieser Bereich eichamtlich geregelt werden wird, wenn auch heute noch nicht alle Regeln existieren. Es wurde gezeigt, dass der MGCflex so betrieben werden kann, dass er alle Anforderungen der TR G19 für eine kontinuierliche Überwachung der Wasserstoffqualität und die eichamtliche Brennwertberechnung nach ISO 6976 erfüllt. Darüber hinaus ist die Empfindlichkeit des MGCflex aber so hoch, dass dasselbe Gerät parallel zur Prozessüberwachung des Elektrolyseurs eingesetzt werden kann, die wesentlich höheren Anforderungen an die Wasserstoffreinheit stellt als die TR G19.

Literatur

[1] Bundesministerium für Wirtschaft und Energie (BMWi): „Die Nationale Wasserstoffstrategie", Juni 2020

[2] Verbandes der Fernleitungsnetzbetreiber: Netzentwicklungsplan Gas 2020–2030" Entwurf, 2020

[3] Wissenschaftliche Dienste Deutscher Bundestag: „Grenzwerte für Wasserstoff (H_2) in der Erdgasinfrastruktur", WD 8 - 3000 - 066/19, 2019

[4] *Steiner, K.*: Power to Gas Metrologie, smart energy 2.0, Essen, 2013

[5] MARCOGAZ: "Overview of available test results and regulatory limits for Hydrogen Admission in to existing Natural gas Infrastructure and End use", 2019

[6] https://digital.sciencehistory.org/works/xd07gs881

[7] Nationale Organisation Wasserstoff- und Brennstoffzellentechnologie: „Test-Kaverne für Wasserstoffspeicherung geplant – Baustart Anfang 2021", https://www.now-gmbh.de/aktuelles/pressemitteilungen/test-kaverne-fuer-wasserstoff-speicherung-geplant-baustart-anfang-2021/

[8] VNG Gasspeicher: „H_2-Forschungskaverne", https://www.vng-gasspeicher.de/speicherung_gruener_wasserstoff

[9] 9.21 Publikationen: Gesetzliches Messwesen: TR-G 19 „Messgeräte für Gas Einspeisung von Wasserstoff in das Erdgasnetz", Dezember 2014

[10] *Zajc, A.*: Gasbeschaffenheitsmessung in 45 Sekunden mit Hilfe der Prozessgaschromatographie, gwf Gas + Energie, 12/2018, S. 52-60

[11] *Zajc, A.; Marco Snitjer, M; Helbig, K; Anderbrügge, T.* und *Wolf,* M.: Nano-Gaschromatographie – Innovative Bestimmung aktueller und zukünftiger Gasqualitäten, gwf Gas + Energie, 1-2/2020, S. 74-80

Autoren

Dr. **Achim Zajc**
Meter-Q Solutions GmbH |
Butzbach |
Tel.: +49 6033 92 45 210 |
az@meterq.de

Dr. **Jan Suhr**
Meter-Q Solutions GmbH |
Butzbach |
Tel.: +49 6033 92452-12 |
js@meterq.de

Wasserstoffwirkung auf die Gaszählung

Untersuchung des Verhaltens und der Eichgültigkeit von häuslichen und gewerblichen Gaszählern unter hohen, volatilen Wasserstoffmengen im Erdgas

Pitt Götze, Philipp Pietsch und Marcus Wiersig

Regel- und Messtechnik, Wasserstoff, Wasserstoffbeimengung, Erdgas-H, Energieabrechnung, Gaszähler, Experimentelle Studie

Die Einspeisung von Wasserstoff ins Erdgasnetz erlangt im Rahmen der Energiewende zunehmend an Bedeutung. Der mittels erneuerbaren Energien erzeugte, via bestehendem Gasnetz zu transportierende und damit ins Erdgas zuzumischende „grüne" Wasserstoff unterliegt starken tages- und jahreszeitlichen Schwankungen. Es ist davon auszugehen, dass sich diese Schwankungen bis hin zum Endgerät fortpflanzen. Mittelbar sind durch die damit einhergehende Änderung der Stoffeigenschaften auch die im Netz installierten Gaszähler betroffen. Die vorliegende, experimentelle Studie untersucht den Einfluss der Wasserstoffbeimengung auf die Gaszählung mit Hilfe von vergleichenden Messungen bei Verwendung der Versuchsgase Luft, Erdgas H sowie Erdgas H mit 40 Vol.-% Wasserstoff qualitativ. Spezieller Fokus liegt hierbei auf den weit verbreiteten Balgengaszählern. Die Versuchsergebnisse sprechen für einen geringen Einfluss von Wasserstoff auf die Gaszählung.

Hydrogen effect on gas metering – Study on the behaviour and calibration validity of domestic and commercial gas meters under high, volatile amounts of hydrogen in natural gas

Feeding hydrogen into the natural gas grid is becoming increasingly important in the context of the energy transition. The "green" hydrogen produced by means of renewable energies, to be transported via the existing gas grid and thus to be added to natural gas, is subject to strong daily and seasonal fluctuations. It can be assumed that these fluctuations will propagate to the end device. The gas meters installed in the network are also indirectly affected by the change in material properties induced by hydrogen admixture. The present experimental study investigates the influence of hydrogen admixture on gas metering qualitatively by means of comparative measurements using the test gases air, natural gas H and natural gas H with 40 % hydrogen by volume. Special focus is placed on the widely used bellows gas meters. The test results indicate that hydrogen has little influence on gas metering.

1. Einleitung

1.1 Motivation

Wasserstoff (H_2) fungiert als Mittler bei der Kopplung der Sektoren Strom, Mobilität und Wärme und stellt einen essenziellen Einsatzstoff für industrielle als auch chemische Prozesse dar. Zudem kann Wasserstoff auch als Energieträger bei der Dekarbonisierung von industriellen Prozessen helfen. Wasserstoff gilt von daher als eines der

Tabelle 1: Überschlägige Berechnung ausgewählter Gemischeigenschaften basierend auf einer Freiberger Erdgasprobe und Wasserstoff. Die Ermittlung der angegebenen Eigenschaften erfolgte mittels CHEMCAD in Version 7.0.3.9212. Bezugsgrößen sind 20 °C sowie 1,0132 bar (a)

Komponente		M0	M1	M2	M3	M4	M5
Erdgas-H	Vol.-%	100	90	80	65	50	0
Wasserstoff	Vol.-%	0	10	20	35	50	100
Stoffwert							
Brennwert	kWh/m³	11,2	10,5	9,7	8,5	7,4	3,6
Dichte	kg/m³	0,70	0,68	0,61	0,52	0,42	0,09
kin. Viskosität	m²/s	3,2E-2	4,0E-2	4,8E-2	6,2E-2	7,8E-2	1,7E-1
Wärmeleitfähigkeit	W/m/K	0,03	0,04	0,05	0,06	0,08	0,17

Schlüsselelemente hin zu einem treibhausgasneutralen Europa 2050 [1].

Da eben dieser Wasserstoff vornehmlich aus erneuerbaren Quellen stammen soll, sind jahres- sowie tageszeitals auch ortsabhängige Schwankungen bei dessen Erzeugung zu erwarten. Schwankungen bei der Erzeugung sind mittelbar, wenn das bestehende Erdgasnetz wie angestrebt als Transport- oder Verteilnetz dient, mit unstetigen, gegebenenfalls in rascher Folge wechselnden Gaszusammensetzungen gleichzusetzen. Konsequenterweise geht dies einher mit einer stetigen Fluktuation der Stoffeigenschaften.

Tabelle 1 veranschaulicht dies für Gemische mit unterschiedlichen Volumenanteilen von handelsüblichen Erdgas H und Wasserstoff. So sinkt beispielsweise der Brennwert bei Zumischung von 50 Vol.-% H_2 zum Erdgas H um rund 34 % von 11,2 kWh/m³ auf dann 7,4 kWh/m³. Die Dichte eines solchen Gemischs verringert sich von 0,70 kg/m³ auf 0,42 kg/m³, also um etwa 44 %. Es ist leicht vorstellbar, dass derartige Schwankungen sich auch auf die der Energieabrechnung zugrunde liegenden Größen Abrechnungsbrennwert respektive Abrechnungsvolumen auswirken.

Ersteres war und ist Gegenstand von Studien, so zum Beispiel [2, 3], soll an dieser Stelle aber nicht weiter thematisiert werden. Die Auswirkungen auf das Abrechnungsvolumen sind wohlweislich abhängig von der gewählten Gaszählerart, welche auf unterschiedlichen Messprinzipien basieren, und somit letztlich abhängig von unterschiedlichen Stoffwerten. Es ist zu vermuten, dass die Gaszählergenauigkeit wiederum in Abhängigkeit des zugrunde liegenden Messprinzips in unterschiedlicher starker Ausprägung beeinflusst wird. Ziel der hier beschriebenen Untersuchungen ist es, den Einfluss von volatilen Wasserstoffanteilen im Erdgas auf die Funktion, die Sicherheit und die Eichgültigkeit von verschiedenen Gaszählerarten zu ermitteln.

1.2 Stand der Forschung

Untersuchungen zur Auswirkung des Wasserstoffs auf die Volumengaszählung existieren schon länger, beispielsweise im Rahmen des bereits 2009 durchgeführten NATURALHY-Projekts [4]. Auch aktuell laufen Studien, welche sich mit ähnlicher Thematik beschäftigen z. B. das Projekt NewGasMet aus dem Jahr 2019. Es lässt sich konstatieren, dass die Gaszählung respektive Volumenstrommessung mit reinem H_2 oder H_2-gemischen ein aktives Feld der Forschung ist [4-6]. Bisher erfolgte keine Prüfung der Gaszähler mittels Echtgas. Zudem weisen auch laufende Forschungsvorhaben Beimengungen bis max. 30 Vol.-% H_2 auf [5-7]. Das hierin beschriebene Forschungsvorhaben geht über bisher umgesetzte Studien hinaus und hat somit weiterhin Relevanz.

1.3 Stand der Technik

Der deutsche Markt wird aufgrund der Vielzahl von Anschlüssen im Haushalts- und Kleingewerbebereich (bis Zählergröße G 10), der robusten Bauweise als auch der preiswerten Herstellung von Balgengaszählern dominiert [7]. Weitere Zählerbauarten (bspw. Drehkolben- und Turbinenradzähler) finden vor allem im industriellen Sektor Anwendung und sind im relevanten Untersuchungsbereich lediglich als Sonderanfertigungen verfügbar.

Bei diesen unmittelbaren oder Verdrängungs-Gaszählern gelten Leckagen als maßgebliche Quelle der Messabweichungen [8]. Von daher können mit zunehmendem Einsatz von Wasserstoff bereits kleine Messfehler signifikante wirtschaftliche Nachteile verursachen. Dies betrifft die Messung von Prozessgasen als auch Messungen im Zusammenhang mit der Wasserstoffeinspeisung in das Erdgasnetz sowie die eichpflichtige Abrechnung der Verbraucher [9].

Die Bereitstellung, der Einsatz und dem folgend auch die Prüfung von Gaszählern unterliegt hernach diversen europäischen und nationalen Normen sowie technischen Regeln [10-12]. Diese münden in komplexen Prüfaufbauten, deren Kernbestandteil ein kalibriertes Arbeitsnormal ist. Zum Zeitpunkt dieser Untersuchung ist ein nationales Primärnormal für Echtgaskalibrierung weder im Niederdruck noch im Hochdruckbereich verfügbar [13]. Dies schließt eine Überprüfung nach Norm aufgrund nicht zu verwirklichender Anforderungen an die Messgenauigkeit aus. Durch geschickte Versuchsführung ist es jedoch möglich, qualitative Aussagen zur Thematik zu gewinnen.

2. Versuchsaufbau, Versuchsdurchführung und Datenaufbereitung

2.1 Versuchsaufbau

Trotz des fehlenden kalibrierten Normal ist es gelungen, Gaszählerprüfungen mit Echtgas bei einem H_2-Anteil von 40 Vol.-% durchzuführen. Anschaulich ist der dafür gewählte Versuchsaufbau in **Bild 1** dargestellt. Weitere Randdaten lauten wie folgt [14]:

- Prüfstrecke QF 10-6 (Firma Elster GmbH, bis zu sechs Balgengaszähler [BGZ] G6),
- Referenz: an Luft kalibrierte, wassergefüllte Trommelgaszähler (TGZ, Firma Ritter),
- offenes System, Eingang Position 1, dann Durchströmung der Prüflinge (2) und Referenz (5,6),
- entsprechend kalibrierte Druck- und Temperaturmessdosen (1,4, 5, 6),
- Erfassung der Volumina der BGZ-Prüflinge durch NAMUR-Sensoren / Drehkreuz, bei TGZ Hochfrequenzimpulsgeber (minimal 1 Impuls pro 0,05 l),
- Bereitstellung von Erdgas / Prüfgemischen durch installierte Gasmischstation,
- gesamte Prüfstrecke, beginnend von der Gasmischstation bis hin zur Fackel befindet sich in Innenräumen zur Gewährleistung größtmöglicher Temperaturstabilität.

2.2 Versuchsdurchführung

Aufgrund des fehlenden kalibrierten Normal finden vergleichende Messungen mit Luft (zur Überprüfung der Referenz), Erdgas (als Referenz) und mit Gemischen aus Erdgas H mit maximal 40 Vol.-% H_2 statt. Die Versuche laufen möglichst nah an den Prüfregeln der Gaszähler ab. Die eigentliche Zählung des Gasvolumenstroms erfolgt mittels Drehkreuzen, also mit vier Impulsen pro vollem Messkammervolumen. Die aufgezeichneten Impulse werden dann über ein dem jeweiligen Messvolumen

Im Rahmen der Studie genutzter Prüfaufbau - dargestellt sind die Kernkomponenten Prüfstrecke (PF) inklusive Prüflingen (BGZ G4), Druck- und Temperaturaufnehmer sowie Trommelgaszähler.

Beschriftung der wesentlichen Prüfstreckenkomponenten:

1. Eingang PF inkl. Druck- & Temperaturmessstelle
2. PF (6 Messplätze, in Reihe, hier BGZ G4)
3. Zuleitung Gas (Druckluft, Erdgas, Gemisch)
4. Ausgang PF inkl. Druck- & Temp.-messstelle
5. Trommelgaszähler Ritter TG 5/1
6. Trommelgaszähler Ritter TG 25/1

Bild 1: Prüfaufbau inklusive der Kernkomponenten Prüfstrecke (PF) sowie Trommelgaszähler sowie Prüflingen, Druck- und Temperaturaufnehmer

entsprechenden variablen Zeitintervall (>1 min bis <20 min) summiert und per Datenlogger in die Messdatei geschrieben (Mittelwertbildung über mindestens fünf Zeitintervalle, mindestens 15 min Versuchsdauer). Ferner ist die Versuchsplanung zur Erhöhung der Belastbarkeit gestützt durch Einhaltung gewisser Prinzipien der statistischen Versuchsplanung.

Die im weiteren Verlauf präsentierten Ergebnisse basieren auf mehr als 50 durchgeführten Einzelversuchen unter Verwendung von BGZ der Größenklasse G 2,5; G 4; G 6, untersucht an verschiedenen Stützstellen im Bereich zwischen dem größenklasseabhängigen, minimalen Volumenstrom Q_{min} und dem maximal realisierten Volumenstrom von 6 m^3/h (Q_{max} BGZ G 4). Dies gilt für eine maximale Zumischung von 40 Vol.-% H_2. Die eingesetzten BGZ unterscheiden sich in verschiedenartigen baulichen Merkmalen, so zum Beispiel Messkammervolumen, Temperaturkompensation sowie Anzahl der Anschlussstutzen und ermöglichen so die Eruierung des Einflusses dieser Charakteristika.

2.3 Datenaufbereitung

Beim Durchströmen der Prüfstrecke inklusive der Prüflinge verändern sich Druck und Temperatur des Gasvolumenstroms. Dies beeinflusst die Dichte des Gases und damit den gemessenen Volumenstrom an sich. Der Volumenstrom der Prüfstrecke ist entsprechend des idealen Gasgesetzes zu korrigieren:

$$\dot{Q}_{Pr} = \left(\frac{p_{TGZ} \cdot \overline{T}_{Pr}}{\overline{p}_{Pr} \cdot T_{TGZ}} \right) \cdot \dot{Q}_{TGZ} \qquad (1)$$

$\dot{Q}$ bezeichnet dabei den Volumenstrom, p steht für den Druck und T für die absolute Temperatur. Der Indizes Pr bezieht sich auf den entsprechenden Wert der Prüfstrecke, TGZ demnach auf den Trommelgaszähler. Temperatur und Druck der Prüfstrecke stellen dabei den Mittelwert der ein- und ausgangs der Prüfstrecke erfassten Messwerte dar.

Die in den folgenden Diagrammen dargestellte Abweichung errechnet sich, angegeben in Prozent, nach folgender Gl. (2):

$$Abw = \frac{(\dot{Q}_{Pr} - \dot{Q}_{TGZ})}{\dot{Q}_{TGZ}} \qquad (2)$$

Die Nomenklatur folgt der eben beschriebenen Systematik. Gemäß dieser Formel bedeuten folgend negative Werte, dass der vom BGZ erfasste Volumenstrom den des TGZs unterschreitet. Geringere Volumenströme ermittelt vom BGZ drücken sich auch als negative Werte in der Darstellung aus.

Eine Fehlerrechnung ist aufgrund des nicht mittels Echtgas kalibrierten TGZ nicht möglich. In gewissem Rahmen ersetzen soll dies eine Fehlerabschätzung, welche auf dem Vergleich der Zählergebnisse von sonst baugleichen BGZ mit und ohne mechanischer Temperaturkompensation (Thermobimetall) beruht.

Die Erfassung der Versuchstemperatur und Berechnung der zu erwartenden Korrektur ermöglicht diese Abschätzung. Hieraus lässt sich schließen, dass die Ungenauigkeit der Messungen hinreichend mit < 1,5 % annehmbar ist. Ferner fanden zur Überprüfung der Reproduzierbarkeit der Ergebnisse auch Versuche mit baugleichen Geräten statt.

3. Ergebnisse

3.1 Einfluss der Temperaturkompensation – Fehlerabschätzung

Bild 2 stellt den Einfluss der Temperaturkompensation auf die Zählgenauigkeit der Gaszähler, untersucht mit Hilfe von BGZ der Baugröße G 4 dar. Auf der Abszisse ist dafür der Volumenstrom in L/min aufgetragen, wobei 100 L/min dem Qmax eines BGZ G4 von 6 m^3/h entsprechen. Auf der Ordinate abgebildet ist die Abweichung der BGZ von der berichtigten Referenz in Prozent.

Es ist klar ersichtlich, dass die per BGZ ermittelten Volumenströme die mit dem für den jeweiligen Volumenstrombereich passenden TGZ ermittelten Volumenströme über den gesamten Messbereich unterschreiten. Für große Volumenströme nähern sich die Volumenströme aber an, die Abweichung von Referenz und BGZ wird entsprechend geringer. Dies spricht dafür, dass die bereits erwähnten Leckagen eine wesentliche Quelle der Abweichung sind [8].

Für geringe Volumenströme ist die Spreizung der Abweichungen höher, was sich letztlich mit geringerer Impulszahl/geringerem Messvolumen erklären lässt. Eine Abweichung von einem oder wenigen Impulsen hat bei geringen Volumenströmen trotz entsprechend angepasster, langer Messintervalle einen größeren Einfluss auf das Ergebnis.

Der Unterschied zwischen temperaturkompensierten BGZ und Modellen ohne (mittlerweile handelsübliche) Temperaturkompensation stellt sich als signifikant heraus und ist im Vergleich stärker als die Einflüsse der Gaszusammensetzung. Im Schnitt beträgt die Differenz zwischen den beiden Typen 3,3 %. Das spricht bei einer berechneten, also erwartbaren Abweichung von 2,7 % (bei 22 °C Raumtemperatur) für die gewählte Versuchsdurchführung sowie Belastbarkeit der Messwerte. Auch ergibt sich somit die erwähnte Abschätzung der Ungenauigkeit der Messungen als hinreichend mit kleiner 1,5 %.

3.2 Einfluss baulicher Charakteristika der BGZ

Für die Untersuchung kamen unterschiedlichste Verschaltungen von Balgengaszählern zum Einsatz, welche sich in

Bild 2: Einfluss der Temperaturkompensation auf die Zählgenauigkeit von Gaszählern am Beispiel von G4 Balgengaszählern

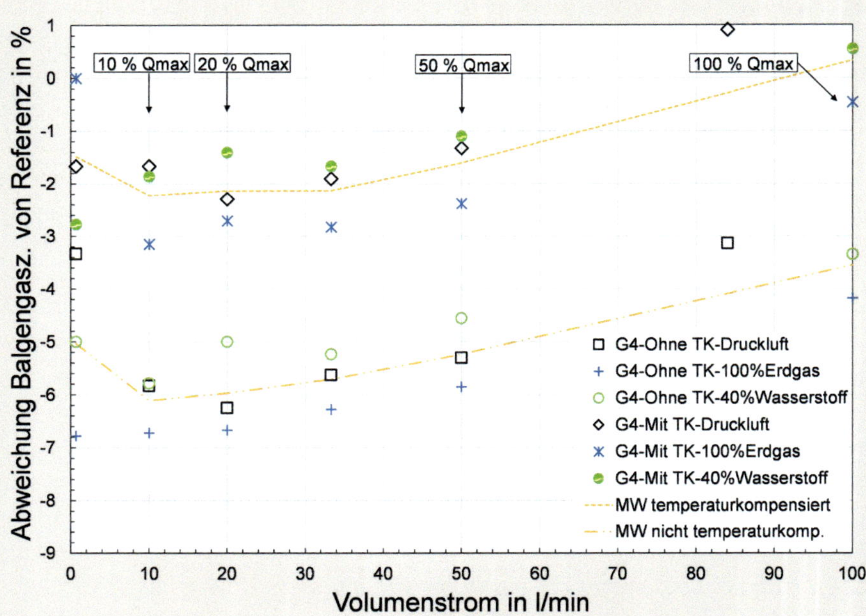

Bild 3: Darstellung zum Einfluss der Baugröße auf das Zählergebnis von Balgengaszählern

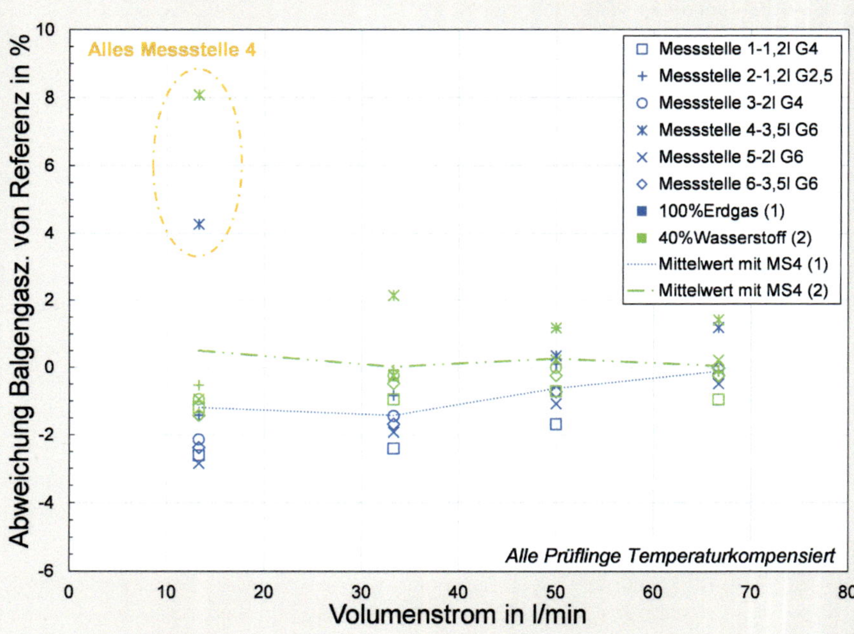

Charakteristika wie dem Messkammervolumen, der Baugröße oder der Anzahl der Anschlussstutzen unterscheiden. Die Ergebnisse der Untersuchungen in Bezug auf Zählgenauigkeit von BGZ im Vergleich unterschiedlicher Baugrößen und Messkammervolumen stellt **Bild 3** anschaulich dar.

Auf der Abszisse ist dafür der Volumenstrom in L/min aufgetragen, wobei sich hier Beschränkungen aufgrund der gewählten Baugrößen ergeben. Der kleinste verwendete BGZ gehört zu Baugröße G 2,5 und weist einen maximal zulässigen Volumenstrom von ca. 66,7 L/min (4 m^3/h) auf. Auf der Ordinate dargestellt ist die Abweichung der BGZ von der korrigierten Referenz in Prozent. Blau eingefärbt sind die Ergebnisse der Erdgas-H-Versuchsreihe, in grün gehalten die der Vergleichsreihe mit einer Wasserstoffbeimischung von 40 Vol.-%.

Es ist zu konstatieren, dass der Einfluss der Zählergröße nicht wesentlich beziehungsweise im Rahmen der

Regelwerke und Normen für **Wasserstoff-Armaturen**

Armaturen für Wasserstoff-Anwendungen gibt es seit Jahrzehnten. Aber im Zuge der Dekarbonisierung aller Sektoren zur Erreichung der Klimaziele entstehen Applikationen, die erweiterte Anforderungen an die Armaturen stellen. Diese sind aber aktuell seitens der Normierung noch nicht entsprechend abgedeckt. Durch eine vertrauensvolle Zusammenarbeit zwischen Betreiber/ Planer und Lieferant kann eine passende Armatur definiert werden, die einen sicheren und langjährigen Wasserstoff-Einsatz gewährleistet.

Internationale Normen und Standards

Funktion, Medium, Druck und Temperatur sind auch für neue Wasserstoff-Anwendungen typischerweise klar umrissen.

Lücken bestehen aber in Bezug auf die Auswahl metallischer und nicht-metallischer Materialien, der Definition von typ- und serienbegleitenden Prüfungen und der Referenzierung entsprechender Normen oder Richtlinien. Denn die Normierung rund um das Medium Wasserstoff kann aktuell mit der hohen Dynamik dieses Marktes noch nicht Schritt halten. Auch wenn diverse Arbeitsgruppen versuchen, diese Lücken zu schließen.

Unternehmensnormen und -standards

Bis dies jedoch der Fall ist, können Unternehmens-Standards als Basis dienen. Darin sollten als Minimum die zu verwendenden Materialien, deren Verarbeitung und durchzuführende Tests abgedeckt werden.

Der von AS-Schneider kürzlich frei gegebene Standard basiert dabei neben den langjährigen eigenen Erfahrungswerten auf folgenden Aspekten:

- ✓ Richtlinien wie bspw. die Druckgeräte-Richtlinie
- ✓ Normen oder technische Berichte (ASME, ISO/TC, ISO/TR, SAE,….)
- ✓ Datenbanken wie bspw. die der Sandia National Laboratories
- ✓ Expertise der Materialprüfungsanstalt der Universität Stuttgart, die auch den kompletten Standard gegengeprüft hat

Werkstoff-Auswahl und Leckagen

Zentraler Bestandteil im AS-Schneider Standard ist die Definition geeigneter metallischer und nicht-metallischer Materialien. Denn erfolgt dies nicht mit der notwendigen Sorgfalt, so kann die Wasserstoff-Versprödung zu einer nachhaltigen Schwächung der Armatur führen. Damit können z.B. die Vorgaben der europäischen Druckgeräte-Richtlinie 2014/68/ EU verletzt werden.

Doch selbst bei aller Sorgfalt in Bezug auf das Design, die entsprechenden Werkstoffe und deren Verarbeitung, muss noch ein weiterer Effekt des Wasserstoffs beachtet werden. Als kleinstes und leichtestes Molekül hat Wasserstoff die Fähigkeit, auch durch sehr kleine Riefen und Spalten zu kriechen. Dies kann zu einer potenziellen Leckage führen.

Insbesondere in geschlossenen Umgebungen wie z.B. beim Verbau in Schutzkästen kann sich selbst bei kleinen Leckagen eine entflammbare Mischung bilden. Daher bietet der Standard von AS-Schneider für Ihre Applikation verschiedene Qualifizierungen und serienbegleitende Prüfungen zur entsprechenden Auswahl an.

Durchführung einer Dichtheitsprüfung

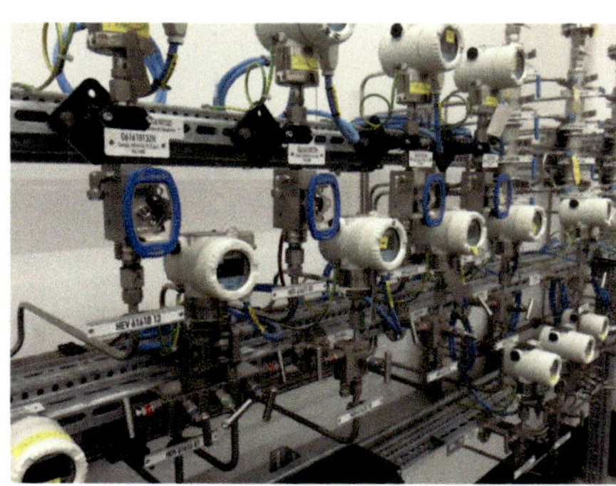
Instrumentierungsarmaturen im Einsatz

Kontakt:

Armaturenfabrik Franz Schneider GmbH + Co. KG

Telefon: +49 (0) 7131 101-0
E-Mail: contact@as-schneider.com
Website: www.as-schneider.com

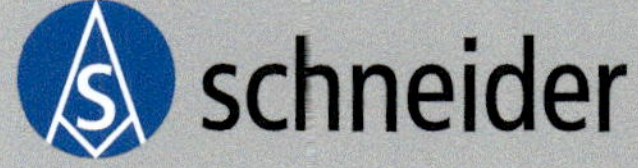

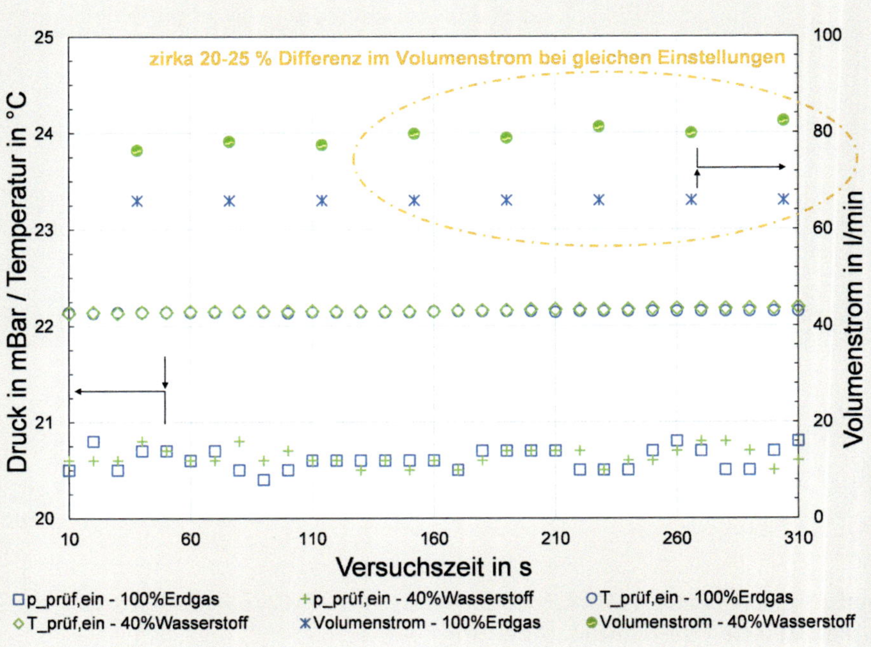

Bild 4: Der Einfluss des Wasserstoffanteils auf den sich einstellenden Volumenstrom

Messungenauigkeit, nicht sicher bestimmbar ist. Als signifikant ist der Einfluss von hohen Wasserstoffanteilen in der Mischung zu erachten. Für geringe Volumenströme liegt die Differenz beider Messgruppen bei ca. 1,5 %, nimmt mit steigenden Volumenströmen ab und verschwindet gänzlich für die bei den Versuchen maximal realisierten Volumenströme. Dies lässt für die Beimischung von größeren Anteilen an H_2 vermuten, dass Leckagen durch Spalte die maßgebliche Ursache für die Messunsicherheit der BGZ sind und deckt sich mit bereits erwähnten Literaturangaben [8].

Letztlich bleibt festzuhalten, dass ein hoher H_2 Volumenanteil im Gasgemisch wie eingangs erwähnt mit einer wesentlichen Änderung der Stoffeigenschaften der Mischung einhergeht, der daraus resultierende Einfluss auf das Zählergebnis von Balgengaszählern jedoch als vergleichsweise gering einzuschätzen ist. Bei 40 % Zumischung von H_2 liegen diese unter 1 % – realistischer ≤ 0,5 %. Zudem scheinen sie nach den vorliegenden Ergebnissen unabhängig von der Gerätegröße, wobei der untersuchte Bereich in Bezug auf die Gerätegröße schmal ist. Hier sollten weitere Untersuchungen in größeren Geräteklassen erfolgen.

Festzuhalten bleibt ferner, dass die per BGZ ermittelten Volumina fast ausschließlich unterhalb der mittels TGZ bestimmten Werte liegen. Eine Wirkung der Wasserstoffbeimischung in Verbindung mit anderen baulichen Charakteristika, welche aus Gründen der Übersichtlichkeit hier nicht dargestellt sind, ist nicht erkennbar. Dies trifft beispielsweise auf die zu unterschiedlichen Geräteklassen zugehörigen BGZ mit gleichem Messkammervolumen zu, welche sich lediglich in Bezug auf die innere Mechanik unterscheiden.

3.3 Einfluss der Gemischeigenschaften auf den Volumenstrom (und weitere Messprinzipien)

Bild 4 stellt ein nicht im vordergründigen Fokus der Studie liegendes, aber dennoch interessantes Ergebnis der Untersuchung dar. Dokumentiert ist hierbei die Wirkung der Wasserstoffbeimengung bei sukzessiver Umstellung des Gases von Erdgas H (rein, blau)) auf Erdgas H mit 40 Vol.-% H_2 (grün). Über der Versuchszeit in s (Abszisse) dargestellt sind auf der primären Ordinate (links) der Druck in mbar sowie die Temperatur in °C, jeweils erfasst am Prüfstreckeneingang. Die sekundäre Ordinate (rechts) bildet den Verlauf des resultierenden Volumenstroms ab.

Wichtig zu erwähnen ist, dass keinerlei Änderung der Ventilstellungen oder sonstige Justierung an der Prüfstrecke stattfand. Die signifikante Differenz zwischen beiden Volumenströmen beruht also ausschließlich auf den geänderten Stoffeigenschaften aufgrund der geänderten Zusammensetzung des Gases. Interessant ist ferner, dass sich keinerlei Auswirkungen der Zusammensetzung des Gases auf das in diesem Fall vorgeschaltete mechanische Druckregelventil zeigen. So sind keine Auswirkungen der Umstellung des Gasgemisches auf Druck und Temperatur feststellbar.

Die geänderte Zusammensetzung der Gasmischung bei Zumischung von 40 Vol.-% H_2, einhergehend mit einer Änderung der Stoffeigenschaften des Gemisches bedingt einen Anstieg des Volumenstroms um 20-25 %. Ursächlich ist vermutlich die hierbei erheblich verringerte Dichte des Gemisches. Für Gasverbrauchsgeräte bedeutet dies, dass die Verringerung des Heizwertes bei Zumischung in gewissen Grenzen kompensiert wird, sofern nicht ohnehin eine Heizwertnachführung vorhanden ist. An dieser Stelle ist zu vermuten, dass für nicht volumetrische Messverfahren die Erhöhung des Impulses der Gasteilchen (teilweise) auch die Wirkung der verringerten Dichte (teilweise) kompensiert.

4. Zusammenfassung

Die Einspeisung von Wasserstoff ins Erdgasnetz erlangt im Rahmen der Energiewende zunehmend an Bedeutung. Anzunehmen ist, dass produktionsbedingte tages- und jahreszeitliche Schwankungen der erzeugbaren Wasserstoffmengen auftreten, welche unmittelbar Fluktuationen der stofflichen Eigenschaften des Gasgemisches bedingen. Daher besteht letztlich ein Risiko der Beeinflussung des sensiblen Bereiches der Energieabrechnung, da hierfür grundlegende Größen wie Abrechnungsbrennwert als auch Abrechnungsvolumen diesen Schwankungen gegebenenfalls folgen.

So verwundert es nicht, dass die Gaszählung mit reinem Wasserstoff oder Wasserstoffgemischen ein aktives Feld der Forschung ist [4-7]. Zum Zeitpunkt der Erstellung dieses Berichts sind keine Untersuchungen von Gaszählern bei Verwendung von Echtgas bekannt. Bisherige Untersuchungen beschränkten sich auf max. 30 Vol.-% beigemengten H_2 (restliche 70 Vol.-% Methan). Dementsprechend ist es Ziel dieser Studie, die Wasserstoffwirkung auf die Gaszählung handelsüblicher Gaszähler wie Balgengaszähler zu untersuchen.

Nicht verfügbar ist zugleich ein zur Überprüfung der Messgenauigkeit notwendiges, entsprechend kalibriertes Normal. So finden vergleichende Messungen mit diversen Gasen statt, die qualitative Aussagen zur Fragestellung zulassen. In Summe erfolgten mehr als 50 Einzelversuche mit ca. 20 Balgengaszählern bei einem maximalen Wasserstoffanteil von 40 Vol.-%.

Auf Basis dieser vergleichenden Messungen lässt sich schlussfolgern, dass der Einfluss der Gaszusammensetzung auf die untersuchten, auf dem Verdrängungsprinzip basierenden Balgengaszähler vergleichsweise gering aber klar erkennbar ist. Für ein Gemisch aus 60 Vol.-% Erdgas H und 40 Vol.-% H_2 sowie den hier verwendeten Balgengaszähler ist von einer Abweichung ≤ 1 % auszugehen. Damit bleibt der Einfluss der Gaszusammensetzung klar hinter weiteren Faktoren wie beispielsweise der Temperaturkompensation zurück. Maßgeblich beeinflusst scheint die Messgenauigkeit der Balgengaszähler durch Leckagen.

Festzuhalten ist zudem, dass sich der Volumenstrom für besagtes Gemisch bei sonst identischen mechanischen Einstellungen der Prüfstrecke um 20-25 % erhöht. An dieser Stelle ist zu vermuten, dass durch die damit einhergehende Erhöhung des Impulses der Gasteilchen die Wirkung der verringerten Dichte teilweise kompensiert wird. Dies sollte Gegenstand weiterer Untersuchungen sein.

Dank

Die Autoren der Studie danken zahlreichen technischen Mitarbeitern der DBI-Gruppe für die im Rahmen der Studie gewährte Unterstützung. Ein besonderer Dank gilt der Gas Service Freiberg GmbH, der Elster GmbH sowie dem DVGW-Prüflaboratorium Energie. Dieses Projekt wurde finanziert mit Mitteln des „Förderkreises Gaswirtschaftlicher Beirat".

Literatur

[1] *Wagener, S.*: Neue Märkte erschließen – Die Nationale H_2 Strategie. 04.11.2020. URL https://www.din-veranstaltungen.de/Media/1/Pr%C3%A4sentationen_4.11.2020_Mittelstandskampagne.zip – Überprüfungsdatum 2021-04-06

[2] *Krause, H.; Werschy, M.; Franke, S.; Giese, A.; Benthin, J.* und *Dörr, H.*: Untersuchungen der Auswirkungen von Gasbeschaffenheitsänderungen auf industrielle und gewerbliche Anwendungen: Abschlussbericht. 01.04.2014

[3] *Müller-Syring, G.* und *Henel, M.*: Wasserstofftoleranz der Erdgasinfrastruktur inklusive aller assoziierten Anlagen: Abschlussbericht, DVGW, Bonn, 00.02.2014

[4] *Le Strat, F.; Yakoubi, M.* und *Escande, C.*: NATURALHY"Preparing for the hydrogen economy by using the existing natural gas: Reliability of metering of methane - hydrogen mixtures on domestic diaphragm meters. Report No. R0091-WP3-R-0. 04.05.2009

[5] *Brun, C.*: Flow metering of renewable gases (biogas, biomethane, hydrogen, syngas and mixtures with natural gas): Publishable Summary for 18NRM06 NEWGASMET. 04.2020

[6] *Brun, C.*: Flow metering of renewable gases (biogas, biomethane, hydrogen, syngas and mixtures with natural gas): Deliverable D3. 31.10.2020

[7] Deutsche Vereinigung des Gas- Und Wasserfaches e. V.: Wasserstoff-Forschungsprojekte: H_2-dvgw.de. G-TK-2-2-20-0024. 09.2020

[8] Grindaix Gmbh: GRX-Q - Verdrängungszähler. URL https://grindaix.de/magazin/verdraengungszaehler/. – Aktualisierungsdatum: 2020-07-13 – Überprüfungsdatum 2020-11-27

[9] Industry Verlag Gmbh: Ist aktuelle Durchflussmesstechnik für Wasserstoff geeignet? URL https://www.industr.com/de/ist-aktuelle-durchflussmesstechnik-fuer-wasserstoff-geeignet-2540910. – Aktualisierungsdatum: 2020-11-26 – Überprüfungsdatum 2020-11-26

[10] Richtlinie 32014L0032. 2014-02-26. Richtlinie 2014/32/EU zur Harmonisierung der Rechtsvorschriften der Mitgliedstaaten über die Bereitstellung von Messgeräten auf dem Markt

[11] Bundestag: Mess- und Eichgesetz (idF v. 25. 7. 2013). In: Bundesgesetzblatt (2013-07-25), Nr. 58, S. 2722–2748.

[12] *Matschke, R.; Schlieter, H.* und *Aschenbrenner, A.*: PTB-Prüfregeln: Volumengaszähler. Braunschweig: Waisenhaus Buchdruckerei, 1982

[13] *Kramer, R.*: Nationale Normale und deren Eignung für Gemische - aktuelle Forschung am PTB. Telefonat. 2020-06-15. Götze, P. (Adressat)

[14] *Götze, P.; Pietsch, P.* und *Wiersig, M.*: Wasserstoffwirkung auf die Gaszählung: Untersuchung des Verhaltens und der Eichgültigkeit von häuslichen und gewerblichen Gaszählern unter hohen, volatilen Wasserstoffmengen im Erdgas. Abschlussbericht. 27.11.2020

Autoren

Dipl.-Ing. **Pitt Götze**
DBI - Gastechnologisches Institut gGmbH
Freiberg |
Freiberg |
Tel: +49 3731 4195-327 |
pitt.goetze@dbi-gruppe.de

Dipl.-Ing. **Philipp Pietsch**
DBI - Gastechnologisches Institut gGmbH
Freiberg |
Freiberg |
Tel: +49 3731 4195-352 |
philipp.pietsch@dbi-gruppe.de

Dipl.-Ing. **Marcus Wiersig**
DBI - Gastechnologisches Institut gGmbH
Freiberg |
Freiberg |
Tel: +49 3731 4195-332 |
marcus.wiersig@dbi-gruppe.de

6. Werkstoffe

H_2-Gasbeimischung: Wie „ready" sind Kunststoffrohrleitungssysteme?

Ronald Aßmann, Stefan Griesheimer, Janko König, Stefan Schütz und Stefan Wiesner

Energiewende, Wasserstoff, Wasserstoffeinspeisung, Gasinfrastruktur, Wasserstofftauglichkeit, Kunststoffrohrsysteme

Die Energiewende ist in vollem Umfang in der Umsetzungsphase: Bis zum Jahr 2050 soll Energie in Deutschland vorwiegend aus regenerativen Quellen stammen. Dabei ist die CO_2-Reduktion im Wärmeenergiemarkt immer stärker im Fokus; hier soll zunehmend auf Wasserstoff (H_2) umgestellt werden. Ziel ist es, in einem ersten Schritt Wasserstoff bis 2030 in das bestehende Gasnetz einzuspeisen. Aliaxis Deutschland aus Mannheim hat in Kooperation mit dem DBI Leipzig seine Vorbereitungen dazu bereits getroffen.

H_2 gas admixture: How „ready" are plastic piping systems?

The energy turnaround is in full swing in the implementation phase: by the year 2050, energy in Germany is to come predominantly from renewable sources. The focus is increasingly on CO_2 reduction in the heat energy market. The focus here is increasingly on hydrogen (H_2). The goal is to introduce hydrogen into the existing gas grid by into the existing gas grid by 2030. Aliaxis Deutschland from Mannheim has already made its preparations for this in cooperation with DBI Leipzig has already made its preparations for this.
Translated with www.DeepL.com/Translator (free version)

Politik und Öffentlichkeit sind in der aktuellen Debatte zur CO_2-Reduktion stark auf die Themen Strom und Mobilität fokussiert. Dabei transportiert das deutsche Erdgasnetz doppelt so viel Energie wie das Stromnetz. Die Energieverteilung in Deutschland stellt **Bild 1** anschaulich dar. Wärmeenergie nimmt fast die Hälfte des deutschen Jahresbedarfs ein und ist aktuell in der breiten Wahrnehmung der Bevölkerung und in den Medien unterrepräsentiert. Wenn man von Wasserstoffanwendung spricht, dann meist im Zusammenhang mit der Mobilität. Dabei lässt sich Wasserstoff in allen drei „Energie-Bereichen" einsetzen.

Zeit also, über Wasserstoff (H_2) als den Energieträger der Zukunft zu sprechen: H_2 ist in der Lage, CO_2-Emissionen in allen Bereichen deutlich zu senken. Um dieses Potenzial voll auszuschöpfen, hat das Bundeskabinett im Juni 2020 die Nationale Wasserstoffstrategie beschlossen [2]. Der Plan: Realisierung eines Wasserstoff-Fernleitungsnetzes auf europäischer Ebene auf einer Länge von 23.000 km bis zum Jahr 2040. Im ersten Schritt steht die Umrüstung des bestehenden Erdgasnetzes für eine Beimischung von 20 % Wasserstoff auf der Agenda, dann die Umstellung auf 100 % Wasserstoff bei neu geplanten oder modifizierten Netzen.

1. Vorteile von Wasserstoff

Die Vorteile von Wasserstoff durch die vielseitigen Anwendungsmöglichkeiten liegen klar auf der Hand. Durch Elektrolyse kann Strom zu Wasserstoff umgewandelt und gespeichert werden. Eine Verteilung kann so durch eine Einspeisung in das Erdgasnetz erfolgen. Wasserstoff kann als Energieträger in allen Sektoren eingesetzt werden. Auch ist eine Rücktransformation in Strom denkbar, sodass Wasserstoff barrierefrei in allen Bereichen der Energieversorgung genutzt werden kann. Zusätzlich zu den bereits genannten drei Bereichen (**Bild 1**) ist auch eine Interaktion mit der Industrie angestrebt (**Bild 2**), die ein gesamtheitliches Wasserstoff-Konzept abrundet. Hier ist eine Umstellung auf 100 % Wasserstoff relativ schnell denkbar.

2. Zeitnahe Anwendung von Wasserstoff

Wenn alle vier Bereiche (**Bild 2**) mit Wasserstoff versorgt werden sollen, muss in der Zukunft Wasserstoff in ausreichenden Mengen produziert werden. Diese Energiemengen können nicht allein durch überschüssige Windkraft erzeugt werden. Hierfür braucht es eine breit aufgestellte Erzeugungsstrategie, die auch Importoptionen von erneuerbarem Wasserstoff, aber auch andere Optionen (z. B. pyrolytisch erzeugten Wasserstoff) mit geringem Kohlenstofffußabdruck berücksichtigt. Damit Wasserstoff in Deutschland verwendet werden kann, arbeiten zahlreiche Akteure in Forschung und Entwicklung, in systemischen Bereichen, bei den Herstellern, Verbänden, Regelsetzern und Netzbetreibern an der Gestaltung eines Ordnungsrahmens. Ziel ist es, einen sicheren und kostengünstigen Weg für die Integration von Wasserstoff in das Energiesystem der Zukunft zu ebnen. Einen Schritt weiter gegangen ist bereits Aliaxis Deutschland und hat seine Frialen-Produkte für die Nutzung von Wasserstoff am DBI Gas- und Umwelttechnik GmbH in Leipzig (Infokasten 1) prüfen lassen – mit Erfolg.

3. DBI-Pilotvorhaben H_2ready

Um auf die Anforderungen des Marktes reagieren und H_2ready-Bewertungen im Kontext mit der etablierten Sicherheitsphilosophie anbieten zu können, wurde das Pilotvorhaben H_2ready am DBI initiiert. Dabei wurde als Randbedingung des Pilotprojektes vereinbart, dass die DBI H_2ready-Prüfungen nur für Produkte erfolgen können, die über eine gültige DVGW-Zertifizierung verfügen und für die, bezüglich der Eignung für den Einsatz mit Erdgas-Wasserstoff-Gemischen oder für reine Wasserstoffanwendungen, noch keine Prüfgrundlage z. B. im DVGW-Regelwerk existiert.

Intention dieses Pilotvorhabens war es, zeitnah erste Prüfverfahren zu erarbeiten, die zügig angewendet werden können. Im Fall der Erfüllung der Anforderungen kann dies durch ein nach außen sichtbares Zeichen, die DBI H_2ready-Marke, deutlich gemacht werden. Weiterhin ist es erklärtes Ziel, die sowohl aus den Forschungsprojekten als auch der Anwendung der DBI-Prüfverfahren gewonnenen Erkenntnisse in die Entwicklung von Prüfgrundlagen im DVGW-Regelwerk oder Zertifizierungsprogrammen (ZP) der DVGW CERT GmbH einzubringen, die so schnell wie möglich erarbeitet werden.

Die restriktive, aber bewährte Sicherheitsphilosophie der Gasversorgung wurde gewählt, da neue Anforderun-

Energie mit Zukunft.
Umwelt und Verantwortung. DBI

DBI Gas- und Umwelttechnik GmbH

Die DBI Gas- und Umwelttechnik GmbH als Mutterunternehmen des Gastechnologischen Instituts ist selbst st am 09.01.1991 aus den gastechnischen Abteilungen des Deutschen Brennstoffinstituts hervorgegangen und hat sich in den vergangenen Jahren zu einem in Europa einzigartigen Engineering- und Forschungsunternehmen entwickelt und feiert in diesem Jahr ihr 30-jähriges Jubiläum. Mit der Unternehmensphilosophie „Energie mit Zukunft. Umwelt und Verantwortung." und vielen FuE- sowie Dienstleistungsprojekten trägt die DBI-Gruppe zu einer erfolgreichen Weiterentwicklung der Gaswirtschaft in eine nachhaltige Zukunft bei und hat sich zu einem zuverlässigen und starken Wegbegleiter in der Zusammenarbeit mit dem DVGW sowie vielen anderen nationalen und internationalen Partnern entwickelt.

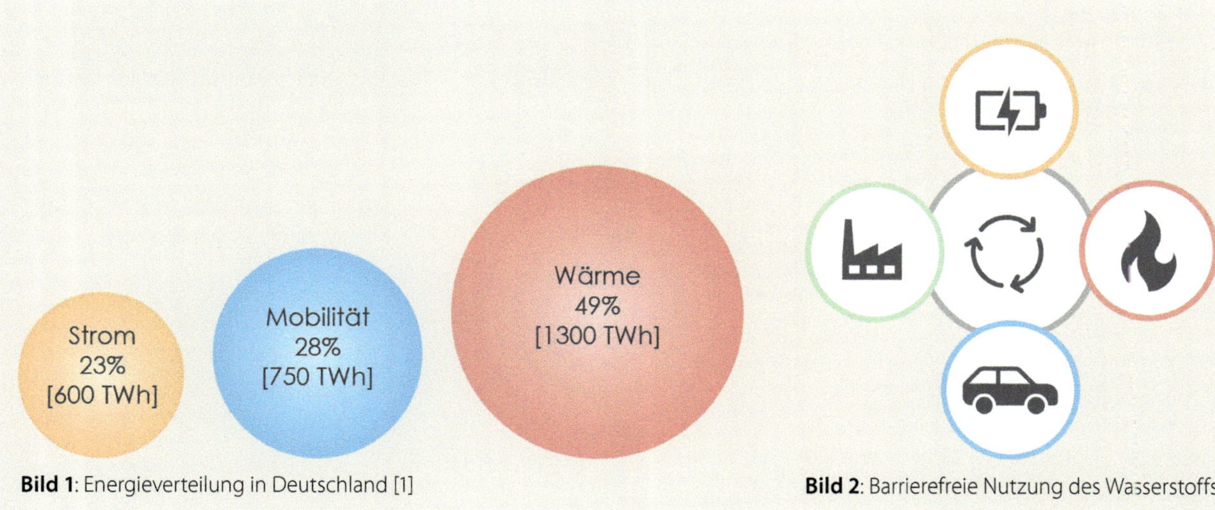

Bild 1: Energieverteilung in Deutschland [1]

Bild 2: Barrierefreie Nutzung des Wasserstoffs

gen durch die vorgesehenen zukünftigen Wasserstoffanwendungen an Produkte bestehen. Weiterhin sind die Erfahrungen für den Einsatz in der öffentlichen Gasversorgung sehr begrenzt und mit Blick auf die Akzeptanz muss die Etablierung von Wasserstoff als zentrales Element der Energiewende mit höchster Sicherheit erfolgen.

Die DBI-Prüfzeichenbescheinigung wird abgelöst, wenn eine DVGW-H_2-Prüfgrundlage oder ein DVGW-Zertifizierungsprogramm verfügbar ist. In diesem Fall wird das DBI-Prüfverfahren zurückgezogen und bestehende DBI-Prüfzeichenbescheinigungen werden dann nicht verlängert. Nach der Zertifizierung durch die von der Deutschen Akkreditierungsstelle (DAkkS) u. a. für die Zertifizierung von Produkten der Gasversorgung nach DIN EN ISO / IEC 17065 akkreditierte DVGW CERT GmbH kann dann produktbezogen für die zusätzlich bewertete Konformität für Wasserstoffanwendungen das DVGW-H_2-Readiness-Zertifizierungszeichen genutzt werden. Die zertifizierten Produkte werden von der DVGW CERT GmbH überwacht. Als von der DVGW CERT GmbH anerkannte Prüfstelle kann entsprechend ihrem Anerkennungsumfang die nach DIN EN ISO / IEC 17025 akkreditierte Prüfstelle am DBI die Prüfung und Überwachung anbieten und tritt so weiter als bewährter Partner für Hersteller gasfachlicher Produkte auf.

4. Wasserstoff-Eignungsuntersuchungen

Um Produkte für eine Eignung mit der Verwendung mit Wasserstoff zu qualifizieren sind u. a. die Werkstoffeigenschaften zu betrachten sowie die Funktion zu gewährleisten. Für die Eigenschaften typischer Werkstoffe geben verschiedene Literaturquellen wie z. B. die DIN EN ISO 11114-Reihe, die Dechema-Datenbanken oder das EIGA-Regelwerk eine Orientierung, während die individuellen Funktionseigenschaften der Produkte nur durch eine praktische Prüfung nachgewiesen werden können. Im Folgenden werden schwerpunktmäßig Prüfungen von Funktionseigenschaften beschrieben.

4.1 Permeation

Die Permeation beschreibt das Anlagern, Eindringen, Durchdringen und Austreten von Molekülen eines Fluids (Permeat) durch einen Feststoff. Das Permeat bewegt sich ohne äußere Einflüsse in Richtung der geringeren Konzentration bzw. des niedrigeren Partialdrucks. Im Projekt wurde zur Bestimmung des Permeationskoeffizienten für Wasserstoff ein Prüfrohr verschlossen und mit Wasserstoff befüllt. Als Prüfdruck wurde der für den Prüfling maximal zulässige Druck von 10 bar eingestellt. Nach dem Befüllen folgte eine Konditionierungsphase von drei Wochen. In dieser Phase sättigt sich der Feststoff mit dem Permeat, bis sich eine konstante Permeationsrate (stationärer Zustand) einstellt. Nach Abschluss der Konditionierung wurde das Prüfrohr (**Bild 3**) in eine speziell entwickelte Permeations-

Bild 4: Prüfmuster Anbohrarmatur (DAA) für H2-Dichtheitsprüfungen

Legende:
Permeationsmesszelle
PE-Rohr
Gasmoleküle
Das Permeat wird in speziellen Messzellen aufgefangen.

Bild 3: Schematischer Aufbau der Permeationsmesszelle

messzelle eingespannt. Der Bilanzraum der Messzelle wurde mit Stickstoff gespült und auf einen Überdruck von 100 mbar eingestellt. In regelmäßigen Abständen wurden der Messzelle Gasproben entnommen und gaschromatographisch analysiert. Der Messzellendruck, die Temperatur und der Innendruck wurden über explosionssichere Datenlogger überwacht und aufgezeichnet.

4.2 Dichtheit

Die Bewertung der Dichtheit erfolgte in Anlehnung an die VDI 2440. Diese sieht als Prüfverfahren die Massenspektrometrie mit Helium vor. Dies wird zum einen zur Inertisierung der Prüfmuster benötigt, um eine Wasserstoff-Luft-Gemischbildung zu vermeiden. Zum anderen bietet es dem Hersteller auch die Möglichkeit, die ermittelten Werte für spätere Prüfungen zu verwenden. Je nachdem, was eine spätere Regelsetzung als Prüfmedium vorsieht, hat man durch diese Prüfung real gemessene Werte mit Wasserstoff als auch Messwerte mit einem bereits häufig angewendeten Referenzgas ermittelt. Das DBI-H_2ready-Prüfprüfprogamm verwendet zur Prüfung der Dichtheit die Parameter der jeweils zutreffenden Erdgasnorm. Zusätzlich wurde die Dichtheit der Produkte im Temperaturbereich bei T_{min} (-20 °C) Raumtemperatur und T_{max} (+40 °C) und während oder nach ausgewählten mechanischen Belastungen geprüft.

Als zulässige Leckrate darf im Rahmen der angewendeten H_2ready-Prüfverfahren bei den jeweiligen Prüfdrücken 10^{-4} mbar l/s nicht überschritten werden. Dies gilt für die zu untersuchenden Stellen als Gesamtleckrate.

Aus dem Produktprogramm der Firma Aliaxis wurden Anbohrarmaturen, Verschlussmuffen, Anbohrventile, Kugelhähne, Kupplungen und Vorschweißbunde geprüft. Im Fokus standen jeweils die äußere und, wo zutreffend, die innere Dichtheit (**Bild 4**).

Alle geprüften Produkte erfüllten die Dichtheitsanforderungen mit Wasserstoff. Damit wurde in Verbindung mit der Permeationsuntersuchung eine Eignung (Dichtheit und Permeation) bis zu 100 Vol.-% Wasserstoff bescheinigt.

Neben den Bauteilen aus PE-HD für Rohrleitungssysteme von Aliaxis sowie für weitere Hersteller wurden durch das DBI auch Armaturen für den Gastransport bis PN 100 mit dem Prüfmedium Wasserstoff untersucht.

5. Fazit und Ausblick

Aktuell gibt es noch keine Wasserstoff-Zertifizierung. Die vorliegende Prüfmethode des DBI und die daraus resultierende Prüfbescheinigung sind ein erster Schritt, um eine Aussage zu dem bestehenden Erdgasnetz zu erhalten. Gerade wenn es um eine Entscheidung bezüglich einer Investition für die nächsten 50 Jahre geht, muss man sich heute sicher sein, die richtigen Produkte für die Zukunft zu verbauen. Wasserstoff ist die Zukunft der Energieversorgung und wird durch wissenschaftliche Untersuchungen, aktuelle H_2-Projekte und ein gemeinsames Regelwerk der Fachverbände auf nationaler und europäischer Ebene entwickelt. Der Gesetzentwurf sieht vor, Netzregulierungen sowie Regelungen für die Umstellung von bestehenden Erdgasleitungen auf Wasserstoff zu erleichtern. Hier sind alle Akteure gefordert und Aliaxis Deutschland hat in Zusammenarbeit mit dem DBI einen großen Schritt nach vorne gemacht. Das Heizwendelschweiß-Portfolio von Aliaxis ist bis zu einem Wasserstoffanteil von 100 % H_2-ready-100-klassifiziert und damit zukunftserprobt aufgestellt. Die Veränderungen, die in den kommenden Jahren bezüglich des Wasserstoffes auf Deutschland zukommen, sind für die Gas- und Energie-Branche nicht mehr aufzuhalten.

Literatur

[1] *Stollenwerk, S.*: Das H_2-Netz im Reallabor SmartQuart. Vortrag beim Fachforum Energiespeicher des DBI, Berlin, 16.09.2020

[2] Bundesministerium für Wirtschaft und Energie (2020): Die nationale Wasserstoffstrategie. Online, [https://www. bmwi.de/Redaktion/DE/Publikationen/Energie/die-nationalewasserstoffstrategie. html], 10.06.2020

Autoren

Dipl.-Ing. **Ronald Aßmann**
DBI-Gastechnologisches Institut gGmbH,
Freiberg
ronald.assmann@dbi-gruppe.de

Dr.-Ing. **Stefan Griesheimer**
Aliaxis Deutschland GmbH
Mannheim
stefan.griesheimer@aliaxis.com

Stefan Wiesner
DBI-Gastechnologisches Institut gGmbH
Freiberg

Janko König
DBI Gas- und Umwelttechnik
Leipzig

Stefan Schütz
DBI Gas- und Umwelttechnik
Leipzig

Bruchmechanische Prüfungen von Werkstoffen für Gasleitungen zur Bewertung der Wasserstofftauglichkeit: Erste Ergebnisse

Christian Engel, Ulrich Marewski, Guntram Schnotz, Horst Silcher, Michael Steiner und Stefan Zickler

Wasserstofftauglichkeit, Gasleitungen, bruchmechanische Prüfung von Werkstoffen, Risswachstum

Durch die Umwandlung des Stroms in Wasserstoff lässt sich der Anteil der nutzbaren erneuerbaren Energien erheblich steigern. Eine kostengünstige Möglichkeit, in kurzer Zeit eine effektive und funktionierende Infrastruktur für den Wasserstofftransport aufzubauen wäre gegeben, wenn bestehende Pipelines, die zurzeit für den Erdgastransport genutzt werden, auf den Transport von Wasserstoff umgestellt würden. Für einen Wasserstofftransport im deutschen Gasnetz ist die Bewertung der Rohrleitungen auf Wasserstofftauglichkeit sowie die Anpassung des DVGW-Regelwerks notwendig. Bislang ist die Bewertung von Stahlbauteilen auf Tauglichkeit für den Einsatz von bis zu 100 % Wasserstoff nur im amerikanischen Regelwerk ASME B 31.12 [1] beschrieben. Zur Überprüfung der bis heute in Deutschland eingesetzten Stähle wäre es allerdings erforderlich, zumindest stichprobenhaft bruchmechanische Untersuchungen unter Druckwasserstoffatmosphäre durchzuführen. Die dabei ermittelten bruchmechanischen Kennwerte sollten mit den der ASME B 31.12 zugrunde liegenden Ergebnissen verglichen werden. In diesem Zusammenhang wurde ein Projekt mit den Partnern OGE, TÜV Nord, TÜV Süd und der MPA Universität Stuttgart initiiert, das durch den DVGW im Rahmen eines Forschungsvorhabens fortgesetzt wird. Im nachfolgenden Fachbericht wird über erste bruchmechanische Prüfungen unter dem Medium Wasserstoff an Leitungswerkstoffen berichtet und ein Vergleich zu bereits vorhandenem Datenmaterial durchgeführt.

Fracture mechanical tests of materials for gas pipelines to assess hydrogen suitability: first results

By converting electricity into hydrogen, the share of usable renewable energy can be increased considerably. A cost-effective way to build an effective and functioning infrastructure for hydrogen transport in a short time would be to convert existing pipelines currently used for natural gas transport to transport hydrogen. For hydrogen transport in the German gas grid, the pipelines must be assessed for hydrogen suitability and the DVGW-regulations must be adapted. Up to now, the assessment of steel components for suitability for the use of up to 100 % hydrogen has only been described in the American regulations ASME B 31.12 [1]. However, to check the steels used in Germany to date, it would be necessary to carry out fracture mechanics tests under a pressurised hydrogen atmosphere, at least on a random basis. The fracture mechanical characteristic values determined in these tests should be compared with the results on which ASME B 31.12 is based. In this context, a project was initiated with the partners OGE, TÜV Nord, TÜV Süd and the MPA University of Stuttgart, which is being continued by the DVGW within the framework of a research project. The following technical report reports on the first fracture mechanics tests on pipeline materials under the medium hydrogen and a comparison with existing data material."

1. Grundsätzliche Vorgehensweise bei der Durchführung bruchmechanischer Prüfungen

Der zu untersuchende Werkstoff kann aus Rohrleitungsabschnitten von Gashochdruckleitungen mit unterschiedlichen Rohrdurchmessern und Wanddicken entnommen werden. Neben dem Grundwerkstoff sind in dem hier behandelten Zusammenhang auch die Bereiche der Schweißnähte (Längsnähte, Spiralnähte, Baustellenrundnähte) von Interesse (**Bild 1**).

Aufgrund der unterschiedlichen Rohrgeometrien von Gasfernleitungen ist die Probengröße für Bruchmechanikversuche eingeschränkt. Infolge der teilweise geringen Wanddicken wären Normproben so klein, dass sie technisch nicht mehr prüfbar wären und auch die Gültigkeit der Versuchsergebnisse stark eingeschränkt wäre. Aus Gründen der Vergleichbarkeit sollen die Abmessungen der Proben aus verschiedenen Rohren ähnlich sein. Es wurde deshalb eine Probenform ausgewählt, die der Kontur einer C(T)20-Probe entspricht (**Bild 2**), die Probendicke ist aber aufgrund der geringen Wanddicken und der Rohrkrümmung reduziert.

Die Proben werden auf dem Rohrstück grob angerissen, ausgesägt und ein Rohling wird gefräst (**Bild 3**). Bei

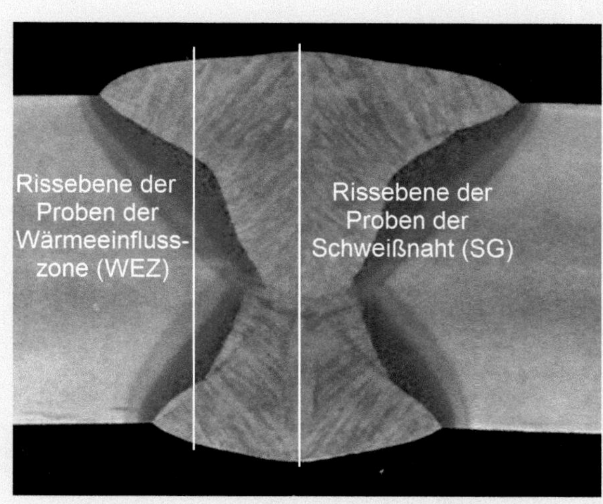

Bild 1: Querschliff eines UP-geschweißten Stahlrohres

Bild 2: Probengeometrie für statische a) und zyklische Versuche b)

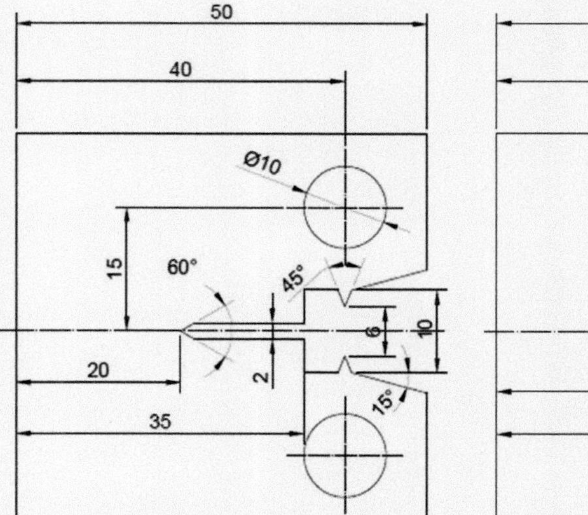

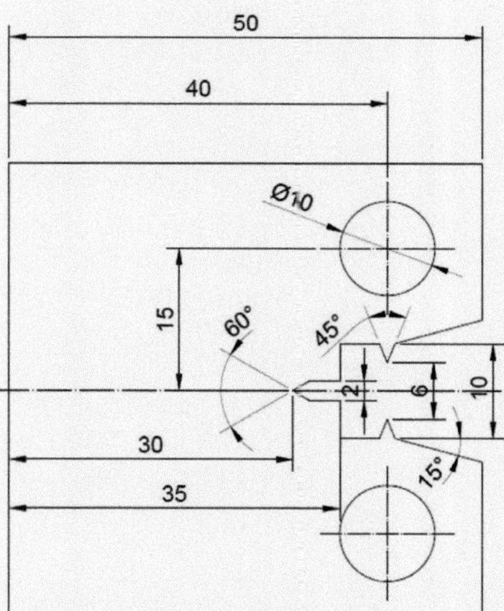

Bild 3: Probenentnahme aus einem Rohr mit einer Spiralnaht

Schweißverbindungen werden die Stirnflächen zusätzlich geschliffen und angeätzt, um die Schweißnaht sichtbar zu machen. Dann wird auf einem Anreißtisch die Kerbebene als Bezugsebene für die Fertigung festgelegt. Die Bolzenlöcher und die Kerbkontur der Proben werden durch Drahterodieren herausgeschnitten.

Vor der Prüfung müssen die Proben mit einem Ermüdungsanriss von etwa 2 mm versehen werden. Die Bedingungen für das Anschwingen der Proben sind in der Norm ASTM E1820-20 [2] vorgegeben. Die maximale Beanspruchung beim Anschwingen muss geringer sein als die Belastung zu Beginn des eigentlichen Versuchs. Die Proben für die zyklischen Versuche haben ein Anfangsrisstiefenverhältnis von etwa 0,3, bei dem statischen JR-Versuchen beträgt das Verhältnis etwa 0,5. Die C(T)-Proben der statischen Versuche werden nach dem Anschwingen zur Erhöhung der Mehrachsigkeit des Spannungszustandes an der Rissspitze in der Rissebene 20 % seitengekerbt.

2. Versuchsaufbau zur Durchführung der bruchmechanischen Versuche in Wasserstoffatmosphäre

Zur Ermittlung des Wasserstoffeinflusses ist es erforderlich, die Proben während des Versuchs einer Druckwasserstoffatmosphäre auszusetzen.

Die Bereitstellung der Wasserstoffatmosphäre erfolgt in Autoklaven, die über eine geeignet abgedichtete Kolbenstangendurchführung das Aufbringen der Last auf die Probe ermöglichen (**Bild 4**).

Vor dem Versuchsbeginn wird die Probe im Autoklaven eingespannt und der Deckel des Autoklaven geschlossen. Durch mehrmaliges Spülen mit Wasserstoff wird die erforderliche Gasreinheit eingestellt; anschließend wird Wasserstoff mit dem für die Versuchsdurchführung vorgesehenen Gasdruck zugeführt. Zur Überwachung der Versuchsparameter sind im Autoklaven Thermoelemente sowie ein Längenmessaufnehmer (Clip-Gauge) vorhanden; die Kraftmessung erfolgt über eine außerhalb des Autoklaven installierte Kraftmessdose.

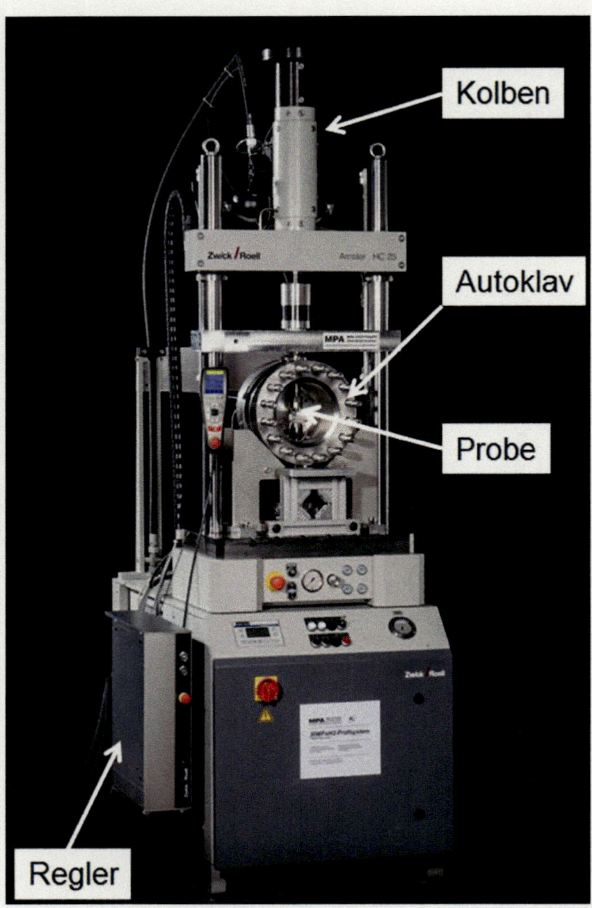

Bild 4: Servohydraulisches Prüfsystem der MPA Stuttgart mit integriertem Wasserstoffautoklaven

Bild 5: Ansteigen der zyklischen Spannungsintensität ΔK infolge der Rissvergrößerung

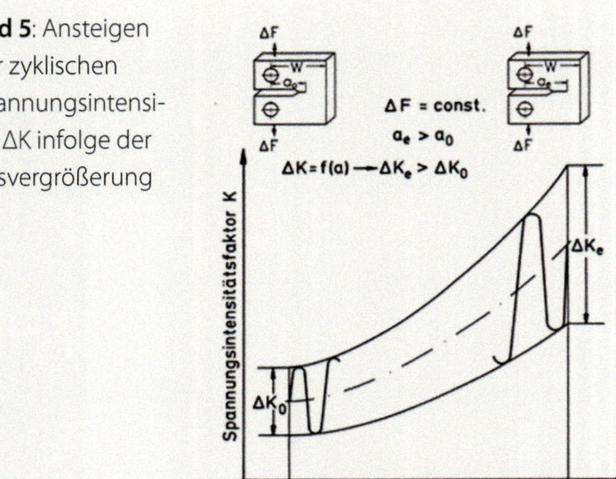

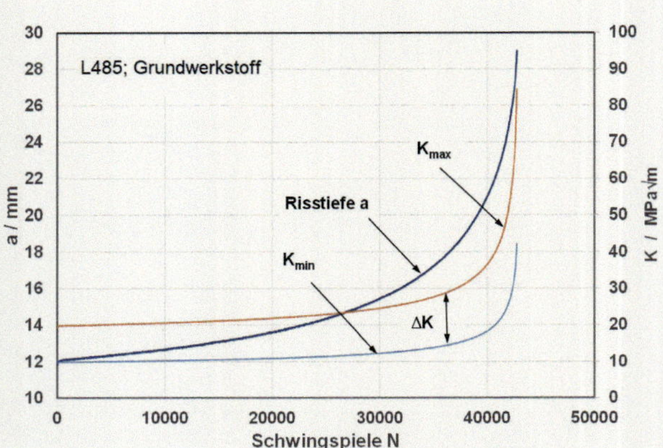

Bild 6: Risstiefe und Spannungsintensitäten K_{min}/K_{max} und ΔK in Abhängigkeit von der Anzahl der Zyklen während des Versuches

2.1 Zyklische Versuche: Versuchsdurchführung und Auswertung nach ASME E647 [3]

Aus der Beanspruchung ΔK zu Versuchsbeginn und dem Verhältnis K_{min}/K_{max} (R-Verhältnis) wird die Versuchslast ΔF berechnet. Der Versuch wird lastgeregelt mit einer festgelegten Frequenz durchgeführt. Durch das Risswachstum< Δa steigt bei konstanter Lastschwingbreite ΔF die zyklische Spannungsintensität ΔK an (**Bild 5**).

Beim festgelegten Versuchsende (Erreichen eines bestimmten ΔK-Wertes, eines bestimmten Rissfortschritts Δa oder dem Bruch der Probe) wird der Versuch beendet und die Probe ausgebaut. Die Probe wird zur Freilegung der Bruchfläche in flüssigem Stickstoff tiefgekühlt und in sprödem Zustand verformungsarm aufgebrochen. Auf der Bruchfläche werden die Anfangsrisstiefe und die Endrisstiefe ausgemessen. Während des Versuchs werden die Oberlast und die Unterlast über eine Kraftmessdose und die Werte der Rissöffnung COD über einen Clip-Gauge gemessen. Aus den Wertepaaren F_{max}-COD_{max} und F_{min}-COD_{min} ergibt sich eine Gerade, die der momentanen Steifigkeit der Probe entspricht. Durch das Risswachstum ändert sich die Steifigkeit, d. h. bei konstanten Lasten nimmt die Rissöffnung COD zu. Aus der Steifigkeit kann jeweils die aktuelle Risstiefe berechnet werden (**Bild 6**).

Der Zusammenhang zwischen Risstiefe und Steifigkeit wird über die Anfangsrisstiefe und die Anfangssteifigkeit kalibriert. Über die Endrisstiefe und die Endsteifigkeit wird dieser Zusammenhang überprüft und die Risswachstumswerte gegebenenfalls angepasst. Die Messdaten weisen Streuungen auf, die das eigentliche Ziel der Messung – die Bestimmung des Risswachstums in Abhängigkeit der Zyklenzahl – überlagern (**Bild 7**). Deshalb müssen die Daten durch geeignete Methoden geglättet werden.

Der in der doppelt-logarithmischen Darstellung als Gerade erscheinende Bereich der Risswachstumskurve (**Bild 8**: Bereich 2) kann durch die sogenannte „Paris Gleichung"

$$da/dN = C^*\Delta K^n \quad (1)$$

approximiert werden. Die Parameter C und n werden hierbei als Paris-Parameter bezeichnet. Bei niedrigeren ΔK-Werten fallen die Risswachstumsraten stärker ab (Bereich 1), bis kein messbares Risswachstum mehr auftritt. Der zugehörige ΔK-Wert wird als Threshold-Wert bezeichnet. Bei höheren ΔK-Werten steigt die Risswachstumsrate stark an (Bereich 3). Aufgrund zunehmender (Wechsel-) Plastifizierung wird die Probe bei jedem Zyklus hierbei überelastisch verformt, bis der Riss so weit gewachsen ist, dass die Kraft F_{max} ausreicht, um die Probe zu zerreißen. Alle drei Bereiche der da/dN-ΔK-Kurve sind abhängig vom R-Verhältnis, d. h. der Mittelspannung (**Bild 9**). Bei geringem R-Verhältnis ergeben sich ein größerer Threshold-Wert und niedrigere Risswachstumsraten als bei höheren R-Verhältnissen.

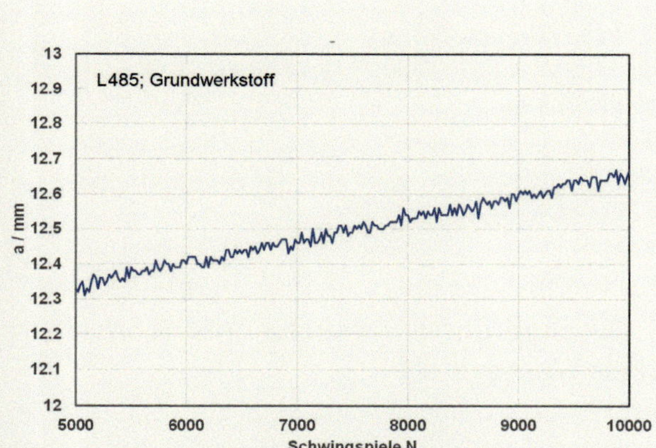

Bild 7: Streuung der Daten für die Bestimmung des Risswachstums

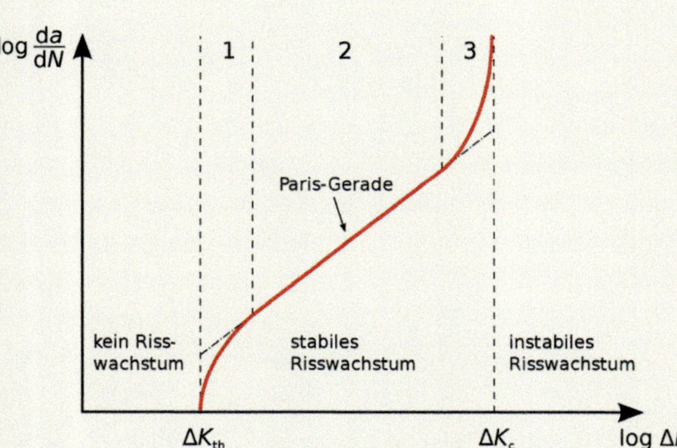

Bild 8: Schematische Darstellung des Risswachstums in Abhängigkeit von der zyklischen Spannungsintensität ΔK

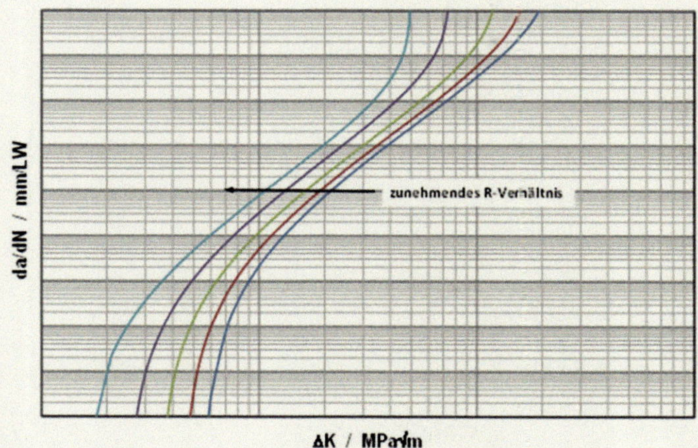

Bild 9: Einfluss der Mittelspannung (R-Verhältnis) auf das Risswachstum

2.2 Statischer Bruchmechanikversuch: Versuchsdurchführung und Auswertung nach ASTM E1820

Die Probe für den statischen Bruchmechanikversuch wird dehnungsgeregelt belastet, d. h. es wird eine bestimmte Zunahme der Kerböffnung pro Zeiteinheit vorgegeben. Die Prüfmaschine liefert die hierfür erforderliche Last. Infolgedessen kann die Probe auch nach Durchschreiten der Höchstlast stabil weitergeprüft werden. In definierten Abständen wird die Weiterbelastung gestoppt und die Probe um 20 % der aktuellen Last teilentlastet. Dann wird der Versuch bis zur nächsten Teilentlastung fortgesetzt (**Bild 10**).

Beim Versuch wird die Probe im Bereich der Rissspitze mehr und mehr plastisch verformt. Gleichzeitig wächst der Riss und vermindert die Tragfähigkeit der Probe. Ist der Riss ausreichend gewachsen, ohne dass die Probe zuvor gebrochen ist, wird die Probe entlastet und der Versuch beendet. Während des Versuchs werden die Last F und die Rissöffnung COD gemessen.

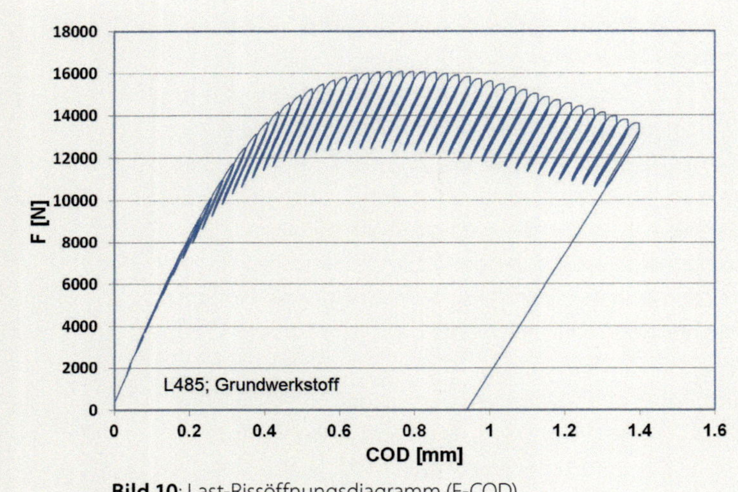

Bild 10: Last-Rissöffnungsdiagramm (F-COD)

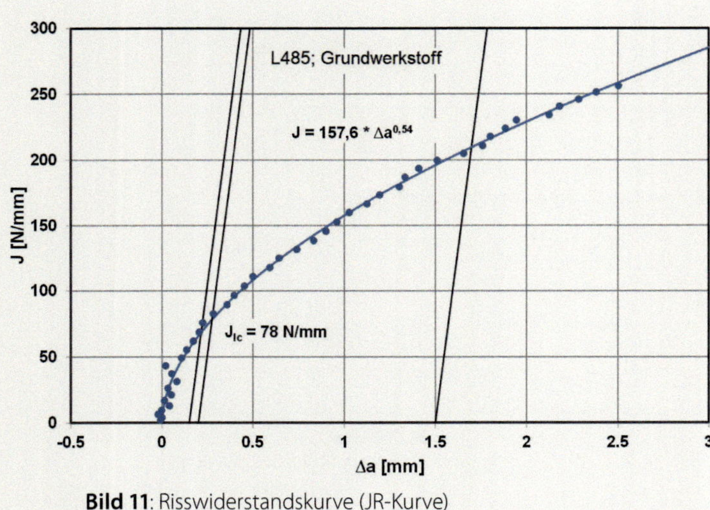

Bild 11: Risswiderstandskurve (JR-Kurve)

Die Fläche unter der F-COD-Kurve stellt die von der Probe aufgenommene Verformungsenergie dar, aus der das J-Integral berechnet wird. Aus den Teilentlastungen wird die Probensteifigkeit zu verschiedenen Stadien des Versuchs berechnet. Wie bei den zyklischen Versuchen wird aus den Steifigkeitsänderungen das Risswachstum berechnet, das mit dem nachher auf der Bruchfläche gemessenen Anfangs- und Endwert verglichen wird. Die Kombination der J- und Δa-Werte aus jeder Teilentlastung ergibt die J-Δa-Punkte. Durch die gültigen Punkte zwischen den sogenannten Offset-Lines bei 0,15 und 1,5 mm Risswachstum wird als Approximation eine Kurve der Form

$$J = A^*\Delta a^b \qquad (2)$$

gelegt. Diese Kurve ist die Risswiderstandskurve oder JR-Kurve (**Bild 11**).

Mit dieser Kurve und der 0,2-mm-Offset-Line wird der Bruchmechanikkennwert J_{Ic} als Schnittpunkt der Kurve mit dieser Offset-Line ermittelt. Dieser J_{Ic}-Wert kann formal über die Formel

$$K_{JIc} = (E * J_{Ic}/(1-m^2))^{0,5} \qquad (3)$$

mit E (E-Modul~210.000 MPa und m~0,3 für Stahl) bestimmt werden.

Im Gegensatz zum K_{Ic}-Wert ist der K_{JIc}-Wert ein elastisch plastischer Kennwert, der die Verformungsenergie des Versuchs beinhaltet.

3. Durchgeführte Versuche unter dem Medium Wasserstoff

Das Versuchsprogramm wurde an allen Proben unter einem konstanten Wasserstoffdruck p_{H2} = 100 bar durchgeführt. Hierfür wurden der MPA Stuttgart mehrere Leitungsstähle zur Untersuchung zur Verfügung gestellt. In der Vergangenheit wurde im Leitungsnetz der OGE die Materialqualität X70 bzw. in neuerer Zeit dessen Nachfolger L485 bevorzugt eingesetzt. Daher wurden diese Werkstoffe – gleicher Festigkeitsstufe – zur Durchführung der ersten bruchmechanischen Untersuchungen ausgewählt. Die Proben des Werkstoffes X70 wurden aus einem spiralnahtgeschweißtem Rohr eines Ausbaustückes einer bestehenden Leitung (Lieferung des Rohres 1974 entsprechend den Normen DIN 17172 [4] in Verbindung mit DIN 2470/2 [5]), die Proben aus dem Werkstoff L485 ebenfalls aus einem spiralnahtgeschweißtem Rohr des Produktionsjahres 2009 (Technische Lieferbedingungen DIN EN10208-2 [6]) entnommen. **Tabelle 1** zeigt die wesentlichen mechanisch-technologischen Kennwerte des Versuchsmaterials.

Während die Festigkeiten der Streckgrenze und der Zugfestigkeit der beiden Werkstoffe X70 und L485 nahezu identisch sind, unterschieden sich die Duktilitätseigenschaften und insbesondere die ermittelte Kerbschlagarbeit erheblich. Während an dem älteren Werkstoff X70 die Kerbschlagarbeit im Bereich von 50 J ermittelt wurden, ergaben die Prüfungen an dem moderneren Werkstoff L485 eine Kerbschlagarbeit von mehr als 250 J. Die deutlich höheren Zähigkeiten der aktuellen Leitungsstähle sind das Resultat einer optimierten Stahlerzeugungs- und Aufbereitungstechnik in Kombination mit optimierten thermomechanischen Walzverfahren unter Ausnutzung von Mikrolegierungselementen. **Tabelle 2** zeigt die chemischen Zusammensetzungen der Versuchsmaterialien, wobei der Aufstellung zu entnehmen ist, dass der Leitungswerkstoff L485 einen geringeren Kohlenstoffgehalt als der Werkstoff X70 und einen deutlich geringeren Schwefelgehalt aufweist. Sowohl die Verminderung des Schwefelgehaltes als auch die Verminderung des Kohlenstoffanteils fördern die Steigerung der Duktilität des Werkstoffes L485.

3.1 Ergebnisse der statische Bruchmechanikversuche

Die beiden untersuchten Werkstoffe X70 und L485 gehören zur gleichen Festigkeitsklasse, unterscheiden sich aber deutlich in ihrer Zähigkeit. Dies zeigt sich sowohl im Last-Verformungsdiagramm (**Bild 12**) als auch in den Risswiderstandskurven (**Bild 13**). In den Versuchen trat jeweils kein spontaner Bruch oder Pop-In (lokale Instabilität) auf. Ebenfalls wird in den Untersuchungen der Einfluss der Schweißverbindung sichtbar. Die niedrigsten Verläufe der JR-Kurven ergeben sich für die Risslagen in den Wärmeeinflusszonen der Schweißnähte.

Die ermittelten J_{Ic}-Werte lagen zwischen 25 und 79 N/mm. **Tabelle 3** zeigt in zusammenfassender Darstellung die aus den J_{Ic}-Werten errechneten Bruchzähigkeiten K_{JIc}.

Die geringsten J_{Ic}-Werte wurden für beide Werkstoffe in den Wärmeeinflusszonen der Schweißnähte festgestellt. Erwartungsgemäß liefert der Werkstoff L485 in allen Probenpositionen höhere J_{Ic}-Werte als der Werkstoff X70, wobei der Unterschied im Bereich des Grundmaterials am deutlichsten ausgeprägt ist. Der amerikanische Standard B31.12 (2019) fordert eine Mindestbruchzähigkeit (unter dem Medium Wasserstoff) $K_{IC} > 55$ MPa$\sqrt{m}$. Diese Forderung wurde im Rahmen aller durchgeführten Prüfungen sowohl von den Grundmaterialien als auch im Bereich der Schweißnähte erfüllt.

Tabelle 1: Mechanisch-technologische Kennwerte des Versuchsmaterials

Werkstoff	Rt0.5 [MPa]	Rm [MPa]	Bruchdehnung [%]	Kerbschlagarbeit [J]
X70	510	650	19,5	50
L485	530	680	26,0	258

Tabelle 2: Chemische Zusammensetzungen des Versuchsmaterials

Werkstoff	C [%]	Si [%]	Mn [%]	P [%]	S [%]	V [%]	Nb [%]	Ti [%]	Cu [%]	Al [%]
X70	0,12	0,27	1,55	0,016	0,01	0,05	0,03	-	-	-
L485	0,09	0,31	1,72	0,010	0,001	0,004	0,049	0,036	0,12	0,044

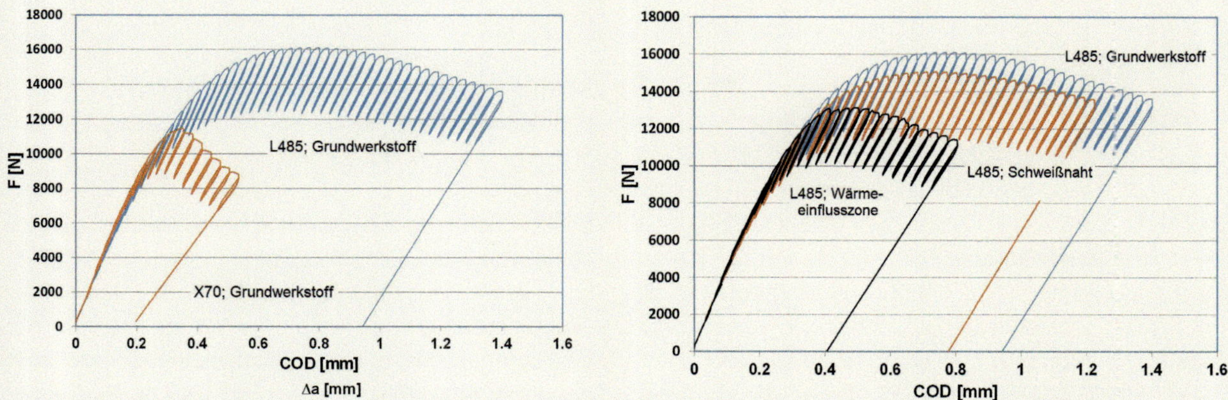

Bild 12: Vergleich der F-COD-Kurven Werkstoff L485 und X70 a) und Vergleich Grundwerkstoff, Schweißnaht und Wärmeeinflusszone für den Werkstoff L485 b)

Tabelle 3: Ermittelte Bruchzähigkeiten für die Werkstoffe X70 und L485 unter Wasserstoff

Werkstoff	Grundmaterial KJIc [MPa√m]	Mitte der Schweißnaht KJIc [MPa√m]	Wärmeeinflusszone Schweißnaht KJIc [MPa√m]
X70	82	104	77
L485	135	129	92

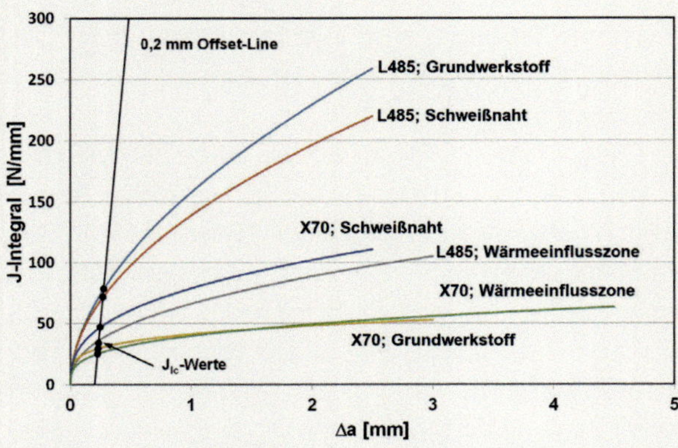

Bild 13: Vergleich der Risswiderstandskurven Werkstoff L485 und X70 (Grundwerkstoff, Schweißnaht und Wärmeeinflusszone)

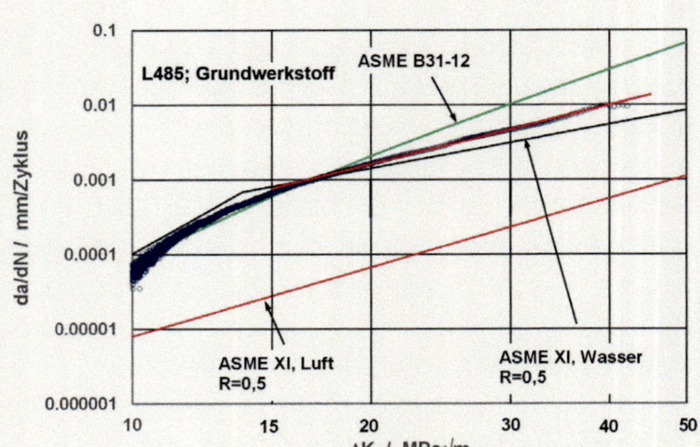

Bild 14: Risswachstum des Werkstoffes L485 (Grundwerkstoff) im Vergleich zu Vorgaben entsprechend ASME

3.2 Ergebnisse der zyklischen Bruchmechanikversuche

Die zyklischen Bruchmechanikversuche wurden ebenso wie die statischen Versuche unter einem konstanten Wasserstoffdruck p_{H2} = 100 bar durchgeführt. In Übereinstimmung mit den zugrundeliegenden Versuchsparametern entsprechend [1] und [9] wurde außerdem die Prüffrequenz f = 1 Hz und das Mittelspannungsverhältnis R = 0,5 eingestellt.

Aus der Literatur [7]-[10] ist bekannt, dass insbesondere die Rissfortschrittsgeschwindigkeiten unter dem Medium Wasserstoff deutlich höher als unter dem Medium Luft bzw. Erdgas sind. **Bild 14** zeigt exemplarisch die ermittelte Risswachstumskurve des Werkstoffes L485 (Grundwerkstoff) im Vergleich zu Risswachstumskurven für Luft sowie Wasser entsprechend ASME XI [11]. Die für den Werkstoff L485 ermittelten Rissfortschrittsraten liegen um mehr als eine Zehnerpotenz höher im Vergleich zum Medium Luft und – für höhere Spannungsintensitäten – etwas höher als für das Medium Wasser. Zusätzlich ist in der Darstellung die Risswachstumsbeziehung für das Medium Wasserstoff entsprechend ASME B31.12 (2019) eingezeichnet, die im Bereich höherer Spannungsintensitäten von dem geprüften Werkstoff L485 deutlich unterschritten wird.

In **Bild 15** finden sich die Ergebnisse der zyklischen Rissfortschrittsversuche für das Grundmaterial, die Schweißnaht und die Wärmeeinflusszone der Schweißnaht des Werkstoffes L485. Im Rahmen der Versuchsdurchführung wurden jeweils die Rissfortschrittsraten im Bereich der Spannungsintensitäten ΔK ca. 10 bis 50 MPa√m ermittelt, die Ermittlung des unteren Schwellwertes ΔK_{th} war hier nicht das Ziel der durchgeführten Untersuchungen. Die Kenntnis dieses Wertes ist im Zusammenhang mit Lebensdauerprognosen für Gasleitungen von untergeordneter Bedeutung, da kleine Spannungsintensitäten praktisch keinen Einfluss auf das Ergebnis dieser Prognosen nehmen. Unabhängig hiervon deuten die ermittelten Risswachstumskurven darauf hin, dass der Schwellwert ΔK_{th} knapp unterhalb der hier eingestellten, kleinsten zyklischen Spannungsintensität ΔK < 10 MPa√m zu finden ist, da in diesem Bereich das gemessene Risswachstum sehr stark abfällt.

In Übereinstimmung mit den im amerikanischen Raum durchgeführten Untersuchungen [7]-[9] weichen die Risswachstumskurven für das Grundmaterial, die Schweißnaht und die Wärmeeinflusszone der Schweißnaht nur geringfügig voneinander ab, obwohl sehr unterschiedliche Gefügezustände und unterschiedliche Duktilitäten vorliegen. Für den relevanten Bereich der größeren zyklischen Spannungsintensitäten zeigt das Grundmaterial für den Werkstoff L485 das ungünstigste Verhalten und die Wärmeeinflusszone der Schweißnaht das günstigste Verhalten, wobei allerdings nur eine geringe Streuung der Daten vorhanden ist. Im Vergleich zur Risswachstumsbeziehung entsprechend ASME B31.12 (2019) sind die ermittelten Risswachstumsraten im Bereich hoher Spannungsintensitäten etwa um den Faktor 3 bis 5 geringer. Im Bereich kleiner zyklischer Spannungsintensitäten wurde hingegen eine Überschreitung der Risswachstumsbeziehung gemäß ASME B31.12 um bis zu dem Faktor ca. 2 für die Wärmeeinflusszone des Materials festgestellt. **Bild 16** zeigt in gleichartiger Darstellung die Ergebnisse der Risswachstumsversuche für den Werkstoff X70. Auch hier unterscheiden sich die Ergebnisse für Grundwerkstoff, Schweißnaht und Wärmeeinflusszone der Schweißnaht lediglich geringfügig. Allerdings zeigt in diesem Fall der Grundwerkstoff des Materials das günstigste Verhalten, d. h. das geringste Risswachstum. Insgesamt ist aber auch bei dem Werkstoff X70 nur eine geringe Streuung der Risswachstumsraten festzustellen. Im direkten Vergleich mit dem Werkstoff L485 sind bezüglich des Risswachstums nur marginale Unterschiede festzustellen. Daher sind die oben für den Werkstoff L485 getätigten Aussagen hinsichtlich des Vergleiches zur Risswachstumsbeziehung nach ASME B31.12 auch für den Werkstoff X70 gleichermaßen gegeben.

Die teilweise für den Bereich geringerer zyklischer Spannungsintensitäten festgestellte Überschreitung der Risswachstumsbeziehung nach ASME B31.12 ist im Rahmen einiger Untersuchungen der Sandia National Laboratories [12] ebenfalls festgestellt worden. **Bild 17** zeigt einen Vergleich der Daten der Grundwerkstoffe L485 (MPA Stuttgart) sowie der Werkstoffe X52 und X100 von [12]. Letztere Ergebnisse sind auch in die Grundlagenuntersuchungen von NIST [9] eingegangen, die zur Revision der ASME B31.12 in seiner aktuellen Form führten. Es ist daher davon auszugehen, dass die Risswachstumsbeziehung nach ASME B31.12 (2019) keine 100 %-Eintrittswahrscheinlichkeit voraussetzt.

4. Zusammenfassung und Ausblick

Es wurden an typischen Leitungsstählen von Gashochdruckleitungen erste bruchmechanische Versuche unter dem Medium Wasserstoff durchgeführt. Die durchgeführten Messungen des Rissfortschrittes zeigen, dass der Einfluss des Materialgefüges und die damit verbundenen, unterschiedlichen Duktilitätseigenschaften lediglich einen sehr geringen Einfluss – im Rahmen der üblichen Streuungen – auf den Rissfortschritt nehmen. Dieses Ergebnis steht in Übereinstimmung mit Erkenntnissen, die insbesondere im amerikanischen Raum bereits veröffentlicht worden sind und zur Einführung einer materialunabhängigen Risswachstumsbeziehung in dem amerikanischen Standard ASME B31.12 (2019) geführt haben. Die ebenfalls durchgeführten statischen bruchmechanischen Untersuchungen ergaben, dass die Mindestbruchzähigkeit nach [1] von dem untersuchten aktuellen Rohrleitungswerkstoff, aber auch von dem Rohrleitungswerk älterer Her-

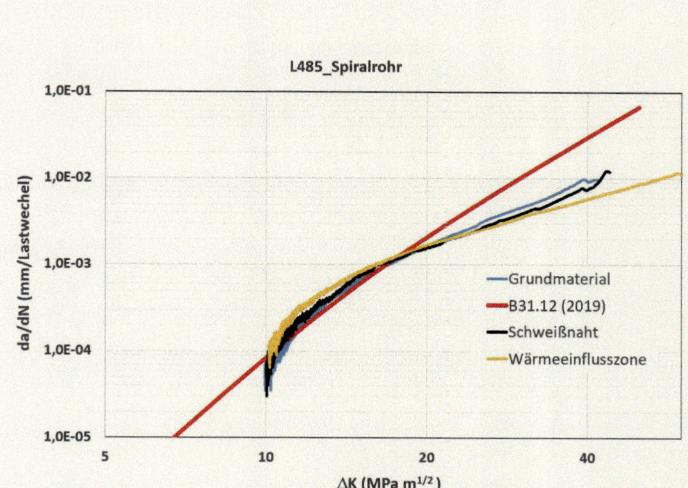

Bild 15: Ermitteltes Risswachstum unter Wasserstoff für den Werkstoff L485

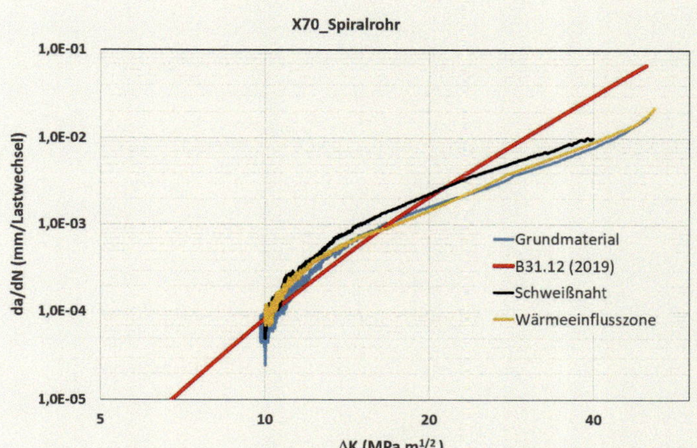

Bild 16: Ermitteltes Risswachstum unter Wasserstoff für den Werkstoff X70

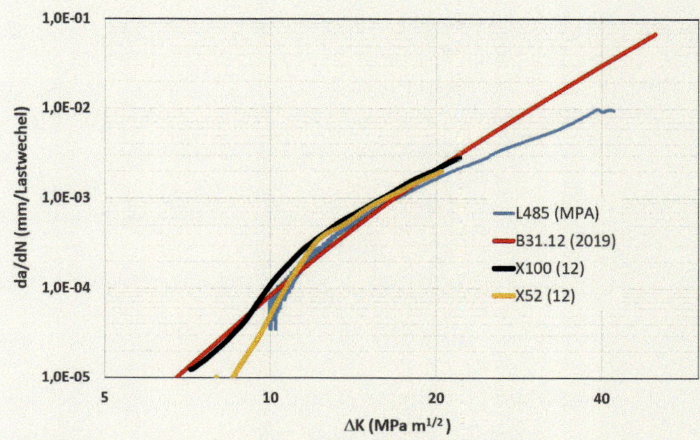

Bild 17: Ermitteltes Risswachstum des Werkstoffes L485 [MPA] sowie für die Werkstoffe X52 und X100 [12]

stellung eingehalten wird. Für den Wasserstofftransport im deutschen Gasnetz ist die Bewertung der Stahlbauteile auf Wasserstofftauglichkeit sowie die Anpassung des DVGW-Regelwerks, z. B. [13]-[15], erforderlich. Daher werden die bruchmechanischen Untersuchungen unter dem Medium Wasserstoff im Rahmen eines umfangreichen DVGW-Projektes [16] fortgesetzt. Die Zielsetzung des Programms besteht darin, die dabei ermittelten bruchmechanischen Kennwerte mit den der ASME B 31.12 zugrunde liegenden Ergebnissen zu vergleichen, um die Anwendung auf die in Deutschland verwendeten Stähle zu validieren.

Literatur

[1] ASME B31.12.-2019 „Hydrogen Piping and Pipelines"

[2] ASTM E1820-20 „Standard Test Method for Measurement of Fracture Toughness"

[3] ASTM E647-13a „Standard Test Method for Measurement of Fatigue Crack Growth Rates"

[4] DIN 17172 „Stahlrohre für Fernleitungen für brennbare Flüssigkeiten und Gase, Technische Lieferbedingungen"

[5] DIN 2470/2 „Gasleitungen aus Stahlrohren mit Betriebsüberdrücken von mehr als 16 bar, Anforderungen an die Rohrleitungsteile"

[6] DIN EN 10208-2 „Stahlrohre für Rohrleitungen für brennbare Medien, Technische Lieferbedingungen, Teil: Rohre der Anforderungsklasse B"

[7] *Baek, U. B.; Nahm, S. H.; Kim, W. S.; Ronevich, J. A.; San Marchi, C.:* „Compatibility and Suitability of Existing Steel Pipelines for Transport of Hydrogen-Natural Gas Blends". International Conference on Hydrogen Safety, 13.09.2017, Hamburg

[8] Ronevich et all, Eng Frac Mech 194 (2018), S. 42-51

[9] *Amaro, R. L.; White, R. M.; Looney, C. P.; Drexler, E. S.; Slifka, A. J.:* Development of a Model for Hydrogen-Assisted Fatigue Crack Growth of Pipeline Steel. In: Journal of Pressure Vessel Technology, 140 [2018] 4

[10] *Marewski, U.; Engel, C.; Steiner, M.:* Conversion of Existing Natural Gas Pipelines to Hydrogen Transmission: In: 3R Special, 01/2020

[11] ASME Code Section XI Appendix A-4300

[12] https://energy.sandia.gov/programs/sustainable-transportation/hydrogen

[13] DVGW-Arbeitsblatt G 463 „Gasleitungen aus Stahlrohren von mehr als 16 bar Betriebsdruck – Errichtung"

[14] DVGW-Arbeitsblatt G 466-1 „Gasleitungen aus Stahlrohren für einen Auslegungsdruck von mehr als 16 bar; Betrieb und Instandhaltung" (2018-05)

[15] DVGW-Merkblatt G 409 „Umstellung von Gasleitungen aus Stahl auf die Nutzung von regenerativ erzeugten Gasen bzw. Wasserstoff"

[16] DVGW-Projekt „SyWeST H_2": Stichprobenhafte Überprüfung von Stahlwerkstoffen für Gasleitungen und Anlagen zur Bewertung auf Wasserstofftauglichkeit nach ASME B31.12

Autoren

Dr. **Ulrich Marewski**
Open Grid Europe GmbH
Essen
ulrich.marewski@open-grid-europe.com

Dipl.-Ing. **Christian Engel**
TÜV Süd Industrie Service GmbH
Filderstadt
Christian.Engel@tuvsud.com

Dr. **Michael Steiner**
Open Grid Europe GmbH
Essen
michael.steiner@open-grid-europe.com

Dr. **Horst Silcher**
MPA Universität Stuttgart
Stuttgart
horst.silcher@mpa.uni-stuttgart.de

Dipl.-Ing. **Guntram Schnotz**
TÜV Süd Industrie Service GmbH,
Filderstadt
guntram.schnotz@tuev-sued.de

Dipl.-Ing. **Stefan Zickler**
MPA Universität Stuttgart
Stuttgart
stefan.zickler@mpa.uni-stuttgart.de

RMGS GmbH

RMGS bietet Automatisierungslösungen für die Energiewirtschaft, Wasserversorgung, Prozessindustrie, Wissenschaft und Forschung.

- Konzepterstellung, Planung und Projektierung
- Projektleitung und Überwachung
- Kundenspezifische Softwareerstellung für Automatisierungs- und SCADA - Systeme
- Automatisierungssysteme
  - SCS 2010 by RMGS für dezentrale Applikationen
  - SCS 2500 by RMGS für Anlagenautomatisierung und Leitsysteme
- Inbetriebnahme, Service– und Bereitschaftsdienst 24/7

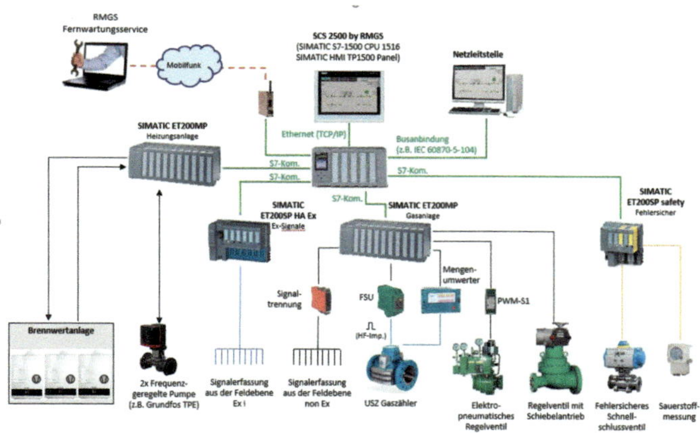

Unser Ingenieurteam aus hochmotivierten Spezialisten liefert seinen nationalen und internationalen Kunden in der Versorgungs- und Prozessindustrie seit über 25 Jahren Automatisierungssysteme. Wir lösen komplexe Aufgaben in der Verfahrens-, Leit- und Automatisierungstechnik zuverlässig, nachhaltig, effizient und sicher.

RMGS als eigenständiges Unternehmen der MHC Gruppe erweitert das bestehende Portfolio der Geschäftsbereiche Elektrotechnik, Anlagenbau und Industriedienstleistungen. Unsere Stations–Control–Systeme SCS automatisieren Erdgas,- Biogas-, Wasserstoff-, Gasspeicher- und Wasseranlagen. Das Schema zeigt ein Beispiel einer Erdgasanlage.

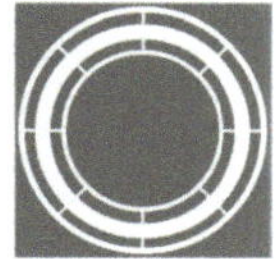

RMGS GmbH
Falkenweg 12
34266 Kassel
Deutschland

Telefon: 0561 766260-0
Telefax: 0561 766260-60
E-Mail: anfragermgs-gmbh.de
Internet: www.rmgs-gmbh.de

Renew and Gas GmbH

Die RAG ist ein aus seit Jahrzehnten am Markt tätigen Fachleuten entstandenes Unternehmen, welches sich speziell mit der Gastechnik beschäftigt. Hierzu gehört auch der in den Fokus gerückte Bereich der Wasserstoffanwendung. Die Mitgliedschaften in den einschlägigen Verbänden führt somit automatisch zu der jetzt immer mehr um sich greifenden technologischen Arbeit, am genannten Thema. Des Weiteren werden durch die Beteiligung an der Regelwerkssetzung, bis hin zur Übernahme der Verantwortung für die Erstellung einzelner Regelwerke zum täglichen Brot der RAG und ihrer Mitarbeiter.

Für die Beratung, Berechnung und Erstellung der technischen Unterlagen für die Wasserstoffanwendung im Bereich der Anlagentechnik, steht die RAG mit der Erfahrung der einzelnen Fachleute, dem Kunden zur Verfügung.
Die RAG ist ein Unternehmen der MHC-Gruppe und verfügt daher über den Zugang zu weiterem umfangreichem Wissen aus den verschiedenen Bereichen der Gruppe.

Renew and Gas GmbH
Wittrockstraße 24
34121 Kassel
Deutschland

Telefon: 0561 952839 -0
Telefax: 0561 952839-28
E-Mail: anfrage@randg.de
Internet: www.randg.de

Inserentenverzeichnis